材料腐蚀与防护科学数据工程丛书

主编 李晓刚

铝及铝合金的环境腐蚀
——盐雾环境

肖 葵 程学群 张 新 邹士文 吴俊升 著

化学工业出版社

·北京·

内容简介

中性盐雾试验是评价铝合金在海洋环境中腐蚀性能的重要方法，本书重点研究了 1XXX、2XXX、3XXX、4XXX、5XXX、6XXX 和 7XXX 七个系列共 21 种铝及铝合金在中性盐雾环境中的腐蚀行为，针对各种铝及铝合金在中性盐雾试验中暴露不同时间的腐蚀失重测试、表面形貌观测、腐蚀产物分析等变化规律进行了深入的研究。本书以期为工程设计人员提供海洋环境中服役的铝及铝合金的腐蚀行为、规律及数据查询的参考资料，从而指导工程装备选材设计、综合防护及寿命评估工作，并为海洋工程设施及装备的安全服役和运行维护提供基础腐蚀数据和参考依据。

本书可以为从事有色金属材料、大气环境腐蚀与防护技术领域的研究人员，以及海洋工程建设与设施制造领域的相关技术人员、设计人员提供材料腐蚀试验数据和参考资料。

图书在版编目（CIP）数据

铝及铝合金的环境腐蚀 ： 盐雾环境 / 肖葵等著.
北京 ： 化学工业出版社，2025. 8. -- ISBN 978-7-122
-48228-0

Ⅰ. TG146.21

中国国家版本馆CIP数据核字第2025AZ2546号

责任编辑：刘丽宏　　文字编辑：高　琼
责任校对：宋　玮　　装帧设计：刘丽华

出版发行：化学工业出版社（北京市东城区青年湖南街13号　邮政编码100011）
印　　装：北京瑞禾彩色印刷有限公司
710mm×1000mm　1/16　印张12½　字数203千字　2026年1月北京第1版第1次印刷

购书咨询：010-64518888　　售后服务：010-64518899
网　　址：http://www.cip.com.cn
凡购买本书，如有缺损质量问题，本社销售中心负责调换。

定　　价：118.00元

《材料腐蚀与防护科学数据工程丛书》

编 委 会

丛书前言

材料分为金属材料、无机非金属材料、高分子材料和复合材料四大类，是在宇宙自然进化的基础上，由人类社会升华而来的有用物质。材料腐蚀是材料在使用环境中，发生破坏而导致性能降低的过程。腐蚀是自然过程，各种人造的材料一定会发生腐蚀，即腐蚀是自发过程，与水必然向低处流一样。

人有生老病死，与人一样，所有由材料构成的设备都有一定的使用寿命，都会发生像人一样的生老病死的过程，在使用过程中将遭受不同形式的直接或间接的损坏。材料的损坏形式是多种多样的，但最重要、最常见的损坏形式是腐蚀。

腐蚀是材料在环境介质的化学作用（包括电化学作用）以及与物理因素协同作用下发生破坏的现象。材料发生腐蚀应具备以下条件：①材料和环境构成同一体系；②相互作用；③材料发生了化学或电化学破坏。只要具备以上条件，材料腐蚀就存在。腐蚀的定义在金属材料的腐蚀研究中最为严密与成熟。但是，腐蚀不仅在金属材料中发生，也存在于陶瓷、高分子材料、复合材料和各种功能材料等所有的材料中。对高分子材料，一般用“老化”表示，其表达内容与腐蚀基本相同，只是高分子材料光老化是由光辐照引起的化学过程。近年来，随着各种功能材料的大量出现，以及力、热、声、电、光等物理环境因素在材料破坏中所起的作用不断被关注，传统的“腐蚀”概念发生了进一步扩充与深化。

腐蚀造成的材料直接损失相当严重。金属在各种环境中都可能发生腐蚀。使用量最大的钢铁因遭受腐蚀而变成铁锈，因此使许多设备过早地报废，不能使用。全世界每年由于腐蚀而造成报废的钢铁高达总产量的三分之一，其中大约又有三分之一不能回收利用。材料腐蚀给人类造成的损失超过风灾、火灾、水灾和地震等自然灾害的总和，腐蚀造成的损失高达国民生产总值的

3% ～ 5%。

腐蚀不仅大量吞噬钢材，同时生产过程中的腐蚀还会造成设备的跑、冒、滴、漏，严重污染环境，甚至着火、爆炸，引起厂房、机器设备破坏，酿成严重的事故。材料腐蚀间接损失是其直接经济损失的两倍以上。另外，腐蚀问题直接影响许多新技术、新工艺的实施，尤其在化工产品开发方面，因腐蚀问题解决不了，致使一些新产品、新工艺迟迟不能投产。例如，1903 年德国科学家哈珀发明了合成氨工艺，但是使得人类社会第一次面对高温高压的氢气。高温高压氢气对钢铁材料腐蚀性极强，德国和美国的科学家花费了 3 年时间成功研制了抗高温高压氢气腐蚀的新钢种，才实现了合成氨工艺在工业上的大量生产，有效带动了化肥的产量，从而使人类社会农产品产量大幅度提高，促进了社会的大发展。因此，材料腐蚀是一个重大的社会不安全、不安定和降低社会运行效率的因素，材料腐蚀导致的次生灾害与损失大大高于直接损失。

材料腐蚀导致的最大次生灾害和损失就是人员伤亡，人们为此付出了惨重的生命代价，虽然每次事故形式不同，离奇古怪，但是原因十分简单：人为忽视了材料腐蚀的危险性。这样的事故经常发生，虽然将来也无法避免，但是，只要提高警惕就可以最大限度避免这类事故发生。

目前，经济发达国家和地区正在以大幅度提高能源效率、资源效率和环境效率作为战略目标和前瞻性投资的依据，腐蚀问题已经成为影响国民经济和社会可持续发展的重要因素之一。我国的腐蚀与防护措施和制度还不健全，大规模经济建设的同时，在更多的领域中暴露出越来越多的腐蚀问题，腐蚀与防护水平与国外先进水平相比还存在较大差距，对我国经济的可持续发展造成了一定程度的影响。材料在环境中腐蚀的同时，其腐蚀产物不可控制地要进入到水、土壤等自然环境中，给自然环境也带来了严重的影响。武器装备的腐蚀失效问题是长期困扰各国军队的主要问题之一，军事装备的高质量和高可靠性是军队完成军事任务和保持战斗力的基本保障条件之一。由于武器在各种苛刻环境中的腐蚀失效问题造成装备彻底丧失战斗力的例子不胜枚举。

可见，材料腐蚀导致的次生灾害多么惨烈！虽然材料腐蚀每时每刻都在静悄悄地发生，但是材料腐蚀导致的次生灾害却不是静悄悄的！材料静悄悄地腐蚀，由此导致的损失和惨烈的次生灾害，要充分引起社会各界和广大民众的关注。

设备与设施是人类社会物质部分的最重要体现，尤其是重大装备和基础设施，更是人类社会生存与发展的重要依托与手段。设备与设施是由各类材料构成的，材料腐蚀与失效是材料与环境交互作用导致性能下降的自然过程。在设备的腐蚀失效分析中，各类材料腐蚀机理研究的成果异常重要，腐蚀机理研究是准确确定腐蚀原因最重要的科学基础，腐蚀在线诊断是确定腐蚀原因最重要的技术基础。大数据理论和技术对腐蚀领域的冲击推动了设备腐蚀智慧管理时代的来临，设备腐蚀智慧管理是智慧社会建设重要的组成部分。

《材料腐蚀与防护科学数据工程丛书》以材料腐蚀数据积累、材料腐蚀机理与规律研究、设备设施腐蚀联网观测以及系列耐腐蚀新材料开发为主题，相信会为设备腐蚀智慧管理和智慧社会建设，提供重要的科学基础，做出应有的贡献。

主编

李晓刚

前言

铝具有良好的导电性及耐腐蚀性能，且铝元素含量大、提取简单、价格低廉。但同时，纯铝也具有一定的缺陷，如强度低、高温环境中性能稳定性差等，导致纯铝的应用受到一定限制。铝合金的研究与开发本质就是通过对纯铝进行合金化从而得到性能更佳的材料。不同系列的铝合金具有不同的性能特点，用于不同的环境。铝合金因其密度低、强度高、生产维护成本低，常被作为轻质合金应用于航空、运输等行业，代替传统钢铁。最早的铝合金可以追溯到青铜时代，当时的铝合金主要含有铜、锌，常用于贵族的宝器制作。铝合金的大规模生产研究则发生在近现代时期，研究历史并不长。十九世纪七八十年代，电解铝工艺的发明使铝价格降低，铝合金逐渐被广泛应用和研究。尤其是对于工业发达国家，如美国、俄罗斯等，针对铝合金的研究和开发工作已经进行了许多年。二十世纪四十年代开始，铝合金就已经被应用于建筑行业。从二十世纪六十年代起，5XXX 系、6XXX 系以及 7XXX 系合金就开始广泛应用于轨道交通行业。在汽车、船舶以及航空航天领域，美国、法国、德国、日本等国家也对 2XXX 系、5XXX 系、6XXX 系、7XXX 系铝合金进行了开发以及应用。对国内而言，2019 年，我国铝材产量达到了 5252 万吨，并自主进行了 LC9、2A16、7A04 等各系列铝合金的开发，同样在汽车、航空航天、轨道交通等行业得到了广泛应用。

由于铝合金常用于各种容易发生腐蚀的场景中，所以铝合金腐蚀行为的研究十分重要。研究表明，铝合金的腐蚀失效与环境参数密切相关。海洋大气的主要特征为相对湿度大、温度高、盐分含量大。在这样的环境下，盐粒可能会在金属表面沉积。同时温度、湿度、pH 值、光照、海水中氯离子的浓度等都将对铝合金的腐蚀行为产生影响。随着腐蚀研究方法的更新与进步，评价铝合金在大气中的腐蚀的试验方法也在几十年间不断优化。外场试验是出现较早的腐蚀评价试验方法，大气暴露条件下的铝合金挂样试验能够达到获取耐蚀性数据、评价条件与性能相关性、评价腐蚀行为的目的。近年来，由于外场试验的复杂性，学者们对于评价试验的研究重心由外场试验转移到了室内加速试验中来。因此，盐雾加速试验用于评价氯离子与铝合金腐蚀速率的关系，能够研究海洋环境中氯离子对铝合金的腐蚀影响。

因此，本书为了满足人们对铝及铝合金在海洋大气环境中腐蚀数据积累的需求，重点开展了1XXX、2XXX、3XXX、4XXX、5XXX、6XXX和7XXX等铝及铝合金在中性盐雾环境中的腐蚀行为研究，针对21种铝及铝合金在中性盐雾试验中不同时间的腐蚀失重测试、表面形貌观测、腐蚀产物分析等变化规律进行了深入的研究。本书所积累的腐蚀数据不仅可以为工程设计人员提供海洋环境中服役的铝及铝合金的腐蚀行为、规律及数据查询参考资料，而且可以指导工程装备选材设计、综合防护及寿命评估工作，并为海洋工程设施及装备的安全服役和运行维护提供基础腐蚀数据和参考依据。

本书的研究工作是在国家材料腐蚀与防护科学数据中心支持下完成的，同时得到了包括国家科技基础资源调查项目“严酷环境下可再生能源装备关键材料腐蚀数据共享和联网观测”（2022FY101300）和科技部国家科技基础条件平台建设专项（No.2005DKA10400）等资助。本书是在《材料腐蚀与防护科学数据工程丛书》主编、国家材料腐蚀与防护科学数据中心主任李晓刚教授的领导和大力支持下完成的，他对全书写作给予了全面的指导和细致的审核。本书相关研究工作人员如下：肖葵、程学群、张新、邹士文、吴俊升、董超芳、高瑾、王淑柳、肖丽媛、陈俊航、谭瑶、张昊、尹程辉、陈娜娜、李波、李曌亮、张超、张欢、胡为峰、刘亚东、刘全有、吴军等。

由于受工作和认识的局限，本书尚存在诸多不足，敬请读者赐教与指正。

著者

目录

第 1 章

铝及铝合金海洋大气环境腐蚀概述

1.1

铝及铝合金海洋大气环境腐蚀简介

1.1.1 铝及铝合金

随着轻质金属材料代替传统钢铁现象的普及，在地壳上分布广泛且具有良好力学性能、加工性能以及防腐耐蚀性能的常见轻金属材料——铝成为了学者们关注的重点之一[1]。但由于纯铝具有的固有性能，其应用受到了一定限制，而铝合金中的特定元素能够改善其性能，因此，铝合金成为了以铝为基础、比纯铝应用更加广泛的金属材料[2]。铝合金是在铝元素的基础上添加一定量的铜、镁、锌、锰、硅等合金元素而形成的合金材料，在添加不同的合金元素后，形成的铝合金种类繁多，并且性能方面基于纯铝也有针对性的改进，在航空航天、交通运输等领域得到广泛应用[1,3,4]。

铝合金的分类及编号方式根据不同国家或地区的标准有所不同。目前，国际上得到广泛应用的编号体系是国际铝业协会（IAI）的四位数字编号体系。根据掺杂元素的区别，常见铝合金可以分为1XXX到7XXX七个系列，每个系列又由于掺杂元素的不同而具有不同的物理化学性质[5,6]。

1XXX系列：纯铝（铝含量≥99%），具有良好的导热导电性、加工性和耐腐蚀性，在电子、电气和化工领域有较多应用，如电线电缆、食品包装、热交换器、印刷电路板等[6]。

2XXX系列：铝-铜合金，具有密度低、强度高、成型性好等优点，被广泛应用于航空航天工业中的结构材料，也被应用于高速列车的轻量化，代替钢结构件[7,8]。

3XXX系列：铝-锰合金，具有高强度、优异的成型性和耐腐蚀性，广泛应用于食品包装材料、建筑和汽车行业的工程材料。由于其优秀的力学性能，3XXX系铝合金在结构应用中很受欢迎，如复合板、外墙以及屋顶系统等[9,10]。

4XXX系列：铝-硅合金，具有良好的流动性和浇注性，常作为焊接材料进行应用，也能够作为其他铝合金的焊接填料，具有成本低、焊缝区流动性好、焊缝裂纹性好的优点[6, 11]。

5XXX 系列：铝 - 镁合金，属于不可热处理锻造合金，具有良好的可焊接性和耐腐蚀性、高强度重量比和良好的成型性，广泛应用于运输和船舶工业[12, 13]。

6XXX 系列：铝 - 镁 - 硅合金，具有良好的耐腐蚀性、焊接性和工艺性能以及中等强度，在汽车轻量化以及航空航天工业中具有不可替代的作用，常应用于汽车安全部件，如防撞箱以及保险杠系统[14, 15]。

7XXX 系列：铝 - 锌合金，具有高强度、刚度、韧性和轻质机械性能，广泛应用于航空航天工业，常用于制造飞机框架、翼梁、纵梁等轴承部件[16, 17]。

1.1.2　海洋大气环境腐蚀特征

大气腐蚀是最为广泛的腐蚀类型。海洋大气环境是地域最广泛的自然环境之一，具有腐蚀性强、高盐高湿、气候变化随季节变化大等特点[18, 19]。海水中的盐水粒子中存在大量 Cl^-，而海洋大气中伴随海浪飞溅出的海盐粒子会形成海盐气溶胶，加速金属腐蚀，因此，海盐成为了导致金属在海洋大气环境中发生腐蚀的主要因素[20]。随着海洋工程、船舶等海洋工业的快速发展，材料在海洋大气环境中的腐蚀问题受到广泛关注。海洋大气环境下腐蚀特征复杂，影响因素广泛，因此研究海洋大气环境下金属的防腐问题对于提高材料使用寿命、减少维护成本具有重要意义[21]。

相比于其他金属材料，铝合金在海洋大气环境中的腐蚀特征与其他金属有所不同。铝合金的大气腐蚀是薄液膜下特殊的电化学腐蚀[22]。铝合金具有一定的耐腐蚀性，因为铝在和空气中的氧气接触时能够氧化得到致密且具有惰性的天然氧化膜 Al_2O_3。在有水存在的情况下，这种氧化物通常分为两层：靠近基体的 γ-Al_2O_3 以及由于水作用于外层 γ-Al_2O_3 转化成的 γ-AlOOH，最后 γ-AlOOH 还会转化成 $Al(OH)_3$ 或 $Al_2O_3 \cdot 3H_2O$[23, 24]。但这种氧化膜在酸性或碱性介质中可溶，且在海洋环境（尤其是含有氯离子的海洋大气）中仍然会受到腐蚀的影响，并且表现出较为明显的腐蚀特征[19, 25]。

1.1.2.1　表面钝化膜的保护作用失效

铝合金暴露在大气环境中的表面钝化膜会随着环境的不同而出现性能差异。在大多数情况下，致密且完整的钝化膜对于内部铝合金具有较好的防护作用，能够防止腐蚀性离子进入内部造成更加深入的腐蚀，从而延长铝合金寿命，减缓腐蚀速率，但在存在一些特定的腐蚀介质时，如 Cl^-、

SO_2等，这些腐蚀介质将会参与铝合金表面氧化膜的破坏反应，导致其保护作用失效[26-28]。

1.1.2.2 出现不同腐蚀形态

在大气环境中，铝合金的腐蚀会出现两种形态：全面腐蚀和局部腐蚀。表现形式分别为发暗及点蚀[25]。

发生全面腐蚀时，铝合金表面失去金属光泽，并且与水分凝结，在表面得到形成大量污渍。

点蚀主要发生在氧化膜缺陷区，例如厚度较薄的区域，空位、位错出现的区域，富含杂质及合金元素的区域等[29]。点蚀的出现主要是由于氧化物表面发生局部破坏，并且随着时间推移，腐蚀坑逐渐加深。一般情况下，当Cl^-等侵蚀性阴离子和氧气等氧化剂同时存在时，点蚀就容易发生在铝合金这种易钝化的合金表面。点蚀出现的过程大概有四个步骤：首先在钝化膜表面、边缘和溶液内发生反应；接着钝化膜内发生腐蚀，此时没有肉眼可见的变化；然后出现点蚀点，并长大，之后再次发生钝化；最后点蚀点稳定长大[30, 31]。

1.1.2.3 腐蚀产物存在三层结构

在大气环境中暴露后的铝表面会发生降解，产生各式各样的腐蚀产物，导致表面发生退化[19]。经过研究表明，受到大气腐蚀后的铝合金表面从内到外大概可以分为三层结构：铝本身及其氧化膜、氧化铝表面的腐蚀产物层以及最外层的表面污染层[18]。

1.1.3 影响因素

铝合金的腐蚀失效与环境参数密切相关。海洋大气的主要特征为相对湿度大、温度高、盐分大。在这样的环境中，温度、湿度、pH值、光照、海水中氯离子的浓度等都将对铝合金的腐蚀性能产生影响[32]。

1.1.3.1 气候因素

主要包括大气相对湿度、温度、降雨量、日照时间、凝露、雾和风等[33]。

（1）大气相对湿度

大气相对湿度是影响铝合金大气腐蚀最为严重的因素之一。铝合金发生大气腐蚀的条件为水分凝聚形成水膜，水膜的形成直接受到大气中相对湿度的影响。

（2）温度和温差

温度几乎对所有金属的腐蚀有一定的影响，一般情况下，温度越高，金属的腐蚀速率越大。温度对腐蚀行为的影响主要体现在对金属表面水蒸气的凝聚、水膜电阻、水膜中各种腐蚀性气体和盐类的溶解度等方面，能够对腐蚀电池阴阳两极的反应速度造成极大影响[33]。

（3）降雨量

降雨对腐蚀行为的影响具有两面性。一方面，降雨量的增加将导致大气相对湿度的上升，并且降雨还会冲刷金属表面，对铝合金表面的腐蚀产物进行破坏，增加腐蚀速率；另一方面，降雨对金属表面的冲刷能够起到洗去金属表面污染物和灰尘的作用，降低腐蚀速率[33]。

（4）日照时间

日照时间对金属表面水膜厚度具有一定的影响，因此该因素对金属腐蚀速率同样具有重要作用。日照时间增加，则促进水膜消散，能够起到降低腐蚀速率的作用；反之则腐蚀速率增加[33]。

1.1.3.2　环境因素

除气候因素外，其他环境因素对铝合金腐蚀性能的影响也不可忽视。对海洋大气环境而言，主要的环境因素包括 pH 值及氯离子浓度。

（1）pH 值

研究表明，在常见的影响腐蚀的因素中，单一的 pH 对铝合金腐蚀行为的影响最为显著。随着 pH 的升高，铝合金的腐蚀速率逐渐减弱。pH 不仅能够影响腐蚀速率，也能影响腐蚀的类型。当 pII=7 时，腐蚀以点蚀为主；而 pH 升高后，均匀腐蚀开始取代点蚀，并且基体表面发生晶间腐蚀[32, 34]。

（2）Cl^- 浓度

Cl^- 的大量存在会使铝合金发生点蚀，而铝的氯化物也是最为常见的铝的腐蚀产物之一，是仅次于硫酸盐的大气腐蚀产物。当铝合金在潮湿空气中受到腐蚀形成 $Al(OH)_3$ 后，Cl^- 会发生吸附，导致点蚀的发生。

1.1.3.3　金属表面的状态

除了有关环境、气候等客观影响因素外，铝合金本身的表面状态也会对铝合金的防腐性能产生影响。

（1）表面腐蚀产物

铝合金的表面腐蚀产物通常会对其腐蚀行为造成影响。一般大气环境中，铝合金表面和空气中的氧气发生快速氧化，通常会自然生成一层氧化铝膜（Al_2O_3），这层膜在一定程度上具有耐蚀作用，能够有效阻挡外界腐蚀介质与金属基体的接触。而在海洋大气环境中，由于氯离子的存在，表面氧化膜会发生破坏，生成新的腐蚀产物，如氯化铝（$AlCl_3$）、氢氧化铝［$Al(OH)_3$］等。试验证明，沉积在铝合金表面的 $Al(OH)_3$ 会产生阻塞效应，降低铝合金表面的局部腐蚀速率[35]。

（2）热处理和表面改性

对铝合金本身进行一些处理，能够大大提升铝合金的耐蚀能力，如经过固溶处理的析出态铝合金、时效处理过的铝合金都具有更好的耐蚀性能[36, 37]。此外，经过表面处理，如阳极氧化、喷涂、电镀、表面研磨和抛光后的铝合金也被证明其防腐耐蚀性能显著提升[38, 39]。

（3）表面粗糙度

表面粗糙度对腐蚀性能也具有显著影响。粗糙的表面通常提供了更多的腐蚀活性点（如微裂纹和孔隙），容易积聚水分和氯化物，导致局部腐蚀。一般来说，金属在高粗糙度的表面会发生更严重的腐蚀，因为介质会在表面凹陷区域富集，并且难以排出；而平滑表面腐蚀介质的附着少，有利于腐蚀过程的缓解。这样的规则同样适用于铝合金[40, 41]。

（4）表面裂纹和缺陷

铝合金表面的微裂纹、孔洞或其他缺陷可能成为腐蚀的起始点。在海洋大气环境中，腐蚀介质如氯离子容易通过这些缺陷进入金属基体，形成应力集中区，导致局部腐蚀，甚至应力腐蚀开裂（SCC）。作为金属材料之一的铝合金也遵循这类规则[42, 43]。

除此之外，铝合金表面如果有污染物，也会对腐蚀行为造成影响[44]。

1.2 铝及铝合金海洋大气环境腐蚀行为与机理

1.2.1 腐蚀行为

根据学者研究，在不同时期，铝合金的腐蚀行为不同。在海洋大气环境中，首先由于高湿度的气候环境，铝合金表面将会形成液膜，这种液膜随着湿度的增加而增厚。这种液膜中含有氯离子，这些氯离子随着液膜被吸附在铝合金表面，与氧气反应形成的氧化膜会发生化学反应，溶解并破坏氧化膜，露出基体。由于基体的平衡电位低于相邻的氧化膜，所以基体发生氧化反应，形成点蚀坑，造成了点蚀的开始[45, 46]。

随着点蚀坑数量增加、直径增大，氧化膜保护作用减弱，铝合金耐腐蚀性继续减弱。而阳光照射会加速水分蒸发，当液膜蒸发时，电化学腐蚀减弱，铝合金继续发生一般大气腐蚀，富集 $Al_2O_3 \cdot 3H_2O$，并阻止氯离子扩散和离子交换，此时耐腐蚀性增强[46]。

一段时间后，腐蚀产物增厚，内应力增加，造成腐蚀产物脱落，氯离子能够进一步扩散并发生离子交换，耐腐蚀性再次变差[46]。

以上铝合金的腐蚀过程将会在海洋大气环境下循环出现，导致铝合金在环境中的腐蚀失效。

1.2.2　腐蚀机理

腐蚀行为的差异代表着腐蚀机理的不同，也就是说，在不同时期，铝合金的腐蚀机理也会随着腐蚀的进行而发生改变[46, 47]。

铝合金暴露在海洋大气环境的初期，大气腐蚀在铝合金表面水层液膜的作用下，会发生电化学腐蚀。在水和氧气的共同作用下，表面会先形成 $Al(OH)_3$ 腐蚀产物，然后脱水生成 Al_2O_3。具体反应方程如式（1-1）到式（1-4）[46, 48]：

$$Al-3e^- \longrightarrow Al^{3+} \tag{1-1}$$

$$O_2+2H_2O+4e^- \longrightarrow 4OH^- \tag{1-2}$$

$$Al^{3+}+3OH^- \longrightarrow Al(OH)_3 \tag{1-3}$$

$$2Al(OH)_3 \longrightarrow Al_2O_3+3H_2O \tag{1-4}$$

而不同于普通的大气环境，海水中包含大量氯离子（Cl^-），会导致其他腐蚀的发生，从而导致点蚀的发生。从点缺陷的角度来讲，氯离子会和阳离子空位进行竞争，并且取代氧化膜中的氧，形成金属氯化物，从而导致氧化膜发生降解，最终导致点蚀的发生。具体反应方程如式（1-5）到式（1-7）[46, 48]：

$$Al(OH)_3+Cl^- \longrightarrow Al(OH)_2Cl+OH^- \tag{1-5}$$

$$Al(OH)_2Cl+Cl^- \longrightarrow Al(OH)Cl_2+OH^- \tag{1-6}$$

$$Al(OH)Cl_2+Cl^- \longrightarrow AlCl_3+OH^- \tag{1-7}$$

因此，在海洋大气环境下，由于氯离子含量高，最终得到的腐蚀产物将包括氢氧化铝、氧化铝和氯化铝。

1.3 海洋大气环境腐蚀评价试验

铝合金种类繁多，在进行外场海洋大气环境试验时，耗时长、成本高且受自然因素的影响较大，难以保证试验的可重复性和可控性。而模拟试验则能在实验室中精确控制环境条件，如温湿度、盐雾浓度等，大大缩短试验周期、降低成本，并确保试验的高重复性和数据的可比性。因此，模拟海洋大气环境试验成为了更为高效、经济且可靠的研究方法。目前，常用的模拟海洋大气环境试验有以下几种。

1.3.1 中性盐雾试验

海洋大气环境中存在着大量极其微小的液体小颗粒，这些小颗粒由盐类化合物和小水滴形成，其主要的成分是 NaCl，但也有少量的其他盐类化合物，例如 $MgCl_2$、$MgSO_4$ 等。在盐雾环境下，Cl^- 的穿透能力比较强，能够穿透铝及铝合金的氧化膜或产物膜，外加水分子的渗透和其他阴离子的参与，使得盐雾大气环境下的金属表面形成微观的原电池，加速了铝及铝合金的腐蚀。因此，盐雾试验是评价海洋大气环境中铝及铝合金耐蚀性能的主要试验方法，目前中性盐雾试验（NSS）的应用非常广泛，已被各行业普遍认可。

中性盐雾试验是目前广泛用于金属腐蚀测试的标准方法，通过在盐雾箱中模拟盐雾环境，能够在较短的时间内加速腐蚀过程，得到显著的腐蚀结果。该方法简单、直观且易于控制，能够快速评估材料的耐蚀性能，特别适用于防护涂层和表面处理的评估；试验成本较低，且操作标准化程度高，便于结果的比较和重复。但其试验环境与真实的海洋大气条件存在差异，它仅模拟了盐雾沉积的腐蚀影响，但未能有效模拟海洋环境中复杂的温湿度波动、紫外线辐射、风力变化等因素的综合作用[48, 49]。

1.3.2 干湿交替浸泡试验

干湿交替浸泡试验是一种模拟海洋大气环境中潮湿和干燥周期交替的腐蚀试验方法。在试验中，样品被周期性地浸泡于盐水溶液中，并经历干燥和湿润过程的交替。盐雾沉积和湿度的变化能够模拟海洋大气中的实际腐蚀环境，特别是潮湿和干燥的交替作用。干湿交替浸泡试验的优点是能够在短时间内加速腐蚀过程，同时提供良好的可控性和重复性，适合快速评估材料的耐腐蚀性能。缺点是无法完全模拟风力、紫外线辐射等自然因素的综合作用。此外，试验过程中盐雾沉积并不完全等同于实际海洋大气中的盐分沉积，因此可能存在一定的差异，导致结果的外推性有限[48-50]。

1.3.3 环境谱试验

相比起中性盐雾试验和干湿交替浸泡试验，环境谱试验是一种更为综合的腐蚀试验方法，即通过模拟海洋大气环境中的多变气候条件，如湿度、温度、盐雾和紫外线辐射等，评估材料在真实环境中的腐蚀行为。与单一环境因素控制的腐蚀试验不同，环境谱试验可以多因素共同作用，模拟更接近实际海洋大气的腐蚀环境。这种试验方法能更好地反映材料在不同环境变化下的综合腐蚀性能，尤其是针对不同季节和气候条件下的腐蚀行为。但环境谱试验在某些情况下可能存在过于理想化的环境设定，未能全面考虑所有自然因素的变化，如紫外线辐射和风力等，这些因素对腐蚀行为有显著影响。此外，试验过程中的环境变化周期较为固定，可能无法完全再现海洋大气中更复杂的实际动态变化，导致实验结果的现实适用性有所局限[51, 52]。

在对铝合金在海洋大气环境中耐腐蚀性能的研究中，中性盐雾试验评价具有较好的加速性和一定的相关性。因此，本书进行了 1XXX、2XXX、3XXX、4XXX、5XXX、6XXX 和 7XXX 多个系列铝及铝合金在中性盐雾环境中的腐蚀行为试验，针对多个系列铝及铝合金在中性盐雾试验不同时间的腐蚀失重测试、表面形貌观测、腐蚀产物分析等变化规律进行了深入的研究。

铝及铝合金的环境腐蚀

——盐雾环境

第2章

铝及铝合金中性盐雾试验

2.1 试验方法

铝及铝合金中性盐雾试验按照 GB/T 10125—2021《人造气氛腐蚀试验 盐雾试验》标准执行。

（1）试验溶液

本试验溶液配制所用 NaCl 试剂采用化学纯或化学纯以上的试剂。25℃± 2℃时，将 NaCl 溶解于电导率不高于 20μS/cm 的蒸馏水或去离子水中，配制成浓度为 50g/L±5g/L 的 NaCl 溶液。所收集的喷雾液浓度应为 50g/L±5g/L。在 25℃时，配制的溶液相对密度在 1.029 ～ 1.036 范围内。

试验溶液的 pH 值应调整至使盐雾箱收集的喷雾溶液的 pH 值在 6.5 ～ 7.2 之间。pH 值的测量应在 25℃ ±2℃下用酸度计测量，也可用测量精度不大于 0.3 的精密 pH 试纸进行日常检测。超出范围时，可加入分析纯盐酸、氢氧化钠或碳酸氢钠进行调整。

（2）试验设备

盐雾箱的容积应不小于 $0.4m^3$，以保证喷雾的均匀性。箱顶部要避免试验时聚积的溶液滴落到试样上。盐雾箱的形状和尺寸应能使箱内溶液的收集速度符合 GB/T 10125—2021 中 10.3 规定。基于环保考虑，建议设备采用适当方式处置废液。

盐雾箱内至少放两个盐雾收集器，一个靠近喷嘴，一个远离喷嘴。收集器用玻璃等惰性材料制成漏斗形状，直径为 100mm，收集面积约 $80cm^2$，漏斗管插入带有刻度的容器中。要求收集的仅是盐雾，而不是从试样或其他部位滴下的液体。

（3）试样放置

试样放置在非盐雾直接喷射的位置，在盐雾箱中被试表面尽可能与垂直方向成 20°。试样支架用惰性的非金属材料制成。

（4）试验条件

温度：喷雾阶段的温度为 35℃ ±2℃。沉降率：调节盐雾沉降率，使每个盐雾收集器在 $80cm^2$ 的水平收集区内（直径 10cm）的收集量为 1.5mL/h±0.5mL/h。

（5）试验周期

中性盐雾试验共 1008h，分别在 96h、240h、480h、720h、1008h 时取样。

2.2 试验材料（表 2-1、表 2-2）

表 2-1　试验材料种类

材料类别	材料牌号	材料规格 /mm	热处理状态	表面状态
1XXX 系	1050A-O	轧制板材 150×75×3	O	表面磨光，粗糙度 3.2μm
	1060-H24	轧制板材 150×75×3	H24	表面磨光，粗糙度 3.2μm
2XXX 系	2A12-T3	轧制板材 150×75×3	T3	表面磨光，粗糙度 3.2μm
	2A11-O	轧制板材 150×75×3	O	表面磨光，粗糙度 3.2μm
	2A14-T6	轧制板材 150×75×3	T6	表面磨光，粗糙度 3.2μm
3XXX 系	3003-O	轧制板材 150×75×3	O	表面磨光，粗糙度 3.2μm
	3A21-O	轧制板材 150×75×3	O	表面磨光，粗糙度 3.2μm
4XXX 系	4A01-O	轧制板材 150×75×3	O	表面磨光，粗糙度 3.2μm
	4A11-O	轧制板材 150×75×3	O	表面磨光，粗糙度 3.2μm
	4A17-O	轧制板材 150×75×3	O	表面磨光，粗糙度 3.2μm
5XXX 系	5754-O	轧制板材 150×75×3	O	表面磨光，粗糙度 3.2μm
	5A02-O	轧制板材 150×75×3	O	表面磨光，粗糙度 3.2μm
	5A05-O	轧制板材 150×75×3	O	表面磨光，粗糙度 3.2μm
	5083-O	轧制板材 150×75×3	O	表面磨光，粗糙度 3.2μm
	5A06-O	轧制板材 150×75×3	O	表面磨光，粗糙度 3.2μm
6XXX 系	6082-T6	轧制板材 150×75×3	T6	表面磨光，粗糙度 3.2μm
	6061-T6	轧制板材 150×75×3	T6	表面磨光，粗糙度 3.2μm
	6063-T6	轧制板材 150×75×3	T6	表面磨光，粗糙度 3.2μm
7XXX 系	7A04-T6	轧制板材 150×75×3	T6	表面磨光，粗糙度 3.2μm
	7075-T6	轧制板材 150×75×3	T6	表面磨光，粗糙度 3.2μm
	7085-T6	轧制板材 150×75×3	T6	表面磨光，粗糙度 3.2μm

表 2-2 试验材料化学成分

牌号	化学成分（质量分数）/%												
	Si	Fe	Cu	Mn	Mg	Cr	Ni	Zn	Ti		其他		Al
											单个	合计	
1060-H24	0.25	0.35	0.05	0.03	0.03	—	—	0.05	0.03	V：0.05	0.03	—	99.60
1050A-O	0.25	0.40	0.05	0.05	0.05	—	—	0.07	0.05	—	0.03	—	99.50
2A11-O	0.7	0.7	3.8 ~ 4.8	0.40 ~ 0.8	0.40 ~ 0.8	—	0.10	0.30	0.15	Fe+Ni：0.7	0.05	0.10	余量
2A12-T3	0.50	0.50	3.8 ~ 4.9	0.30 ~ 0.9	1.2 ~ 1.8	—	0.10	0.30	0.15	Fe+Ni：0.50	0.05	0.10	余量
2A14-T6	0.6 ~ 1.2	0.7	3.9 ~ 4.8	0.40 ~ 1.0	0.40 ~ 0.8	—	0.10	0.30	0.15	—	0.05	0.10	余量
3003-O	0.6	0.7	0.05 ~ 0.20	1.0 ~ 1.5	—	—	—	0.10	—	—	0.05	0.15	余量
3A21-O	0.6	0.7	0.20	1.0 ~ 1.6	0.05	—	—	0.10	0.15	—	0.05	0.10	余量
4A01-O	4.5 ~ 6.0	0.6	0.20	—	—	—	—	—	0.15	Zn+Sn：0.10	0.05	0.15	余量
4A11-O	11.5 ~ 13.5	1.0	0.50 ~ 1.3	0.20	0.8 ~ 1.3	0.10	0.50 ~ 1.3	0.25	0.15	—	0.05	0.15	余量

续表

牌号	化学成分（质量分数）/%												
	Si	Fe	Cu	Mn	Mg	Cr	Ni	Zn	Ti		其他		Al
											单个	合计	
4A17-O	11.0~12.5	0.50	—	0.50	0.05	—	—	—	0.15	Cu+Zn：0.15 Ca：0.10	0.05	0.15	余量
5A02-O	0.40	0.40	0.10	0.15 ~ 0.40	2.0 ~ 2.8	—	—	—	0.15	Si+Fe：0.6	0.05	0.15	余量
5A05-O	0.50	0.50	0.10	0.30 ~ 0.6	4.8 ~ 5.5	—	—	0.20	—	—	0.05	0.10	余量
5A06-O	0.40	0.40	0.10	0.50 ~ 0.8	5.8 ~ 6.8	—	—	0.20	0.02 ~ 0.10	Be：0.0001 ~ 0.005	0.05	0.10	余量
5754-O	0.40	0.40	0.10	0.50	2.6 ~ 3.6	0.30	—	0.20	0.15	Mn+Cr：0.10 ~ 0.6	0.05	0.15	余量
5083-O	0.40	0.40	0.10	0.40 ~ 1.0	4.0 ~ 4.9	0.05 ~ 0.25	—	0.25	0.15	—	0.05	0.15	余量

续表

牌号	化学成分（质量分数）/%											
	Si	Fe	Cu	Mn	Mg	Cr	Ni	Zn	Ti		其他		Al
											单个	合计	
6061-T6	0.40 ~ 0.8	0.7	0.15 ~ 0.40	0.15	0.8 ~ 1.2	0.04 ~ 0.35	—	0.25	0.15	—	0.05	0.15	余量
6063-T6	0.20 ~ 0.6	0.35	0.10	0.10	0.45 ~ 0.9	0.10	—	0.10	0.10	—	0.05	0.15	余量
6082-T6	0.7 ~ 1.3	0.50	0.10	0.40 ~ 1.0	0.6 ~ 1.2	0.25	—	0.20	0.10	—	0.05	0.15	余量
7A04-T6	0.50	0.50	1.4 ~ 2.0	0.20 ~ 0.6	1.8 ~ 2.8	0.10 ~ 0.25	—	5.0 ~ 7.0	0.10	—	0.05	0.10	余量
7075-T6	0.40	0.50	1.2 ~ 2.0	0.30	2.1 ~ 2.9	0.18 ~ 0.28	—	5.1 ~ 6.1	0.20	—	0.05	0.15	余量
7085-T6	0.06	0.08	1.3 ~ 2.0	0.04	1.2 ~ 1.8	0.04	—	7.0 ~ 8.0	0.06	Zr：0.08 ~ 0.15	0.05	0.15	余量

注：参照 GB/T 3190—2020《变形铝及铝合金化学成分》。

2.3 测试方法

2.3.1 失重分析

将暴露不同时间后的样品取回，按照 GB/T 16545—2015《金属和合金的腐蚀　腐蚀试样上腐蚀产物的清除》中的相关规定进行表面腐蚀产物的去除。完成后经去离子水冲洗并冷风吹干，利用分析天平进行称重，并记录除锈后的质量 G_1。利用下式对失重进行计算：

$$W=\frac{G_0-G_1}{2(ab+bc+ac)} \tag{2-1}$$

式中，W 为失重量，g/m²；G_0 为试样原始质量，g；G_1 为试样除锈后质量，g；a、b、c 分别为试样长度、宽度、厚度，mm。

2.3.2 腐蚀形貌观察

将暴露不同时间的试样取回后，首先利用数码相机（Nikon D200）对其正反面的宏观腐蚀形貌进行观察，并按照国家材料环境腐蚀平台相关标准进行拍照记录。之后利用 FEI Quanta250 型扫描电子显微镜观察腐蚀产物的微观形貌，并使用 DEAX 型能谱仪进行 EDS 能谱分析。将去除腐蚀产物后的试样置于 Keyence VK-200 型 3D 激光共聚焦显微镜下进行形貌观察。

2.3.3 腐蚀产物分析

对暴露不同时间的试样表面的腐蚀产物进行 X 射线衍射分析（XRD），试验所用的 X 射线衍射仪型号为 Rigaku 型，利用它进行物相分析，选用的辐射源为 Cu-Kα 射线，工作电流和工作电压分别为 200 mA 和 40 kV，扫描角度选取为 10°～ 90°，扫描速度为 4°/min。

铝及铝合金的环境腐蚀

——盐雾环境

第3章

1XXX系铝合金中性盐雾环境腐蚀行为

3.1 概述

1XXX 系铝合金的铝含量不小于 99.0%，又称纯铝系，其牌号三、四位数字表示最低铝百分含量中小数点后面的两位。该系铝合金具有密度小、导电性好、导热性高、熔解潜热大、光反射系数大及外表色泽美观等特性。一般地，随着铝的纯度降低，铝合金可能出现的性能变化为强度有所提高，而导电性、耐蚀性下降。常见的 1XXX 系铝合金包括 1050、1060、1A99 等。

3.2 腐蚀速率

腐蚀速率计算按照标准 GB/T 19292.4—2018《金属和合金的腐蚀　大气腐蚀性　第 4 部分：用于评估腐蚀性的标准试样的腐蚀速率的测定》进行，通过失重法得到腐蚀失重，根据 ASTM G46-21 标准对点蚀深度进行测量（表 3-1 和图 3-1）。

表 3-1　1XXX 系铝合金在中性盐雾试验中的腐蚀失重和最大点蚀深度

牌号	试验方式	暴露时间 /h									
		96		240		480		720		1008	
		腐蚀失重 /(g/m^2)	点蚀深度 /μm	腐蚀失重 /(g/m^2)	点蚀深度 /μm	腐蚀失重 /(g/m^2)	点蚀深度 /μm	腐蚀失重 /(g/m^2)	点蚀深度 /μm	腐蚀失重 /(g/m^2)	点蚀深度 /μm
1050A-O	中性盐雾	0.83	6.774	1.23	6.329	2.10	9.675	3.15	10.798	4.86	11.601
1060-H24	中性盐雾	0.34	1.688	1.05	1.884	2.19	2.327	2.51	2.328	2.81	2.866

通过对试验数据进行分析，失重与时间的数据符合幂函数规则：

$$D=At^n \quad (3\text{-}1)$$

式中，D 为材料的质量损失，g/m^2；t 为暴露时间，h；A 和 n 为常数。A 值越高，铝合金的初始腐蚀速率越快。n 反映了锈层的物理化学性质及其与大气环境的相互作用。n 值越小，锈层的保护作用越强。对其进行幂函数拟合（表 3-2），R^2 是幂函数拟合相关系数。

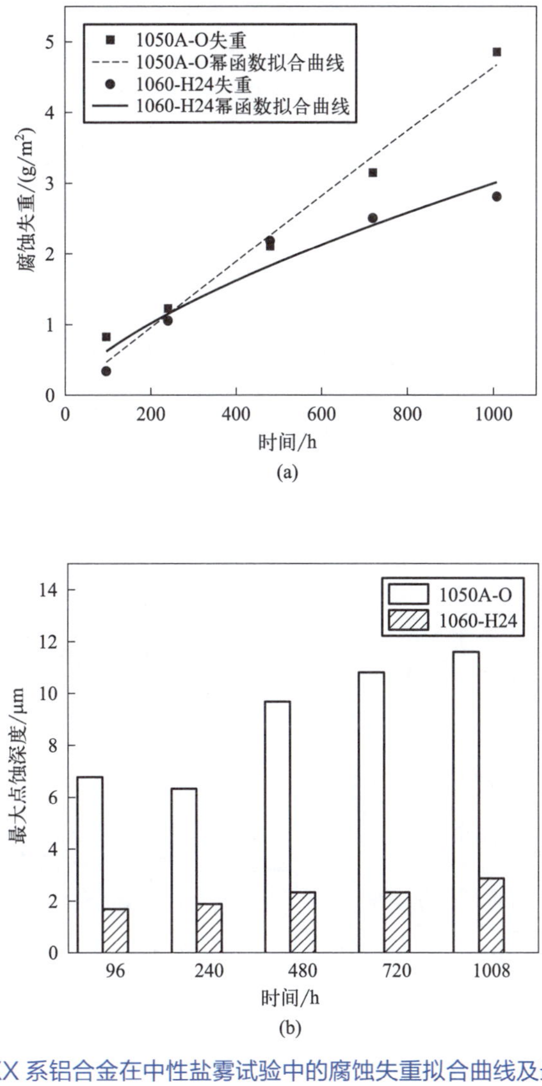

图 3-1　1XXX 系铝合金在中性盐雾试验中的腐蚀失重拟合曲线及最大点蚀深度

（a）腐蚀失重拟合曲线；（b）最大点蚀深度

表 3-2　幂函数拟合曲线相关参数

铝合金种类	A	n	R^2
1050A-O	0.00545	0.97671	0.97726
1060-H24	0.02893	0.67187	0.93932

图 3-1（a）和图 3-2 分别是两种 1XXX 系铝合金在中性盐雾环境下暴露 1008h 内的腐蚀失重曲线和腐蚀速率曲线。在暴露 1008h 时，1050A-O 和 1060-H24 的失重分别达到 4.86g/m^2 和 2.81g/m^2，腐蚀速率分别为 0.0048g/(m^2·h) 和 0.0039g/(m^2·h)（表 3-3），最大点蚀深度分别为 11.601μm 和 2.866μm。从两种铝合金在中性盐雾环境中的腐蚀速率随时间的变化曲线可以看出，1050A-O 在腐蚀初期腐蚀速率最高，240h 后几乎持平，只有小幅度变化；1060-H24 在暴露过程中，腐蚀速率变化不大，初期和后期腐蚀速率几乎一样。对二者在中性盐雾环境中的腐蚀失重现象进行幂函数拟合，1050A-O 的拟合函数方程为 $D=0.00545t^{0.97671}$，拟合方程相关系数为 0.97726；1060-H24 的拟合函数方程为 $D=0.02893t^{0.67187}$，拟合方程相关系数为 0.93932。二者拟合方程相关系数接近 1，为高度相关。两种铝合金的幂指数中 n 值均小于 1，说明二者在中性盐雾环境中得到的腐蚀产物对材料均具有一定的保护作用。其中 1060-H24 的 n 值远小于 1050A-O，因此其锈层的保护作用更强。

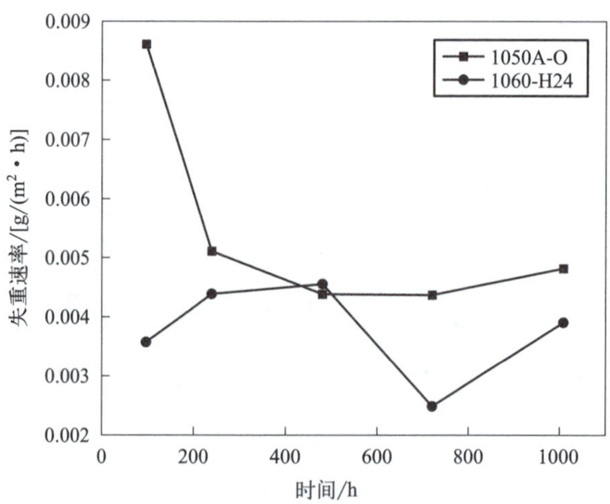

图 3-2　1XXX 系铝合金在中性盐雾试验中暴露不同时间的腐蚀速率变化曲线

表 3-3　1XXX 系铝合金在中性盐雾试验中暴露不同时间的腐蚀速率

牌号	试验方式	失重速率 /[g/(m^2 · h)]				
		96h	240h	480h	720h	1008h
1050A-O	中性盐雾	0.0086	0.0051	0.0044	0.0044	0.0048
1060-H24	中性盐雾	0.0036	0.0044	0.0046	0.0025	0.0039

3.3 腐蚀形貌

图 3-3 和图 3-4 分别是 1050A-O 和 1060-H24 两种 1XXX 系铝合金在中性盐雾环境中暴露不同时间后的宏观腐蚀形貌。整体观察，试验后 1XXX 系铝合金的腐蚀产物为棕褐色。暴露 96h 后，合金样品表面开始出现分布并不均匀的斑点状腐蚀产物，表面也逐渐变暗，且暴露的时间越长，两种纯铝的腐蚀面积越大。此外，随着时间增长，合金表面光泽也逐渐消失，被腐蚀产物取代。暴露 1008h 后，腐蚀产物几乎覆盖了整个表面。

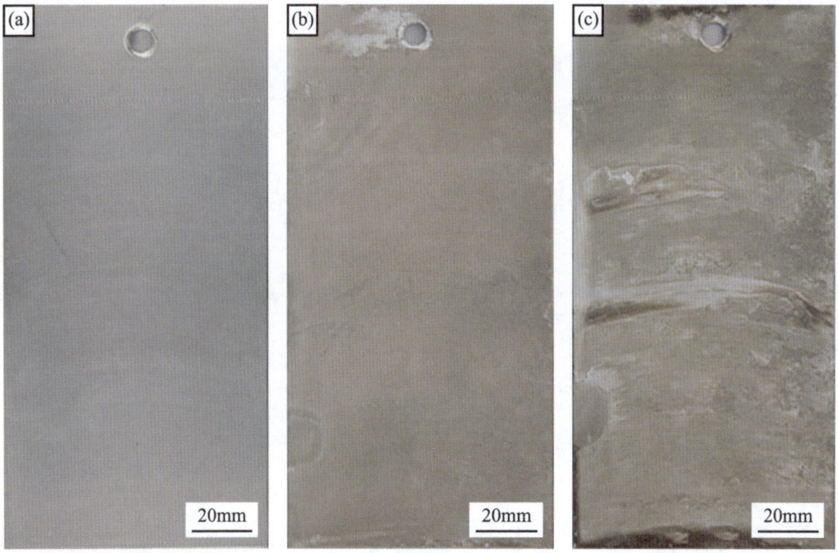

图 3-3

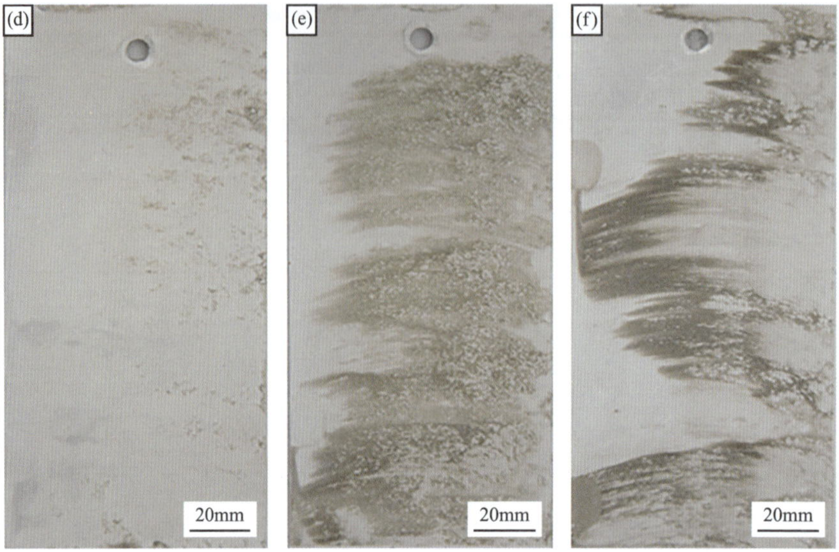

图 3-3　1050A-O 铝合金在中性盐雾试验中暴露不同时间后的宏观腐蚀形貌（除锈前）
（a）原样；（b）96h；（c）240h；（d）480h；（e）720h；（f）1008h

图 3-5 和图 3-6 分别是 1050A-O 和 1060-H24 在中性盐雾环境中暴露不同时间后已除锈的宏观腐蚀形貌。在 96h 后，合金表面即受到腐蚀，且随着试验时间的增加，腐蚀情况没有明显加深，证明腐蚀产物可能对内部起到较好的保护作用。经过 1008h 的中性盐雾试验，合金表面腐蚀情况较轻微，证明 1XXX 系铝合金的耐腐蚀性较好，且腐蚀产物致密保护性较好。

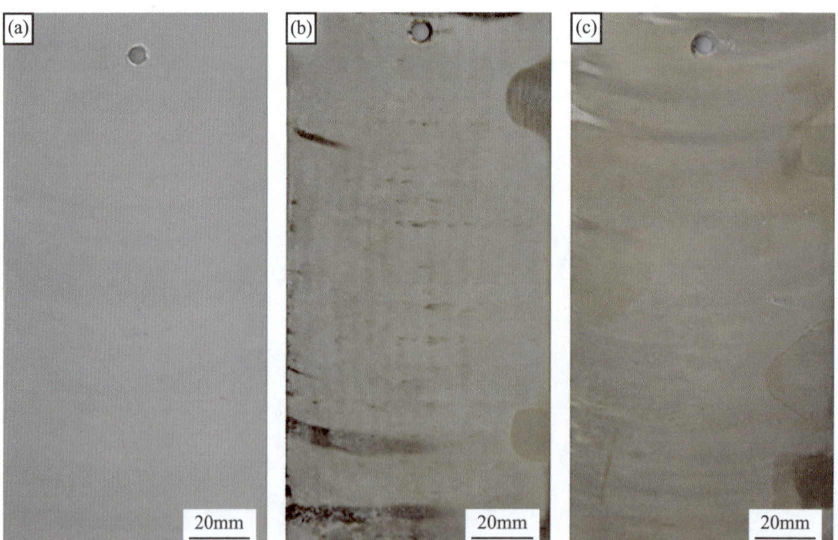

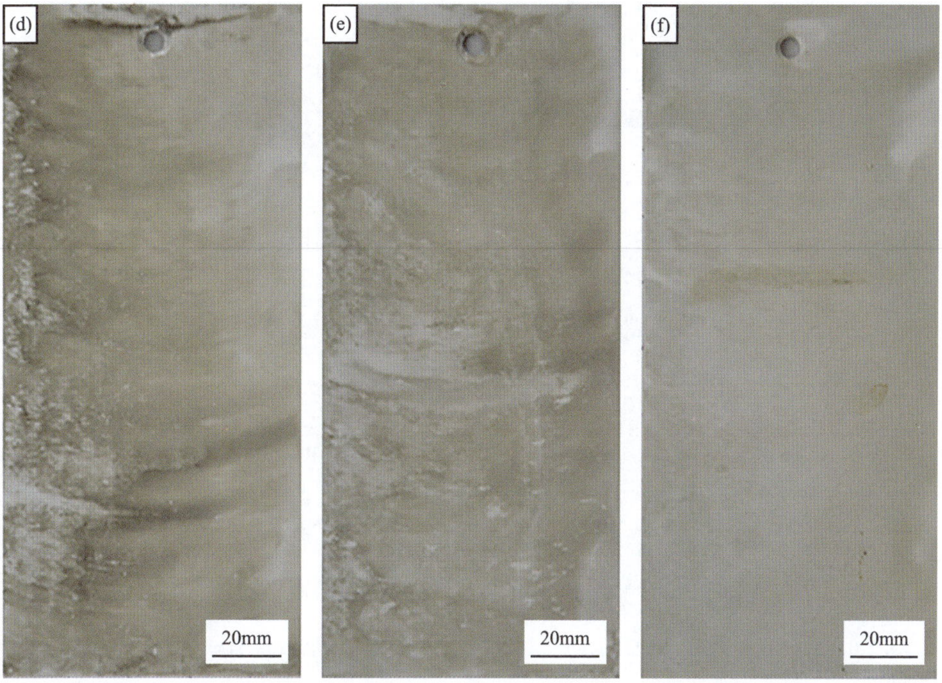

图 3-4　1060-H24 铝合金在中性盐雾试验中暴露不同时间后的宏观腐蚀形貌（除锈前）

（a）原样；（b）96h；（c）240h；（d）480h；（e）720h；（f）1008h

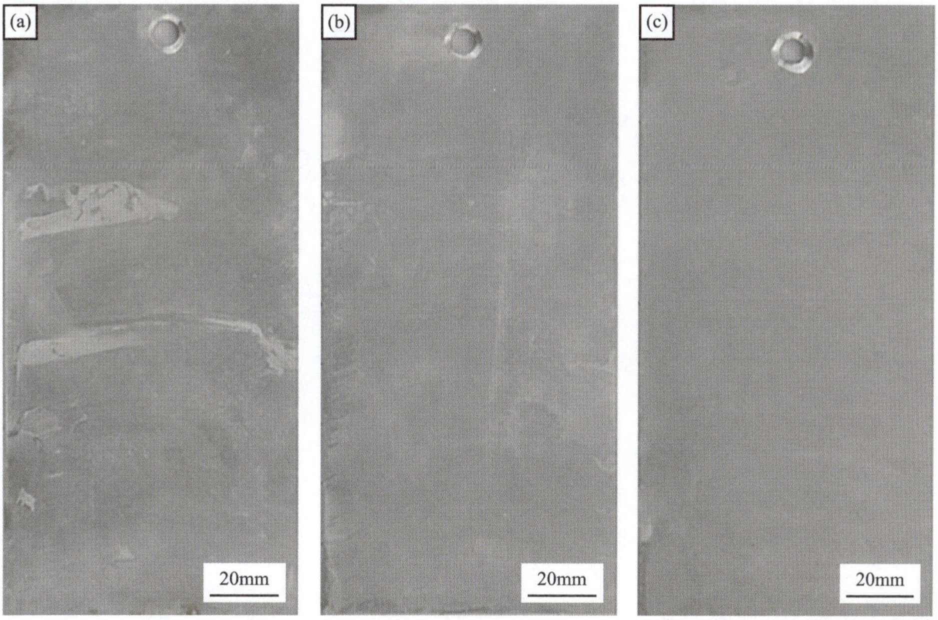

图 3-5

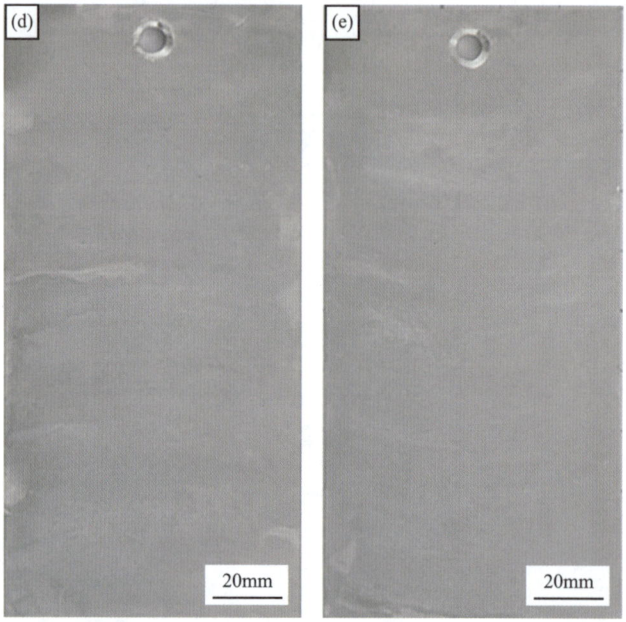

图 3-5　1050A-O 铝合金在中性盐雾试验中暴露不同时间后的宏观腐蚀形貌（除锈后）

（a）96h；（b）240h；（c）480h；（d）720h；（e）1008h

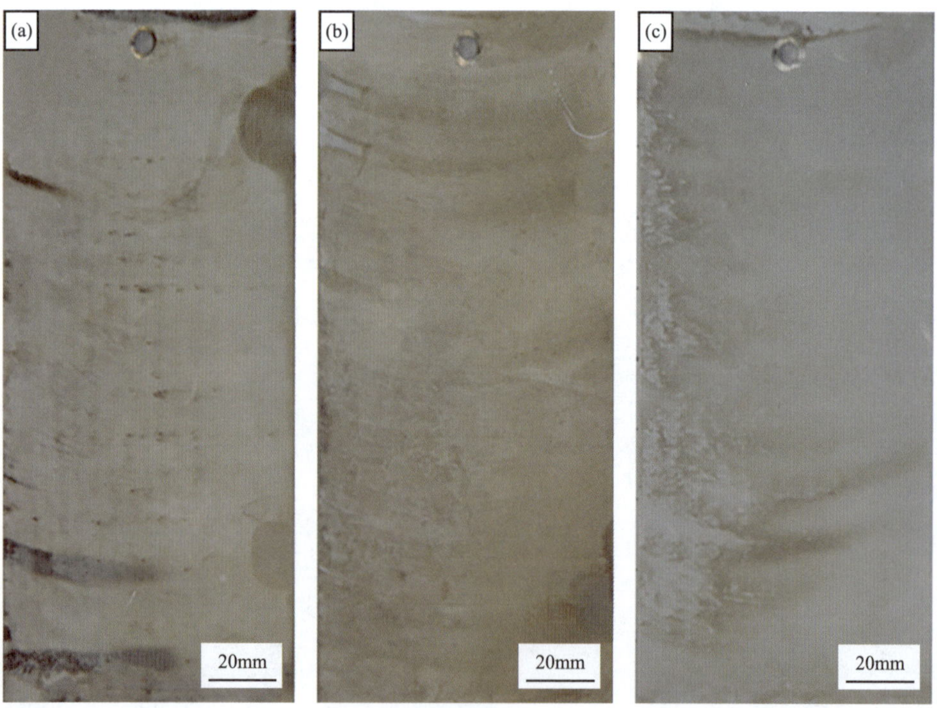

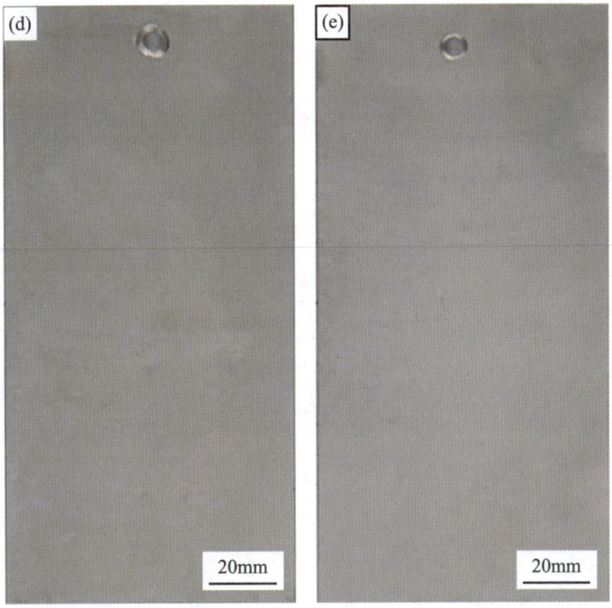

图 3-6　1060-H24 铝合金在中性盐雾试验中暴露不同时间后的宏观腐蚀形貌（除锈后）

（a）96h；（b）240h；（c）480h；（d）720h；（e）1008h

图 3-7 和图 3-8 分别是 1050A-O 和 1060-H24 两种 1XXX 系铝合金在暴露 96h、240h、480h、720h 和 1008h 后去除腐蚀产物后的腐蚀形貌图。图中可以看出，对 1050A-O 而言，暴露 96h 后，合金表面已经出现点蚀坑，直径可达 90μm。随着暴露时间的延长，点蚀坑的直径略有增大，1008h 时可达 120μm，同时发生部分点蚀坑连点成面，腐蚀面积也有所增大。而观察 1060-H24 可以看出，整体上都没有发生较为严重的腐蚀。暴露 96h 后，合金表面出现极少的点蚀坑。随着暴露时间的延长，点蚀坑逐渐变密集，腐蚀面积也有所增大。整体上看，1060-H24 的耐蚀性优于 1050A-O。

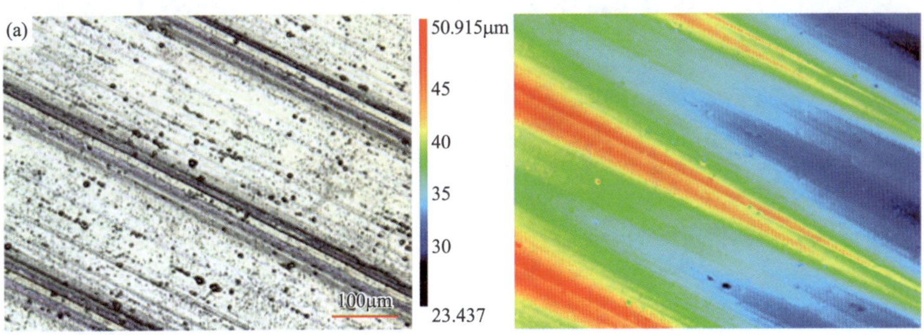

图 3-7

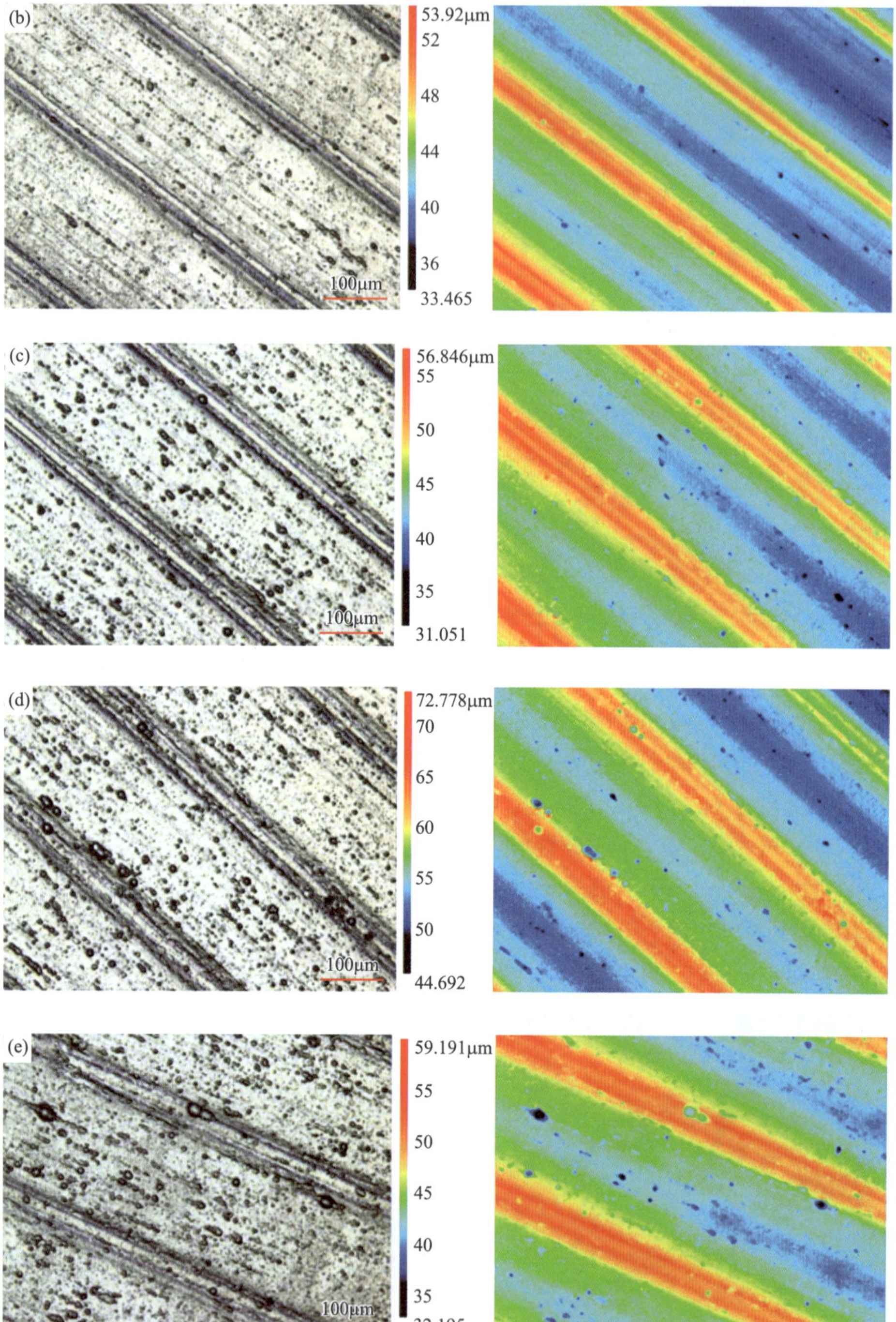

图 3-7　1050A-O 铝合金清除腐蚀产物后蚀坑深度的腐蚀形貌

（a）96h；（b）240h；（c）480h；（d）720h；（e）1008h

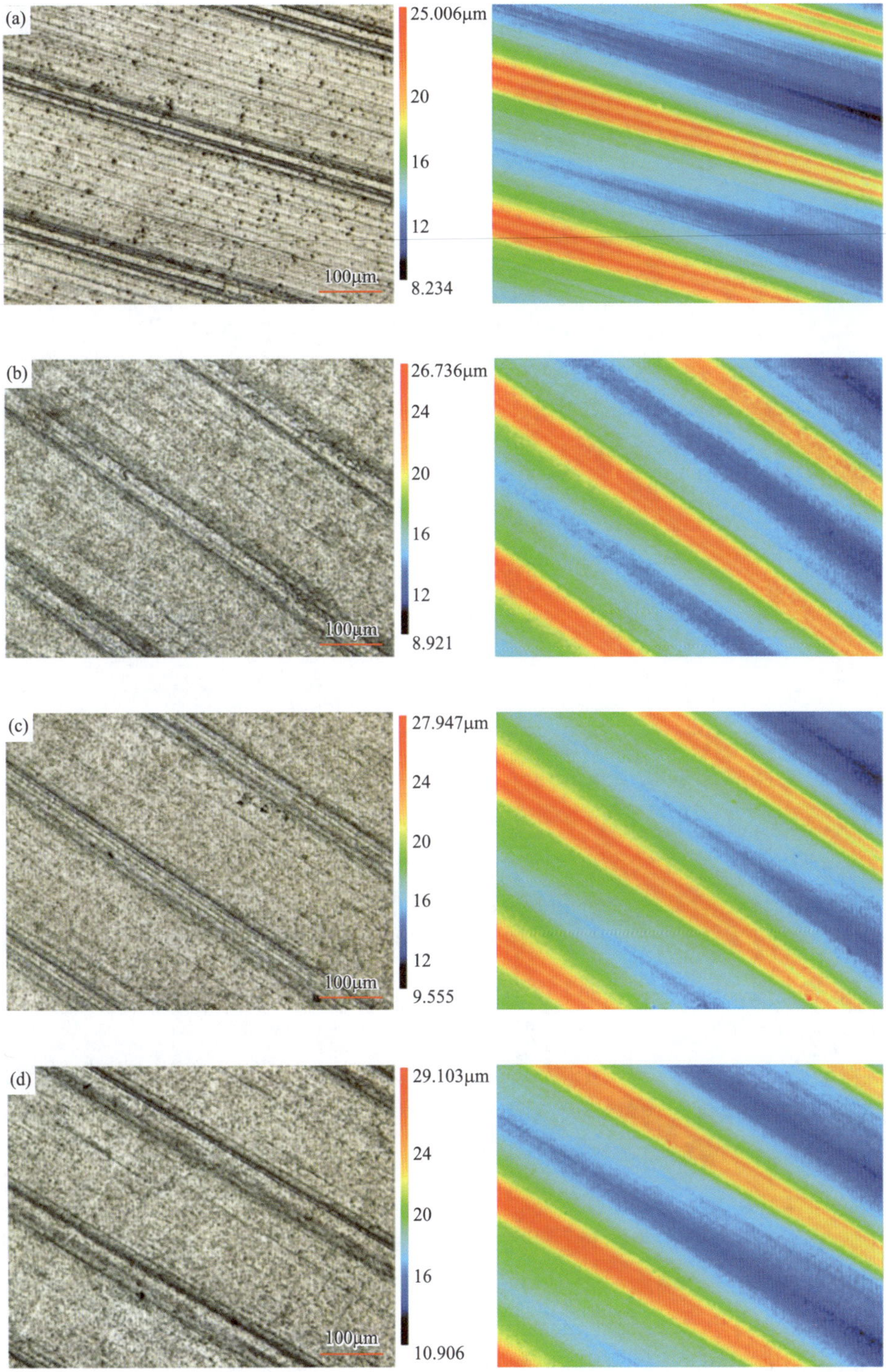
(a)
100μm
25.006μm
20
16
12
8.234
(b)
100μm
26.736μm
24
20
16
12
8.921
(c)
100μm
27.947μm
24
20
16
12
9.555
(d)
100μm
29.103μm
24
20
16
10.906

图 3-8

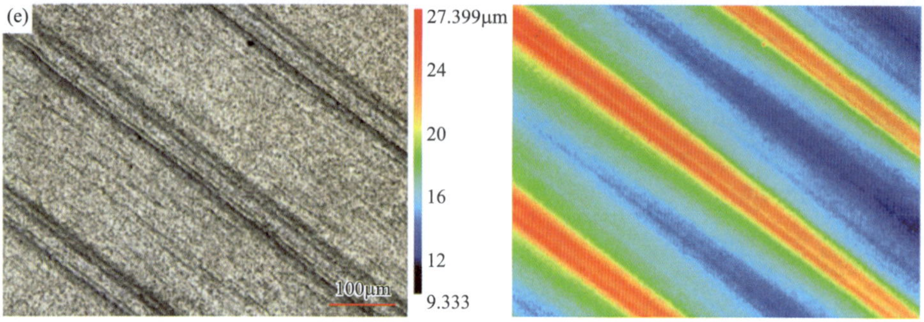

图 3-8　1060-H24 铝合金清除腐蚀产物后蚀坑深度的腐蚀形貌

（a）96h；（b）240h；（c）480h；（d）720h；（e）1008h

3.4 腐蚀产物

图 3-9 和图 3-10 分别是 1050A-O 和 1060-H24 两种 1XXX 系铝合金在中性盐雾环境中暴露 96h、240h、480h、720h 和 1008h 后腐蚀产物的微观形貌以及能谱结果。可以看出，其表面腐蚀产物包含的元素以 Al 元素和 O 元素为主。对 1050A-O 来说，试验进行初期，合金表面的腐蚀产物主要呈雪花状，相互联结分布在表面。240h 时，合金表面腐蚀产物逐渐增加，团聚成大块状。试验继续进行，腐蚀产物不断累积，表面几乎被腐蚀产物完全覆盖，团块状腐蚀产物与球状聚集的腐蚀产物均大量存在。对 1060-H24 而言，腐蚀初期，根据能谱结果，腐蚀产物量极少，产物呈膜状附着在合金表面，并在 240h 时出现裂纹。自 480h 起，腐蚀产物量陡增，块状、球状腐蚀产物将合金表面覆盖。720h 时，表面部分区域开始脱落，到 1008h 后，表面完全被块状、球状产物覆盖。

为进一步确定 1050A-O 及 1060-H24 铝合金的腐蚀产物，图 3-11 是对 1050A-O 及 1060-H24 两种铝合金在中性盐雾环境中暴露 1008h 后表面腐蚀产物的 XRD 分析结果。衍射峰的位置显示，1XXX 系铝合金在中性盐雾环境中暴露 1008h 后的腐蚀产物主要是 $Al(OH)_3$。检测出的 NaCl 可能是由于沉积在表面的 NaCl 盐没有被完全清除。

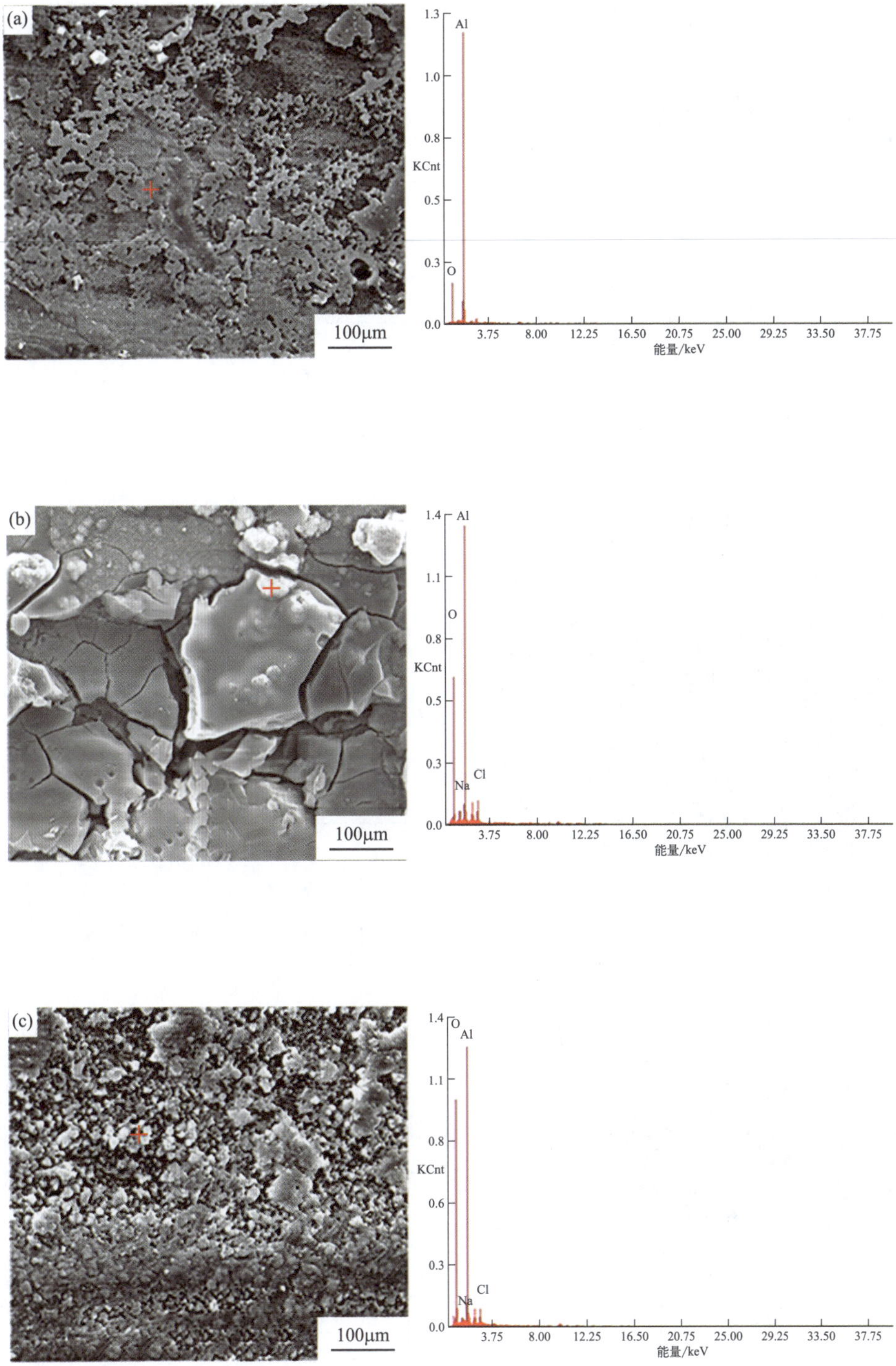
(a)
100μm
1.3
1.0
0.8
0.5
0.3
0.0
KCnt
Al
O
3.75
8.00
12.25
16.50
20.75
25.00
29.25
33.50
37.75
能量/keV
(b)
100μm
1.4
1.1
0.8
0.5
0.3
0.0
KCnt
Al
O
Na
Cl
3.75
8.00
12.25
16.50
20.75
25.00
29.25
33.50
37.75
能量/keV
(c)
100μm
1.4
1.1
0.8
0.6
0.3
0.0
KCnt
O
Al
Na
Cl
3.75
8.00
12.25
16.50
20.75
25.00
29.25
33.50
37.75
能量/keV

图 3-9

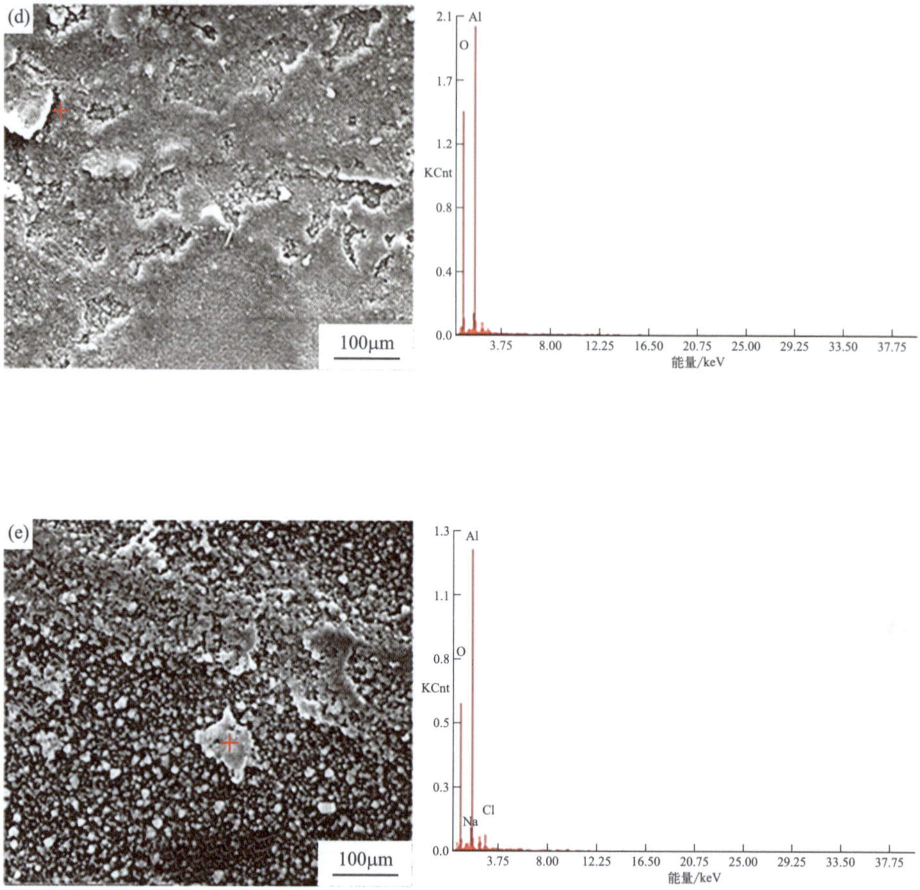

图 3-9 暴露不同时间后 1050A-O 铝合金腐蚀产物的微观形貌及能谱结果

（a）96h；（b）240h；（c）480h；（d）720h；（e）1008h

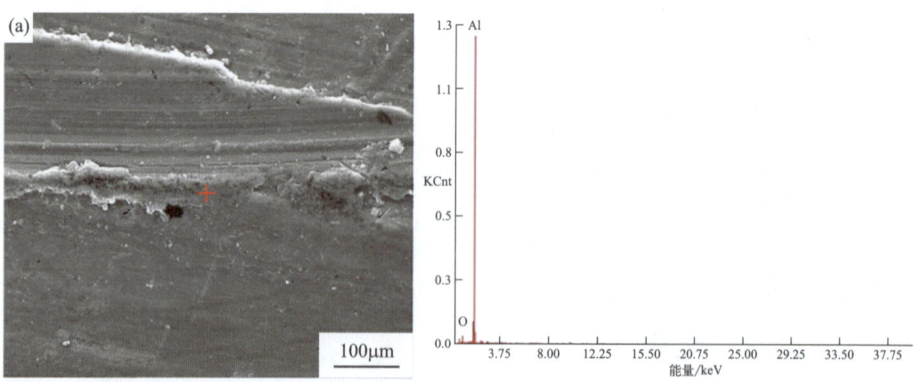

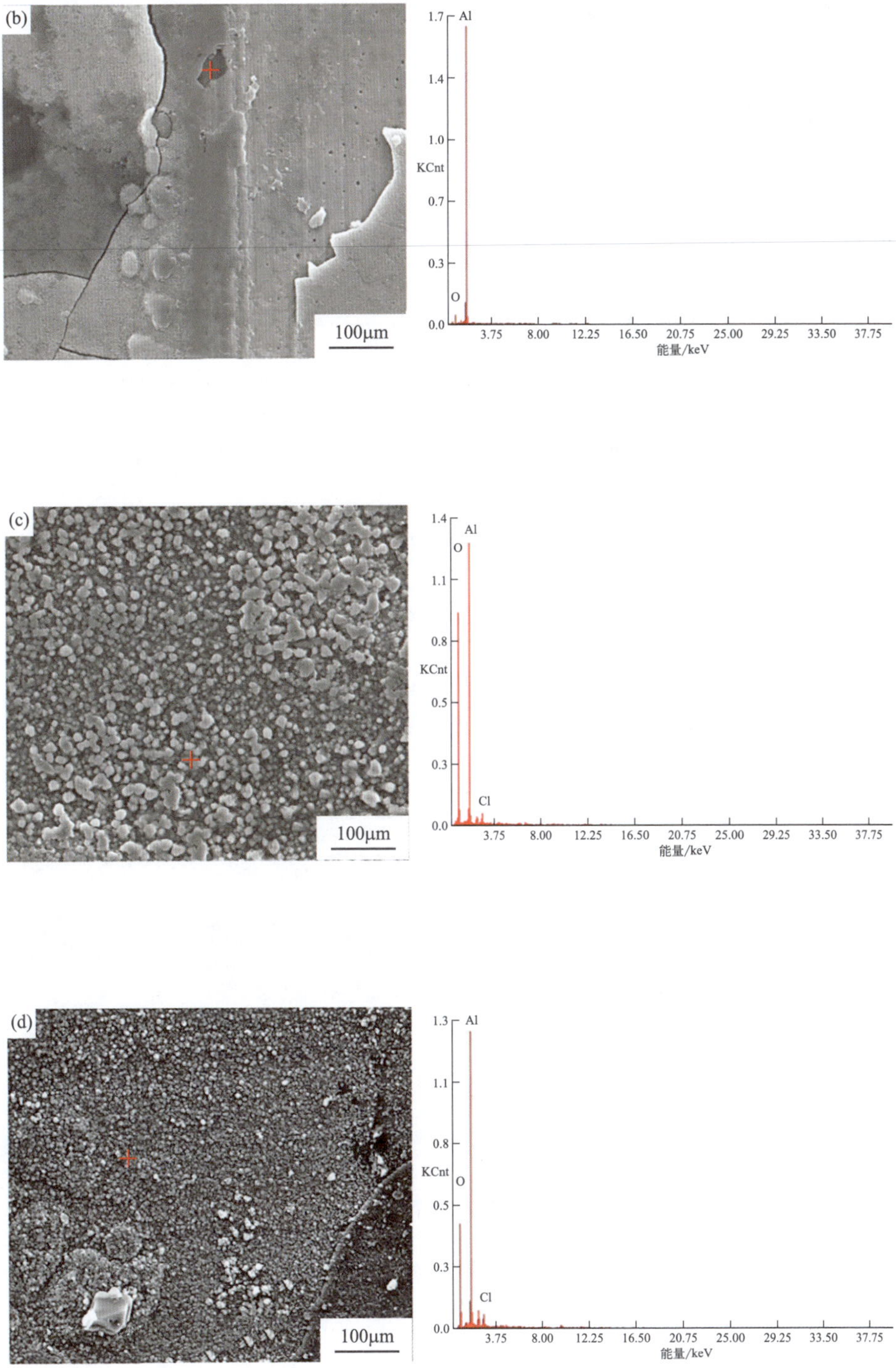
(b)
100μm
1.7
1.4
1.0
0.7
0.3
0.0
KCnt
Al
O
3.75
8.00
12.25
16.50
20.75
25.00
29.25
33.50
37.75
能量/keV
(c)
100μm
1.4
1.1
0.8
0.5
0.3
0.0
KCnt
Al
O
Cl
3.75
8.00
12.25
16.50
20.75
25.00
29.25
33.50
37.75
能量/keV
(d)
100μm
1.3
1.1
0.8
0.5
0.3
0.0
KCnt
Al
O
Cl
3.75
8.00
12.25
16.50
20.75
25.00
29.25
33.50
37.75
能量/keV

图 3-10

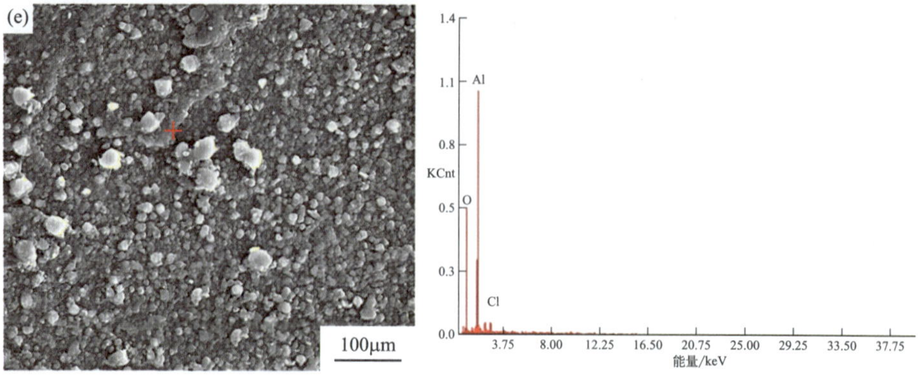

图 3-10　暴露不同时间后 1060-H24 铝合金腐蚀产物的微观形貌及能谱结果

（a）96h；（b）240h；（c）480h；（d）720h；（e）1008h

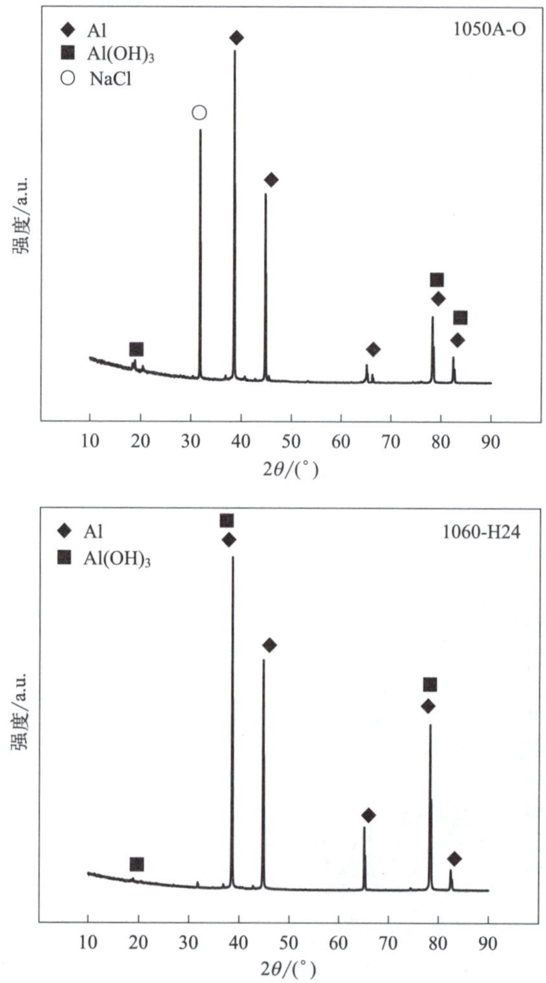

图 3-11　1050A-O 和 1060-H24 铝合金腐蚀产物 XRD 图谱（1008h）

本章小结

本章主要研究了 1XXX 系铝合金（包括 1050A-O 和 1060-H24）在中性盐雾环境中的腐蚀性能，着重针对其腐蚀动力学、宏观及微观形貌以及腐蚀产物进行了分析。通过系统试验和数据分析，得出以下主要结论：

① 通过对试验过程中腐蚀速率与时间的关系进行拟合，可以看出，对于 1050A-O，腐蚀速率呈现出先下降后趋于稳定的趋势，符合氧化膜自保护行为；而 1060-H24 的腐蚀速率在早期虽然有所增加，但随后下降，整体浮动范围较小，总体腐蚀速率二者相差不大。可以推测，1050A-O 与 1060-H24 均能够通过氧化膜的形成有效减缓腐蚀进程。进一步拟合腐蚀动力学方程可以得到，二者在中性盐雾环境中得到的腐蚀产物对材料均具有一定的保护作用，根据系数大小能够比较出，1060-H24 的锈层保护作用较 1050A-O 更强。

② 从宏观形貌的观察中不难发现，腐蚀过程中表面虽然被腐蚀产物层逐渐覆盖，但除锈后的两种 1XXX 系铝合金表面受到的侵蚀均较轻，证明 1XXX 系铝合金的耐蚀性较好，且腐蚀产物致密保护性较好。进一步对微观形貌进行观察，1050A-O 的腐蚀主要表现为轻微的腐蚀斑点和局部腐蚀坑，整体腐蚀过程较为缓慢。1060-H24 表面的腐蚀斑点并不明显，整体腐蚀情况更轻微，1060-H24 的耐蚀性能相对更好。

③ 通过扫描电镜（SEM）和 X 射线衍射（XRD）分析，发现两种铝合金表面主要形成了 $Al(OH)_3$。观察 SEM 图像可以看出，整体上 1XXX 系铝合金腐蚀产物表现为颗粒状，虽然腐蚀过程中产物出现过裂痕，但没有明显的产物剥落痕迹。

综上所述，本章研究表明，尽管 1050A-O 和 1060-H24 铝合金在纯度和成分上有所不同，但二者在中性盐雾试验中的腐蚀行为、腐蚀产物及锈层保护作用上表现出较高的相似性。两者均形成了致密的氧化膜，能够有效阻止腐蚀的进一步扩展；腐蚀产物具有相似的组成和稳定性。腐蚀动力学分析进一步表明，它们的腐蚀进程遵循相似的规律。

铝及铝合金的环境腐蚀

——盐雾环境

第4章

2XXX系铝合金中性盐雾环境腐蚀行为

4.1 概述

2XXX 系铝合金是一类以铜为主要掺杂元素的铝合金，属于典型的可热处理强化高强度铝合金。该系铝合金具有密度低、强度高、成型性好、力学性能良好、熔点低、导热率高等特性，常被用于航空航天工业的结构材料，也用于取代高速列车钢结构部件的轻质合金。常见的 2XXX 系铝合金包括 2A01、2A02、2B06、2A12 等。

4.2 腐蚀速率

腐蚀速率计算按照标准 GB/T 19292.4—2018《金属和合金的腐蚀　大气腐蚀性　第 4 部分：用于评估腐蚀性的标准试样的腐蚀速率的测定》进行，通过失重法得到腐蚀失重，根据 ASTM G46-21 标准对点蚀深度进行测量（表 4-1 和图 4-1）。

表 4-1　2XXX 系铝合金在中性盐雾试验中的腐蚀失重和最大点蚀深度

牌号	试验方式	暴露时间 /h									
		96		240		480		720		1008	
		腐蚀失重 /(g/m^2)	点蚀深度 /μm	腐蚀失重 /(g/m^2)	点蚀深度 /μm	腐蚀失重 /(g/m^2)	点蚀深度 /μm	腐蚀失重 /(g/m^2)	点蚀深度 /μm	腐蚀失重 /(g/m^2)	点蚀深度 /μm
2A12-T3	中性盐雾	6.30	14.932	14.94	25.552	20.43	35.434	28.06	43.001	31.82	43.980

续表

牌号	试验方式	暴露时间 /h									
		96		240		480		720		1008	
		腐蚀失重 /(g/m²)	点蚀深度 /μm	腐蚀失重 /(g/m²)	点蚀深度 /μm	腐蚀失重 /(g/m²)	点蚀深度 /μm	腐蚀失重 /(g/m²)	点蚀深度 /μm	腐蚀失重 /(g/m²)	点蚀深度 /μm
2A11-O	中性盐雾	8.64	11.197	15.15	34.858	24.14	15.251	26.03	25.242	29.06	32.863
2A14-T6	中性盐雾	10.15	18.285	19.88	18.639	24.68	21.387	30.83	20.551	32.20	34.056

通过对试验数据进行分析，失重与时间的数据符合幂函数规则，见式（3-1）。

对其进行幂函数拟合（表 4-2），R^2 是幂函数拟合相关系数。

图 4-1（a）和图 4-2 分别是三种 2XXX 系铝合金在中性盐雾环境下暴露 1008h 内的腐蚀失重曲线和腐蚀速率曲线。在第 1008h 时，2A12-T3、2A11-O 和 2A14-T6 三种铝合金的失重分别达到了 31.82g/m^2、29.06g/m^2 和 32.20g/m^2，腐蚀速率分别为 0.0316g/(m^2 • h)、0.0288g/(m^2 • h) 以及 0.0319g/(m^2 • h)（表 4-3），最大点蚀深度分别为 43.980μm、32.863μm 和 34.056μm。从三种铝合金在中性盐雾坏境暴露过程中的腐蚀速率随时间的变化曲线能够直观地看出，暴露在中性盐雾环境的初期，三种铝合金的腐蚀速率均最高，随着时间推移，腐蚀速率下降，且从开始的大幅下降逐渐变得平缓。对 2A12-T3 在中性盐雾环境中的腐蚀失重现象进行幂函数拟合，得到拟合函数方程 D=0.59932$t^{0.57754}$，拟合方程相关系数为 0.99077。2A11-O 经过幂函数拟合后得到的拟合函数方程为 D=1.43131$t^{0.44062}$，拟合方程相关系数为 0.97097。2A14-T6 的幂函数拟合方程为 D=2.03898$t^{0.40501}$，拟合方程相关系数为 0.977。三者的拟合方程相关系数均接近 1，为高度相关；n 值均小于 1，表明其锈层对材料具有一定的保护性。其中 2A14-T6 的 n 值最小，说明 2A14-T6 在中性盐雾环境中得到的腐蚀产物对基体的保护性最强。

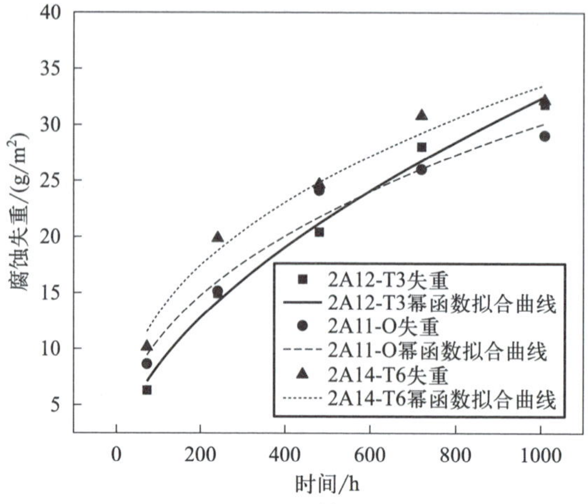

(a)

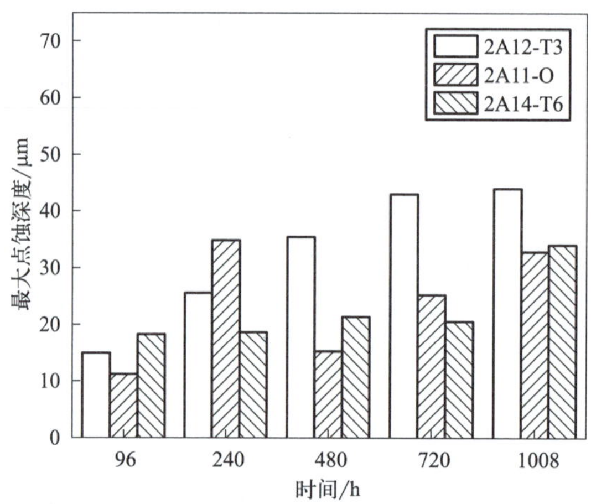

(b)

图 4-1　2XXX 系铝合金在中性盐雾试验中的腐蚀失重拟合曲线及最大点蚀深度

（a）腐蚀失重拟合曲线；（b）最大点蚀深度

表 4-2　幂函数拟合曲线相关参数

铝合金种类	A	n	R^2
2A12-T3	0.59932	0.57754	0.99077
2A11-O	1.43131	0.44062	0.97097
2A14-T6	2.03898	0.40501	0.977

表 4-3　2XXX 系铝合金在中性盐雾试验中暴露不同时间的腐蚀速率

牌号	试验方式	失重速率 /[g/(m^2 · h)]				
		96h	240h	480h	720h	1008h
2A12-T3	中性盐雾	0.0657	0.0623	0.0426	0.0390	0.0316
2A11-O	中性盐雾	0.0900	0.0631	0.0503	0.0343	0.0288
2A14-T6	中性盐雾	0.106	0.0828	0.0514	0.0428	0.0319

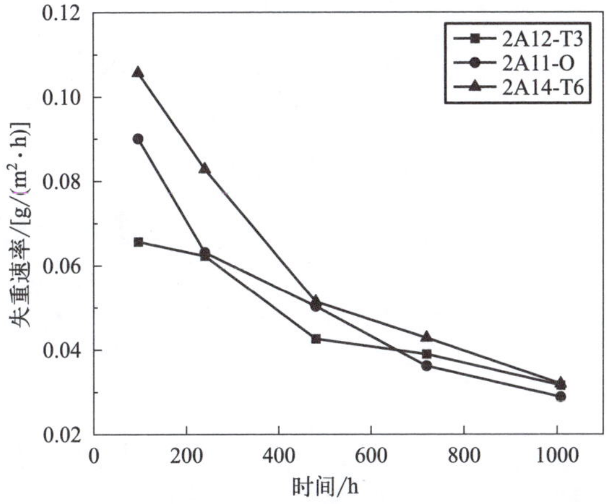

图 4-2　2XXX 系铝合金在中性盐雾试验中暴露不同时间的腐蚀速率变化曲线

4.3 腐蚀形貌

图 4-3、图 4-4 和图 4-5 分别是 2A12-T3、2A11-O 和 2A14-T6 三种 2XXX 系铝合金在中性盐雾环境中暴露不同时间后的宏观腐蚀形貌。从整体来看，三种以铜为主要合金元素的 2XXX 系铝合金的腐蚀情况较为严重。可以看出，暴露 96h 后，合金表面就已经出现了较为严重的腐蚀，即出现

大量黑色的斑点状腐蚀产物，斑点状腐蚀产物周围同样还出现了大量白色的腐蚀产物。随着暴露时间的延长，斑点状腐蚀产物逐渐增加，且白色腐蚀产物覆盖面积逐渐变大。到 1008h 时，2A12-T3、2A11-O 铝合金表面仍能看到少量基体，而 2A14-T6 表面则几乎完全被白色的腐蚀产物覆盖。

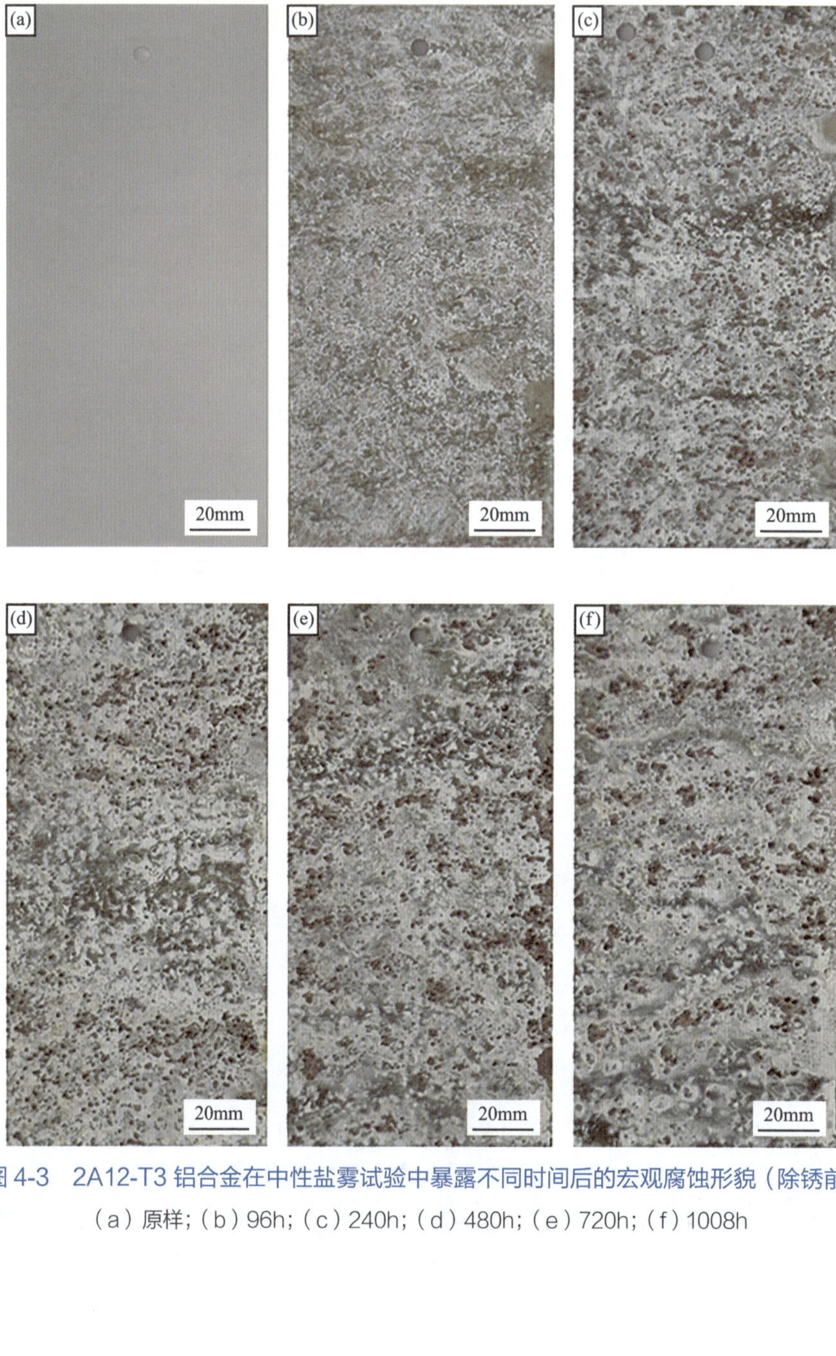

图 4-3　2A12-T3 铝合金在中性盐雾试验中暴露不同时间后的宏观腐蚀形貌（除锈前）

（a）原样；（b）96h；（c）240h；（d）480h；（e）720h；（f）1008h

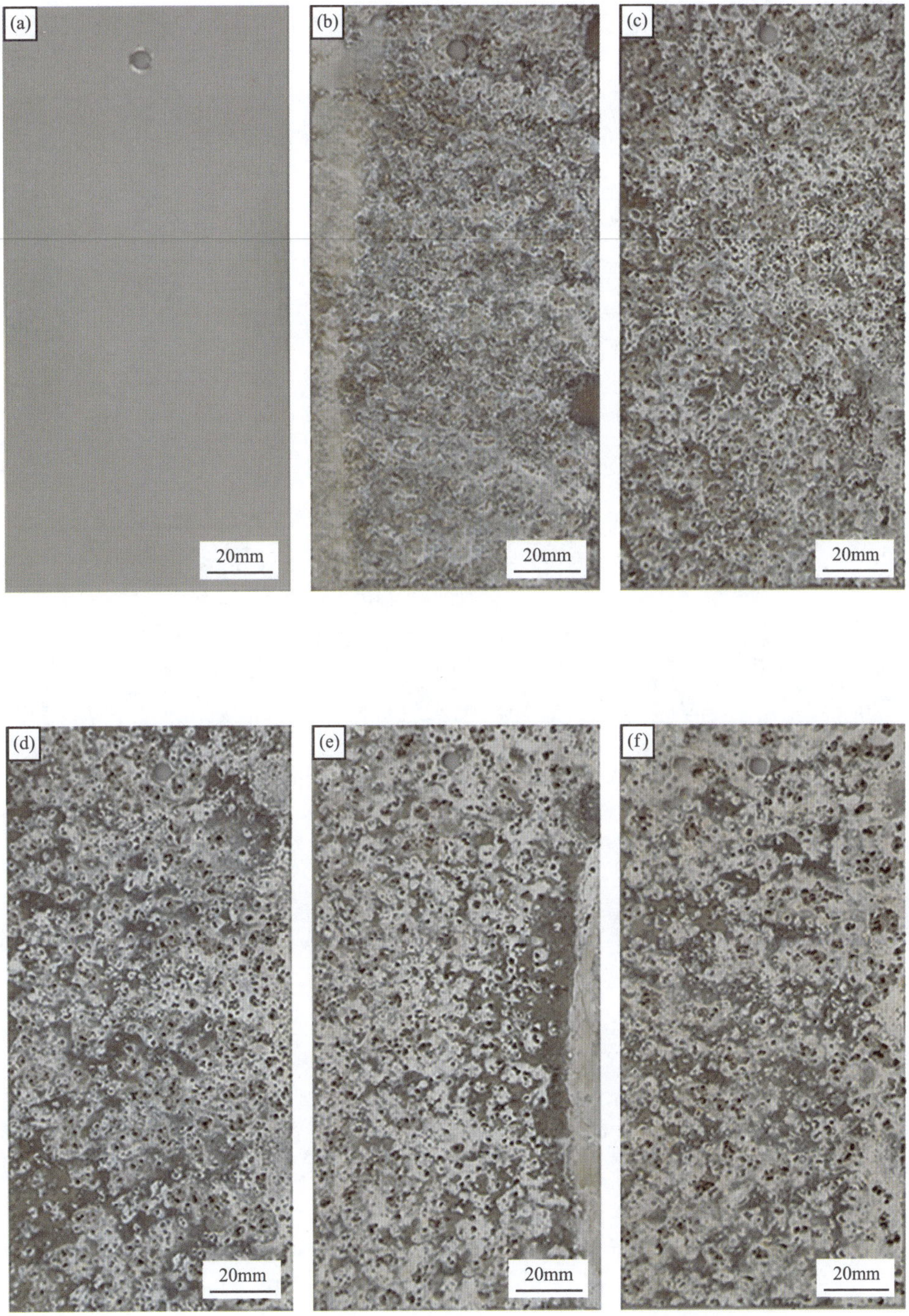

图 4-4　2A11-O 铝合金在中性盐雾试验中暴露不同时间后的宏观腐蚀形貌（除锈前）

（a）原样；（b）96h；（c）240h；（d）480h；（e）720h；（f）1008h

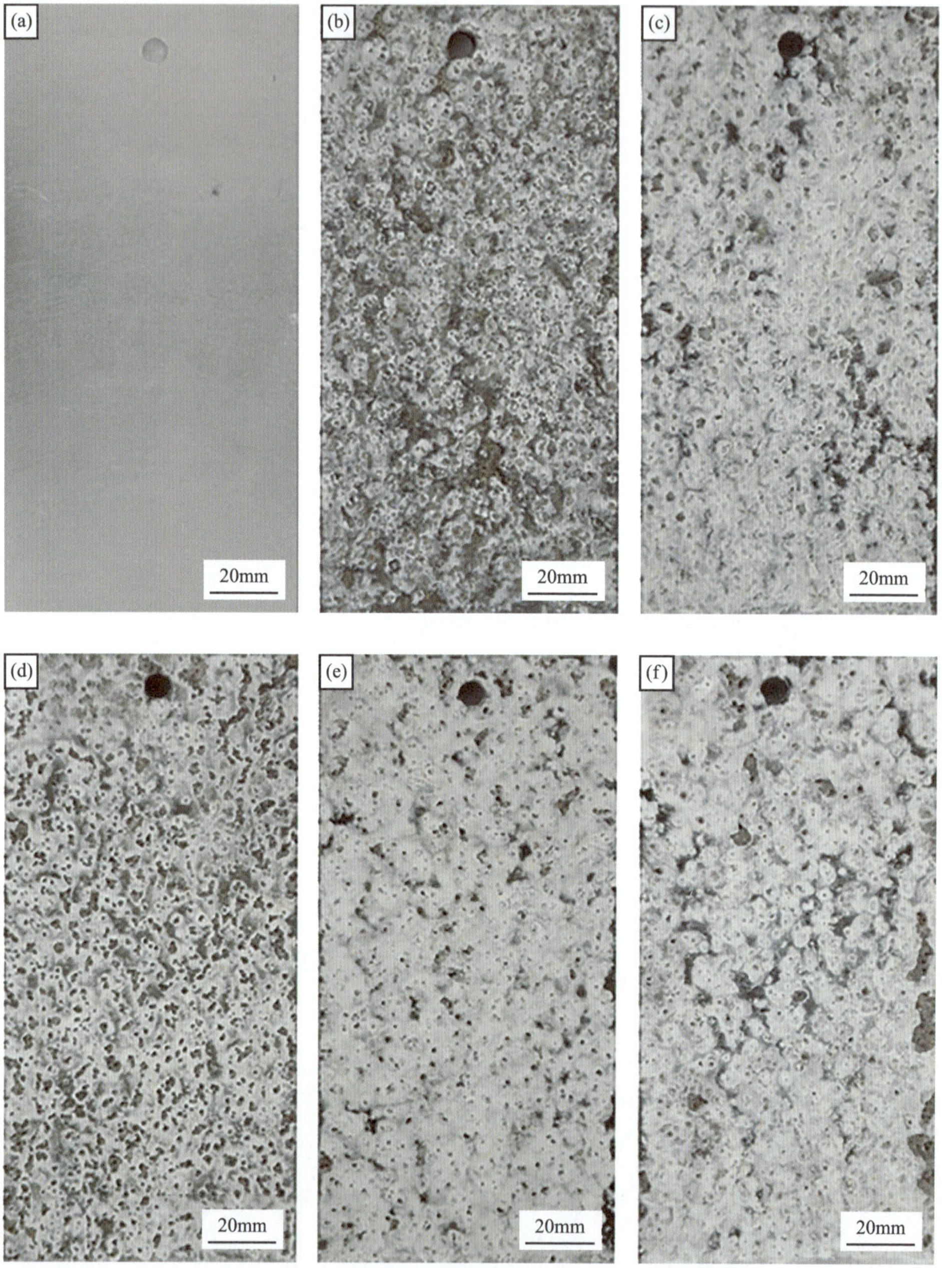

图 4-5　2A14-T6 铝合金在中性盐雾试验中暴露不同时间后的宏观腐蚀形貌（除锈前）
（a）原样；（b）96h；（c）240h；（d）480h；（e）720h；（f）1008h

图 4-6、图 4-7 和图 4-8 分别是 2A12-T3、2A11-O 和 2A14-T6 三种 2XXX 系铝合金在中性盐雾环境中暴露不同时间后已除锈的宏观腐蚀形貌。

从图中能够看出，除锈后的三种铝合金表面均有斑点状的腐蚀痕迹，表面状态较差。且 96h 后即出现大量点蚀坑，之后经过 240 ～ 1008h 加速腐蚀后，腐蚀明显加重，说明 2XXX 系铝合金本身耐蚀性可能较差。

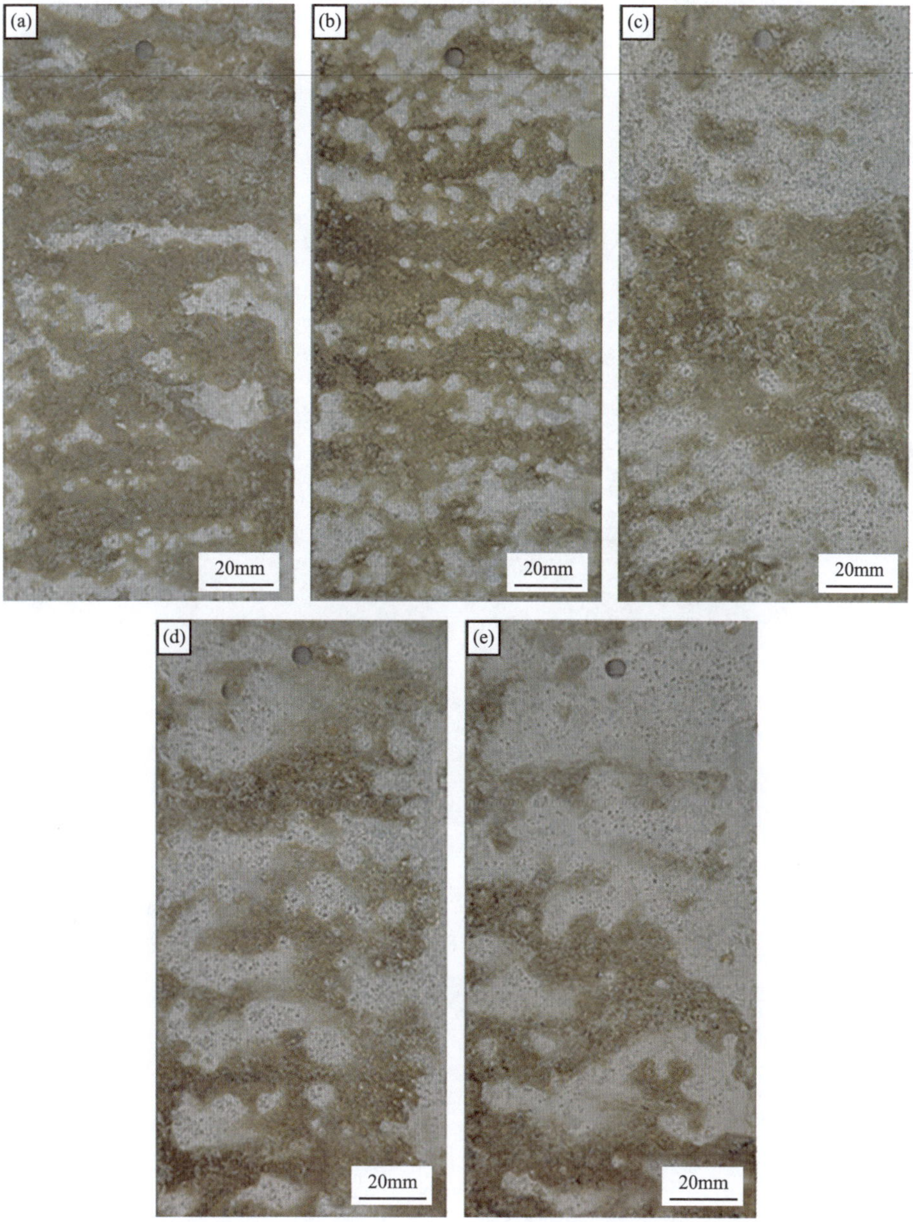

图 4-6　2A12-T3 铝合金在中性盐雾试验中暴露不同时间后的宏观腐蚀形貌（除锈后）

（a）96h；（b）240h；（c）480h；（d）720h；（e）1008h

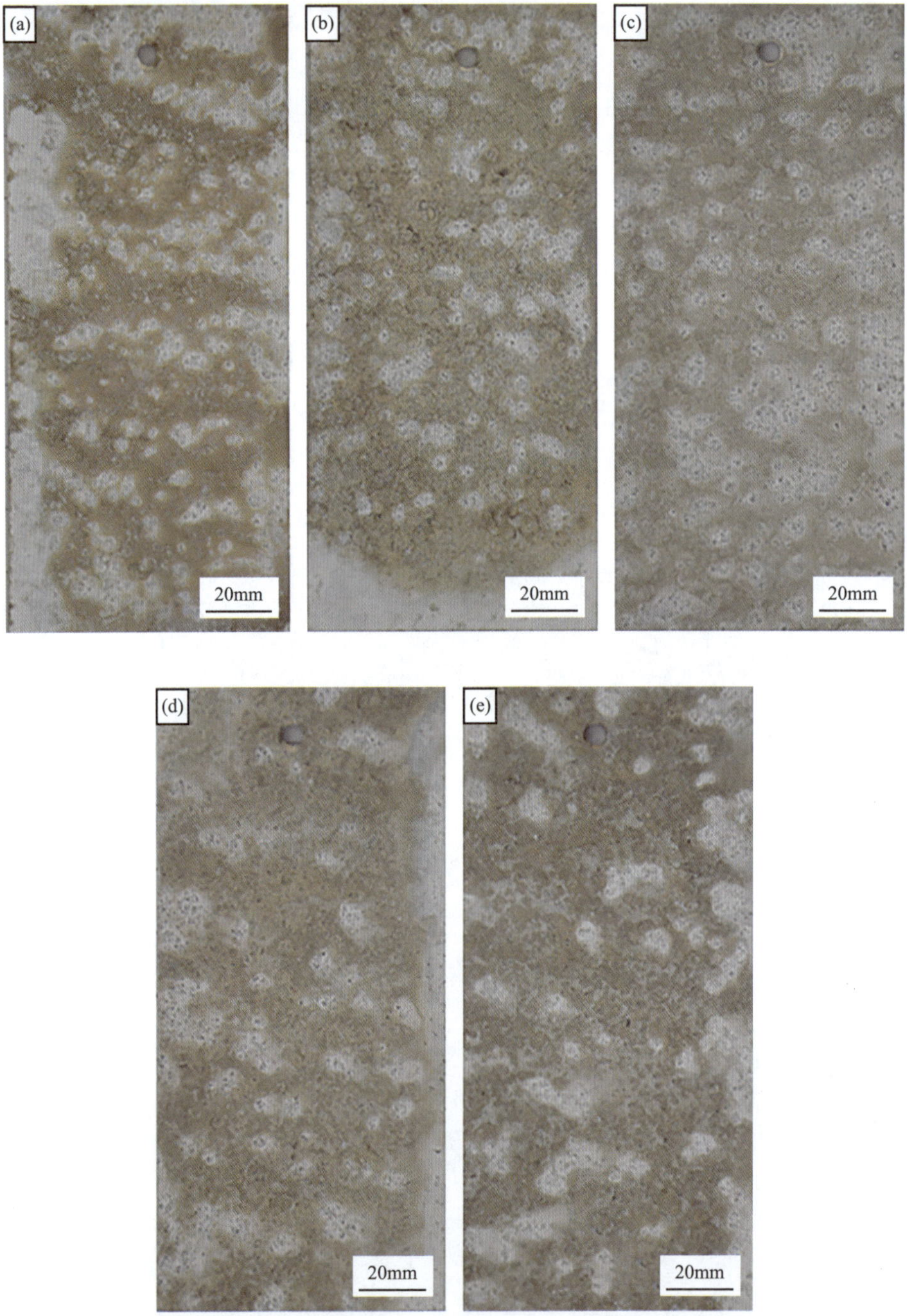

图 4-7 2A11-O 铝合金在中性盐雾试验中暴露不同时间后的宏观腐蚀形貌（除锈后）

（a）96h；（b）240h；（c）480h；（d）720h；（e）1008h

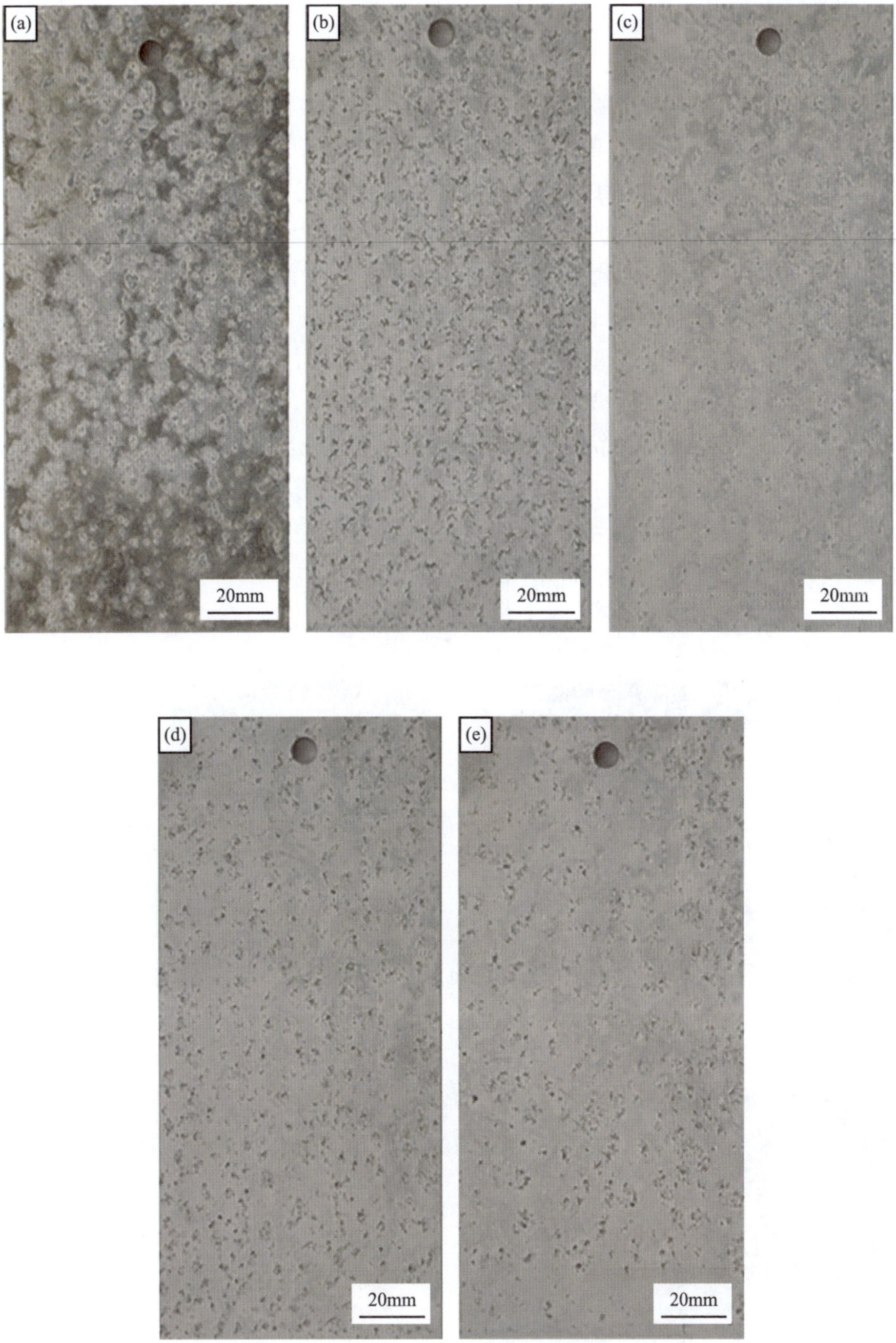

图 4-8　2A14-T6 铝合金在中性盐雾试验中暴露不同时间后的宏观腐蚀形貌（除锈后）

（a）96h;（b）240h;（c）480h;（d）720h;（e）1008h

图 4-9、图 4-10 以及图 4-11 分别为 2A12-T3、2A11-O 和 2A14-T6 三种 2XXX 系铝合金在中性盐雾环境中暴露 96h、240h、480h、720h 和 1008h 后去除腐蚀产物后的腐蚀形貌图。可以看出，2A12-T3 在腐蚀刚开始时就出现了明显的点蚀现象；240h 时表面形成腐蚀层，覆盖了表面大部分区域；到 480h 时厚且致密的腐蚀层完全覆盖了合金样品表面，此时可能对腐蚀介质起一定的阻碍作用；到 1008h 时出现部分凹坑。对 2A11-O 而言，在试验刚开始时即产生了部分深度较浅的密集点蚀坑，240h 时生成了厚且致密的腐蚀层，此时对合金产生了保护效果，随着时间的推移腐蚀层逐渐变薄脱落，到了 720h 时合金表面仍然有腐蚀层防护，1008h 时腐蚀层被消耗完产生了全面腐蚀。而 2A14-T6 属于合金化程度较低的 2XXX 系铝合金，从图中可以看出在 96h 时合金表面的腐蚀程度较低，仅存在部分点蚀状况，整体表面相对完好，240h 时出现密集的点蚀坑，480h 时原本密集的点蚀坑连接并扩大成直径为 10μm 的大点蚀坑，到了 1008h 时，点蚀坑最终连成面蚀。

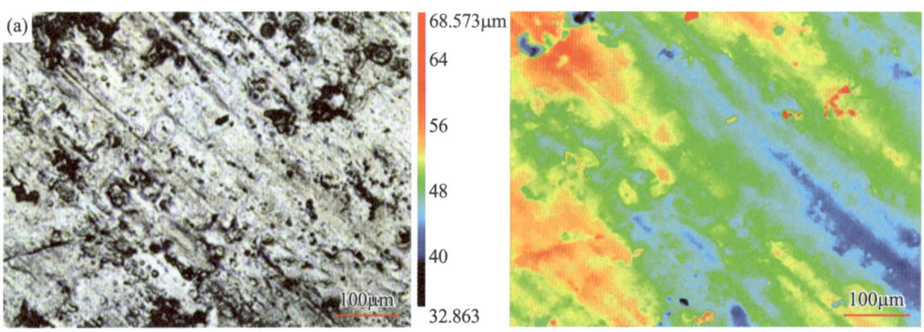

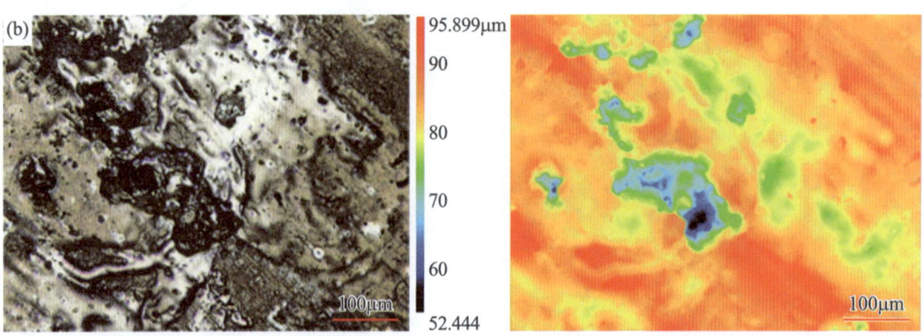

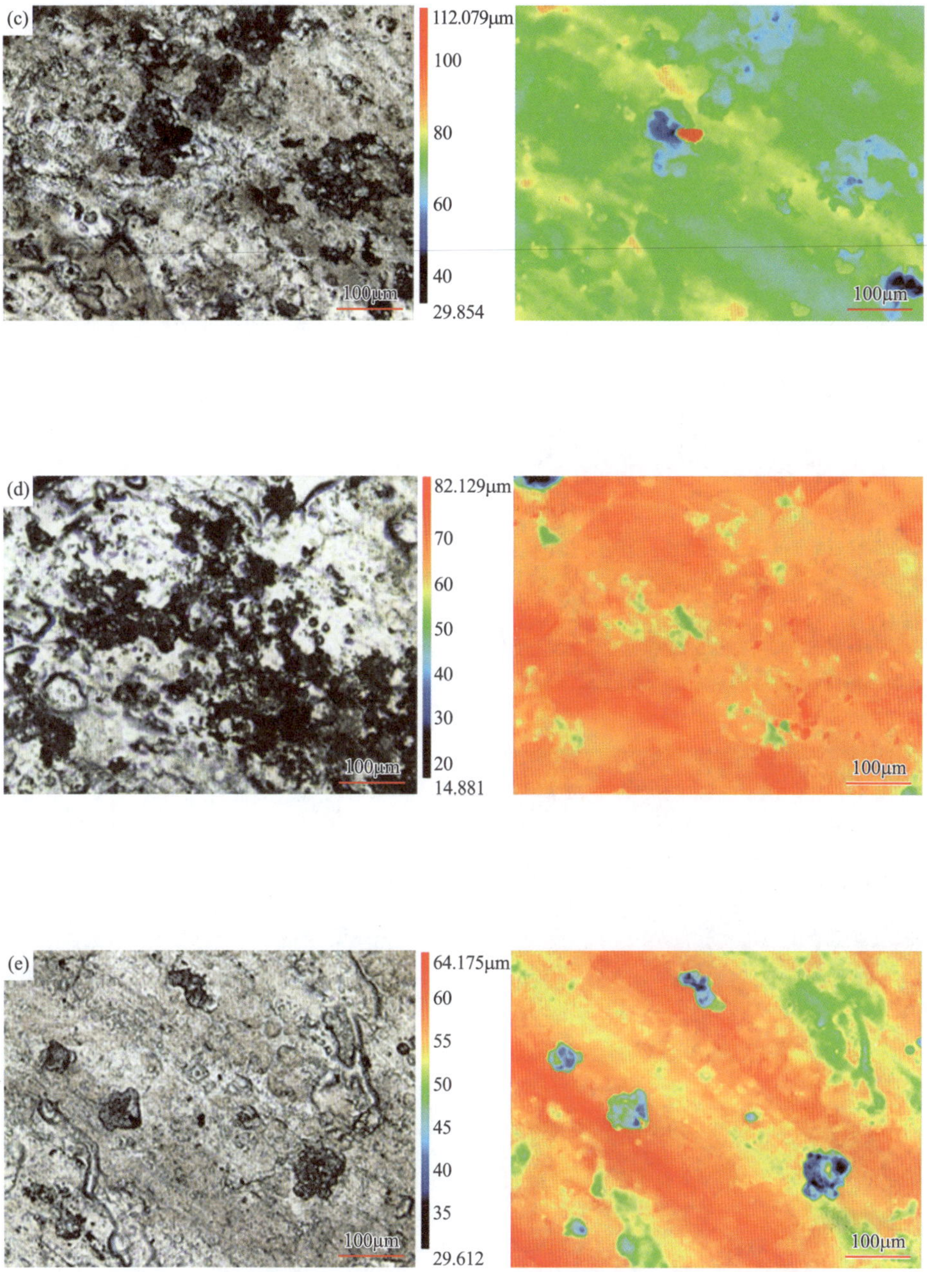

图 4-9　2A12-T3 铝合金清除腐蚀产物后蚀坑深度的腐蚀形貌

（a）96h；（b）240h；（c）480h；（d）720h；（e）1008h

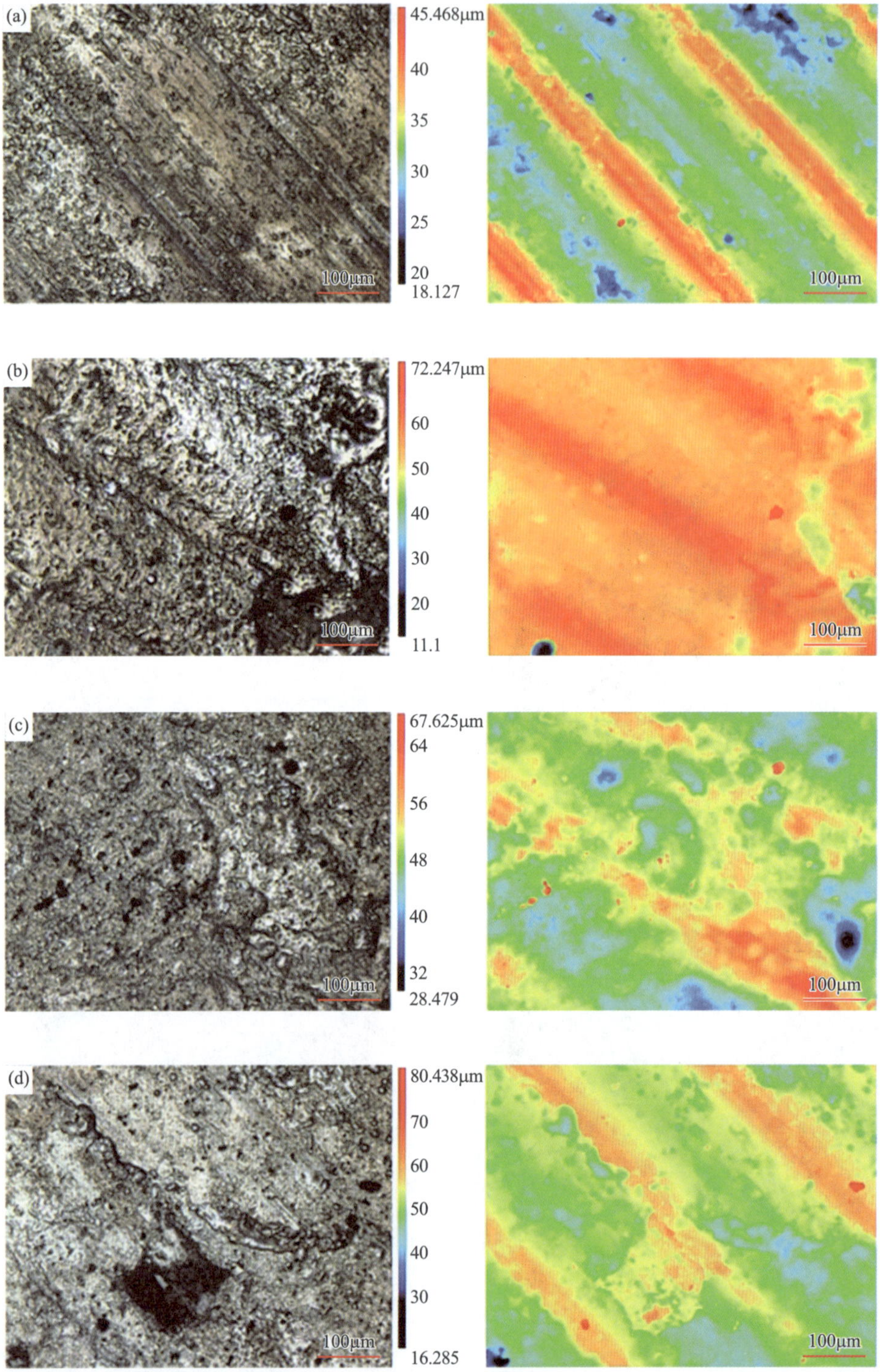
(a)
100μm
45.468μm
40
35
30
25
20
18.127
100μm
(b)
100μm
72.247μm
60
50
40
30
20
11.1
100μm
(c)
100μm
67.625μm
64
56
48
40
32
28.479
100μm
(d)
100μm
80.438μm
70
60
50
40
30
16.285
100μm

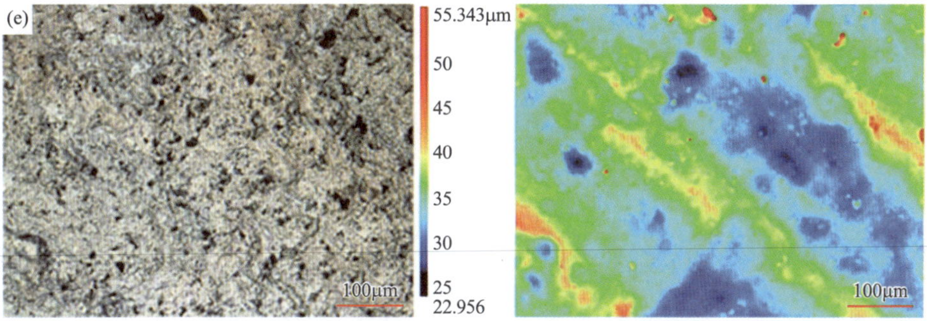

图 4-10　2A11-O 铝合金清除腐蚀产物后蚀坑深度的腐蚀形貌

（a）96h；（b）240h；（c）480h；（d）720h；（e）1008h

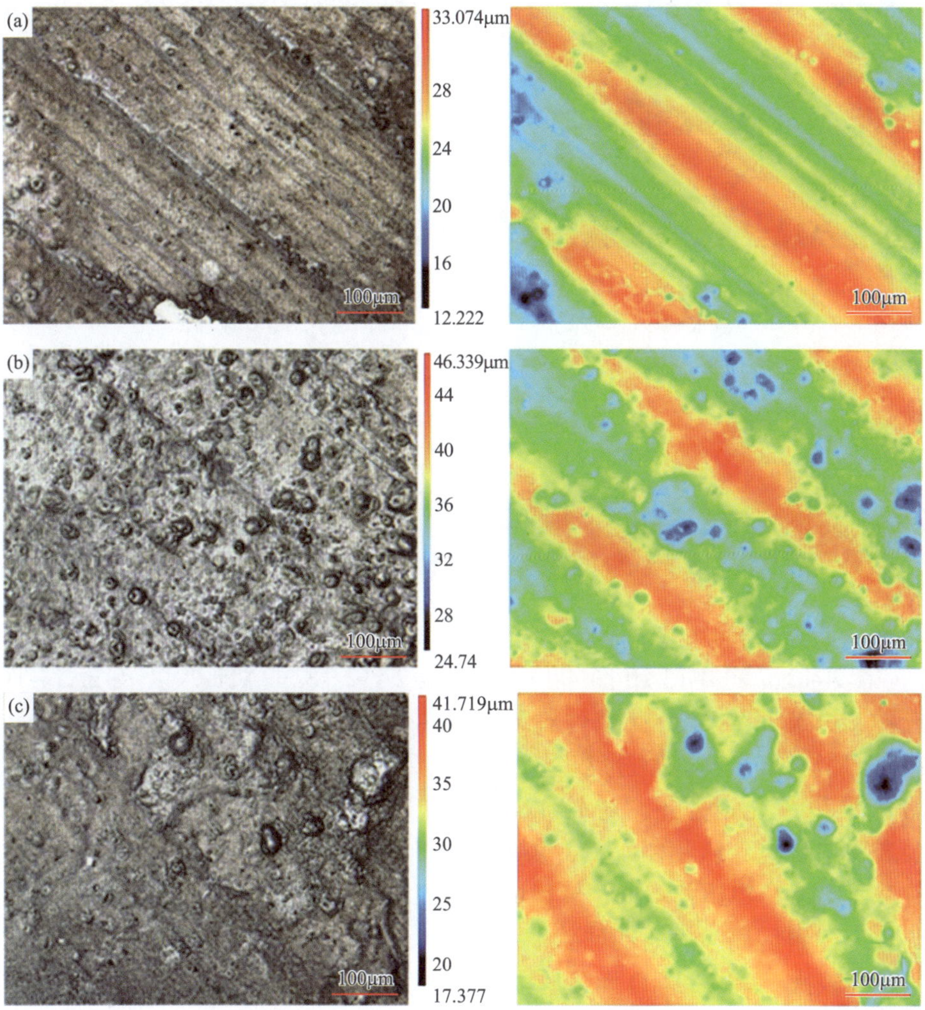

图 4-11

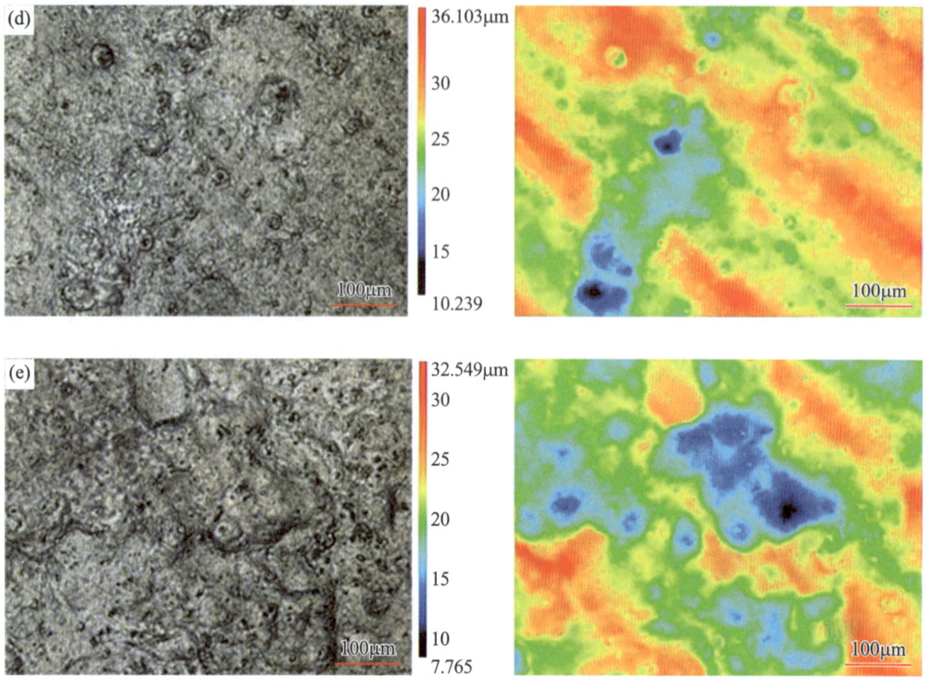

图 4-11　2A14-T6 铝合金清除腐蚀产物后蚀坑深度的腐蚀形貌

（a）96h；（b）240h；（c）480h；（d）720h；（e）1008h

4.4 腐蚀产物

图 4-12、图 4-13 和图 4-14 分别是 2A12-T3、2A11-O 以及 2A14-T6 三种 2XXX 系铝合金在中性盐雾环境中暴露 96h、240h、480h、720h 和 1008h 后腐蚀产物的微观形貌以及能谱结果。可以看出，其表面腐蚀产物以 Al 元素和 O 元素为主。对 2A12-T3 来说，试验进行初期，合金表面的腐蚀产物主要呈球状和团块状，表面产物有少量裂痕。试验进行到中期，试验表面腐蚀产物逐渐增加，聚集成块状和团簇状，表面产物裂痕明显增加。试验进行到后期，表面的球状产物几乎消失，全部被块状产物取代，且块状产物较大。对 2A11-O 而言，前期合金表面同样出现大量球状腐蚀产物，较为细小，随着腐蚀时间的增长，腐蚀产物不断团聚成簇状或块状。当暴

露时间达到 720h 时，整个合金表面已经全部被腐蚀产物覆盖，且腐蚀产物开裂成大块状。1008h 时，合金表面凹凸不平，可能是由于腐蚀产物在不同位置的厚度不同，也可能是部分腐蚀产物发生了脱落。而 2A14-T6 在试验初期表面就存在大量裂痕，周围分布球状腐蚀产物；到 480h 时，合金表面被球状腐蚀产物完全覆盖；720h 起，表面产物呈块状，部分产物出现剥落现象。

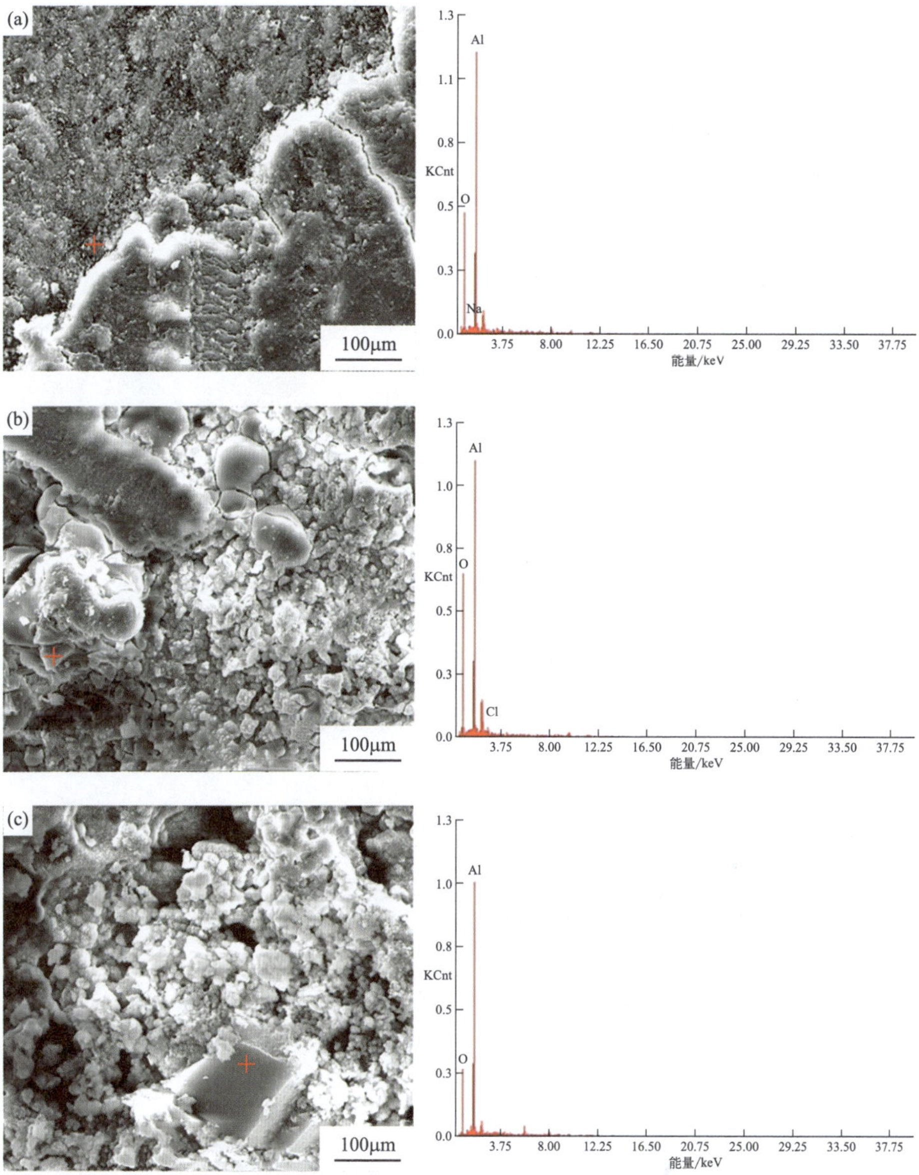

图 4-12

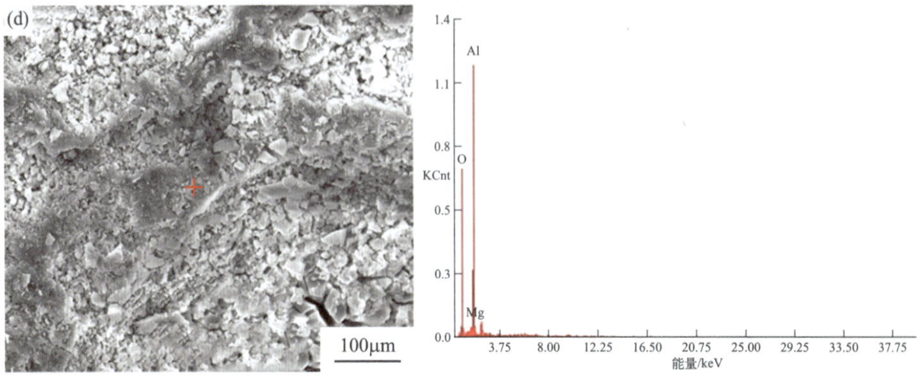

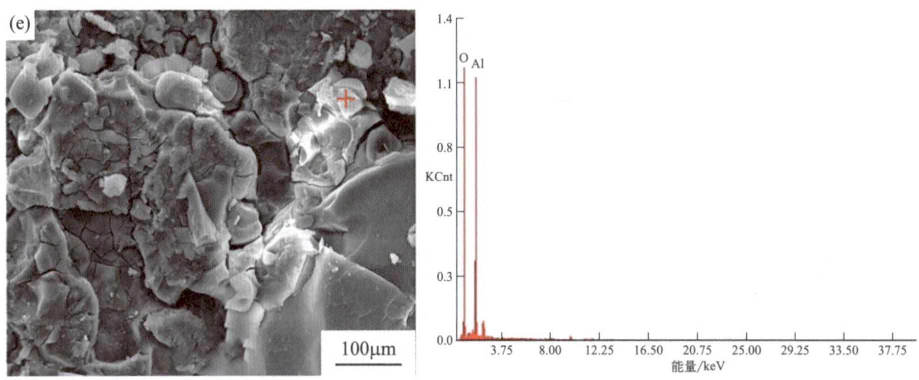

图 4-12　暴露不同时间后 2A12-T3 铝合金腐蚀产物的微观形貌及能谱结果

（a）96h；（b）240h；（c）480h；（d）720h；（e）1008h

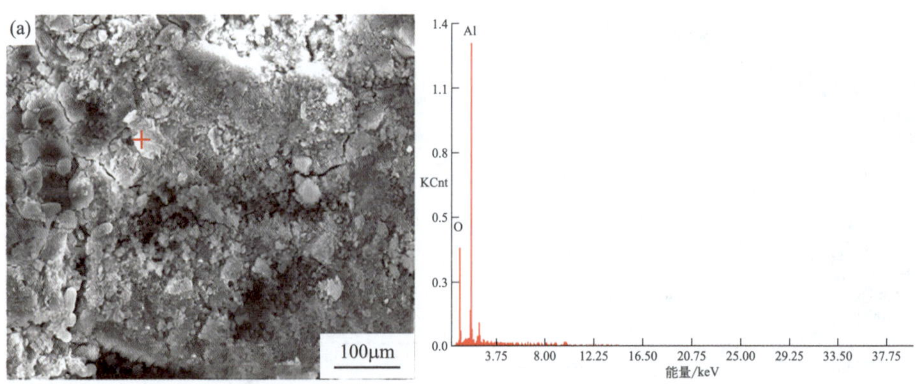

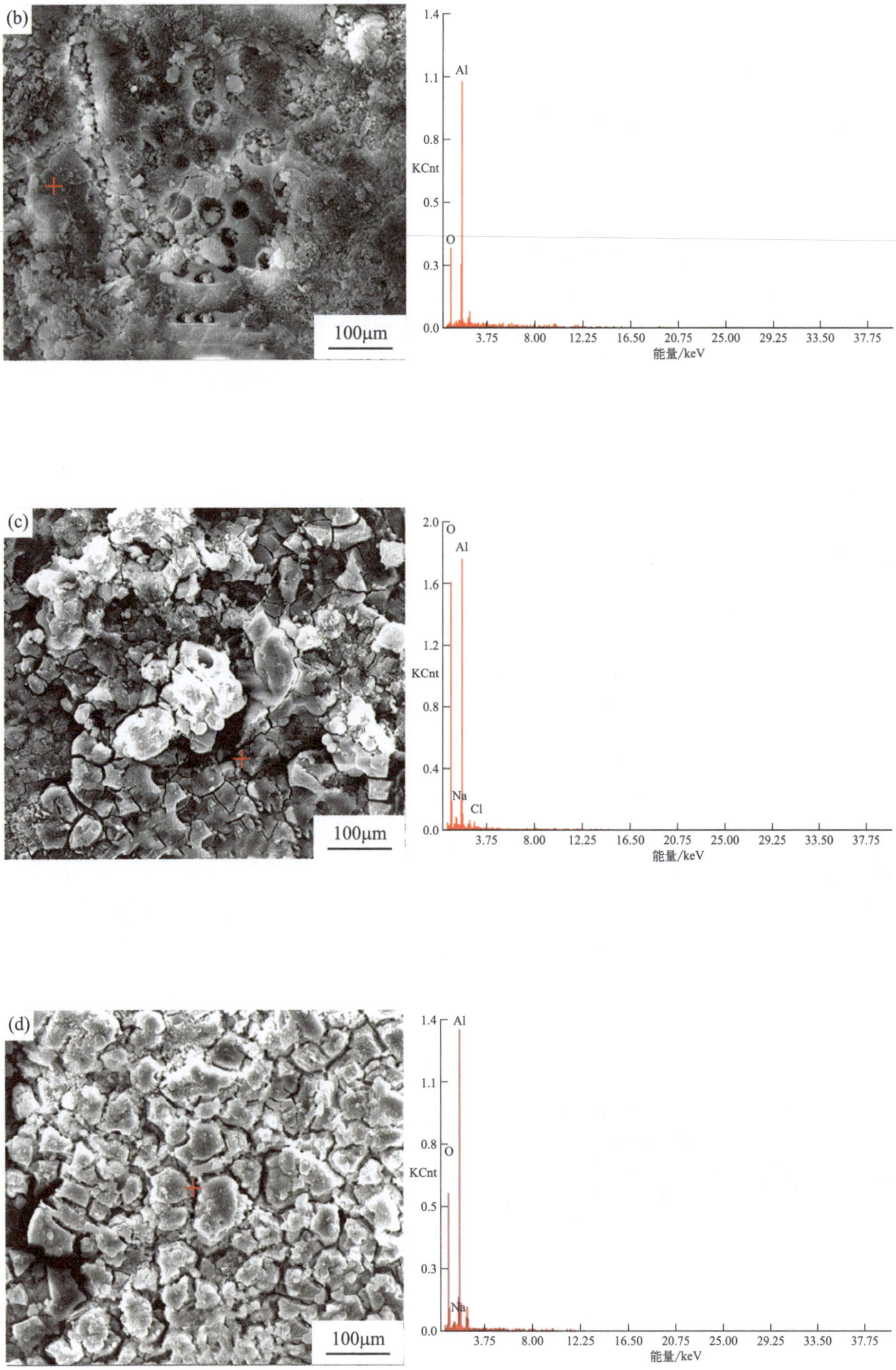
(b)
100μm
Al
O
KCnt
能量/keV
(c)
100μm
O
Al
Na
Cl
KCnt
能量/keV
(d)
100μm
Al
O
Na
KCnt
能量/keV

图 4-13

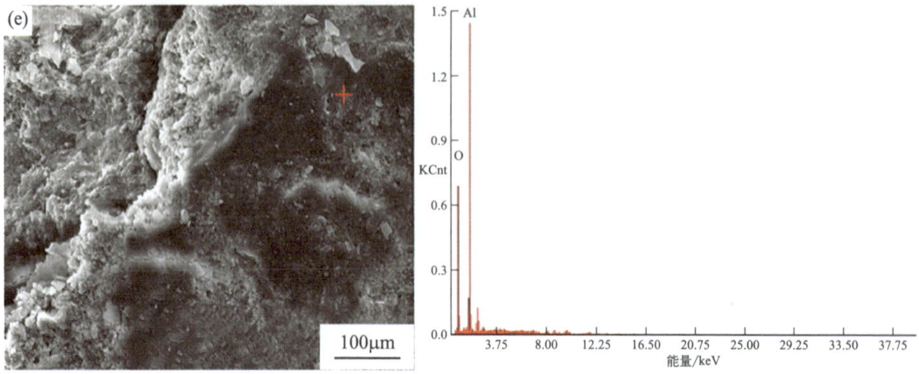

图 4-13　暴露不同时间后 2A11-O 铝合金腐蚀产物的微观形貌及能谱结果

（a）96h；（b）240h；（c）480h；（d）720h；（e）1008h

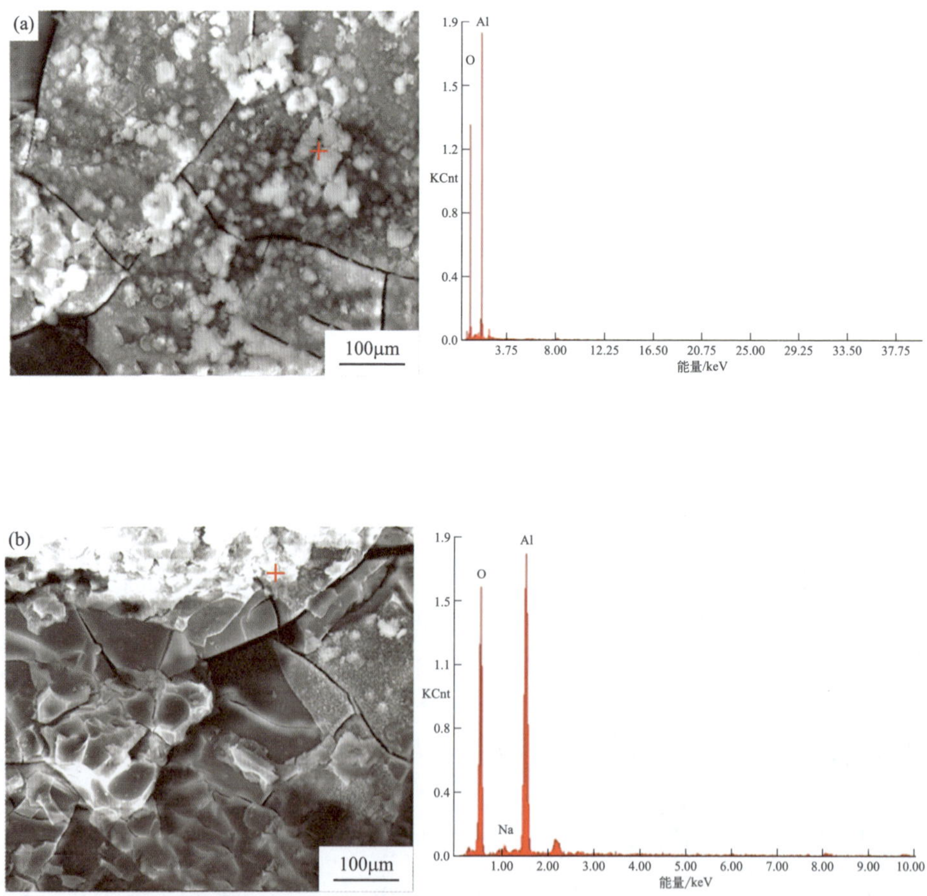

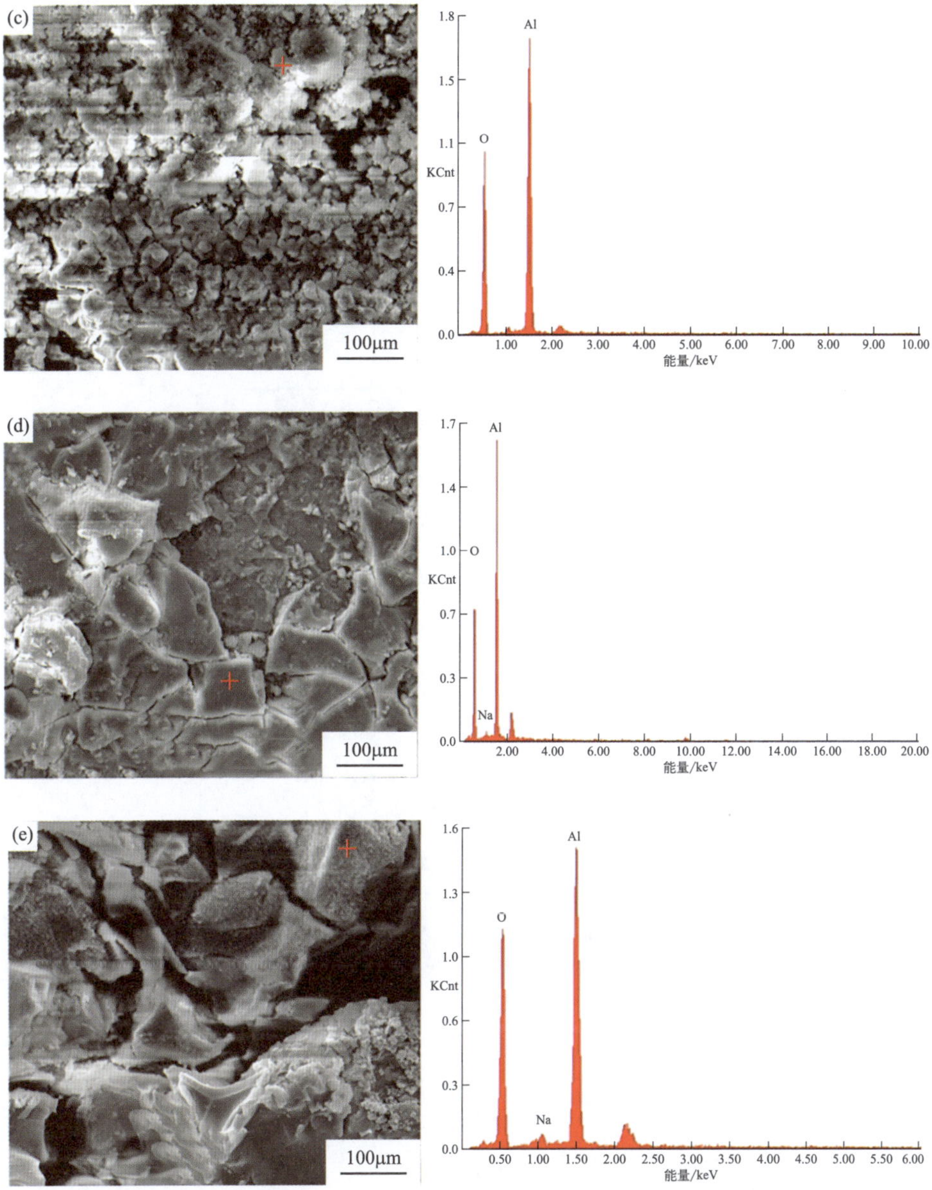

图 4-14　暴露不同时间后 2A14-T6 铝合金腐蚀产物的微观形貌及能谱结果

（a）96h；（b）240h；（c）480h；（d）720h；（e）1008h

为进一步确定 2A12-T3、2A11-O 以及 2A14-T6 三种 2XXX 系铝合金的腐蚀产物，图 4-15 是对三种铝合金在中性盐雾环境中暴露 1008h 后表面腐蚀产物的 XRD 分析结果。从峰的位置可以看出，2A12-T3、2A11-O 的腐蚀产物主要为 $Al(OH)_3$ 以及 Al_2O_3，而 2A14-T6 的腐蚀产物则出现了 AlO(OH)。

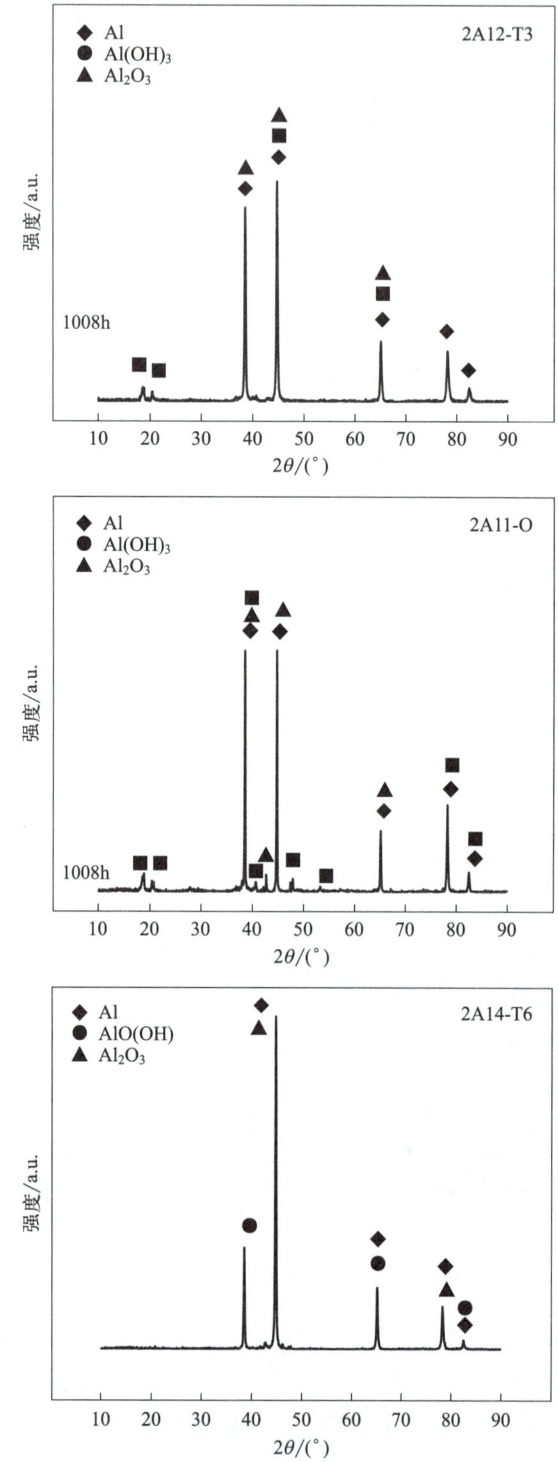

图 4-15　2A12-T3、2A11-O 以及 2A14-T6 铝合金腐蚀产物 XRD 图谱（1008h）

本章小结

本章主要研究了 2A12-T3、2A11-O 和 2A14-T6 三种 2XXX 系铝合金在中性盐雾环境中的腐蚀性能，从腐蚀动力学、腐蚀形貌以及腐蚀产物三个方面进行了分析。尽管这三种铝合金的成分和合金化元素有所不同，但它们在盐雾试验中的腐蚀表现仍然具有一定的规律性。具体结论如下：

① 在腐蚀速率方面，三种铝合金在试验初期的腐蚀速率均较高，可能是由于暴露初期铝合金表面正在形成腐蚀产物膜。随着时间的推进，腐蚀速率逐渐下降，且三者腐蚀速率较接近，可能是由于腐蚀产物膜起到了保护作用，又由于成分较为接近，表现出相似的耐腐蚀性。根据拟合方程的相关系数可以看出，三种 2XXX 系铝合金的锈层均具有一定的耐腐蚀保护性。

② 在腐蚀形貌方面，三种铝合金均表现出较为明显的腐蚀斑点，并随着时间的增长，腐蚀产物几乎将铝合金表面完全覆盖。其中，2A14-T6 表面腐蚀产物最多，腐蚀最严重。除锈后，无论是从宏观还是微观形貌都可以看出，在暴露初期，合金表面就已经有了严重点蚀，随着时间增长，局部腐蚀较为严重，且腐蚀点之间存在一定的扩展趋势，逐渐变为全面腐蚀，证明 2XXX 系铝合金整体耐蚀性较差。

③ 通过扫描电镜（SEM）和 X 射线衍射（XRD）分析，发现三种铝合金表面主要形成的腐蚀产物均为铝的氧化物（Al_2O_3）以及氢氧化物 [$Al(OH)_3$]，在 2A14-T6 中出现了 AlO(OH)。在暴露过程中，三种铝合金表面均出现了块状、团簇状的产物，并且出现产物层开裂的状况，2A14-T6 甚至出现产物层剥离的状况。

通过本章的研究可以看出，尽管 2A12-T3、2A11-O 和 2A14-T6 铝合金的成分和合金化元素有所不同，但同属于 2XXX 系铝合金的三种样品在盐雾环境中的腐蚀形貌、腐蚀产物以及腐蚀动力学表现出较为相似的规律。三者通过形成氧化膜或腐蚀产物来减缓腐蚀的扩展，但由于腐蚀产物层的稳定性差，腐蚀在长时间暴露后逐渐加剧，表现出一定的局部腐蚀和全面腐蚀现象。

铝及铝合金的环境腐蚀

——盐雾环境

第5章

3XXX 系铝合金中性盐雾环境腐蚀行为

5.1 概述

3XXX 系铝合金是一类以锰为主要掺杂元素的铝合金，属于热处理不可强化铝合金。该系铝合金耐蚀性、成型性以及焊接性良好，常被用在液体运输、化工设备、焊丝、建筑材料等方面，常见的 3XXX 系铝合金有 3A21、3003、3004 等。

5.2 腐蚀速率

腐蚀速率计算按照标准 GB/T 19292.4—2018《金属和合金的腐蚀　大气腐蚀性　第 4 部分：用于评估腐蚀性的标准试样的腐蚀速率的测定》进行，通过失重法得到腐蚀失重，根据 ASTM G46-21 标准对点蚀深度进行测量（表 5-1 和图 5-1）。

表 5-1　3XXX 系铝合金在中性盐雾试验中的腐蚀失重和最大点蚀深度

牌号	试验方式	暴露时间 /h									
		96		240		480		720		1008	
		腐蚀失重 /(g/m²)	点蚀深度 /μm	腐蚀失重 /(g/m²)	点蚀深度 /μm	腐蚀失重 /(g/m²)	点蚀深度 /μm	腐蚀失重 /(g/m²)	点蚀深度 /μm	腐蚀失重 /(g/m²)	点蚀深度 /μm
3003-O	中性盐雾	1.10	8.327	2.34	12.204	2.64	11.684	3.53	9.647	4.19	7.430
3A21-O	中性盐雾	1.02	6.519	1.90	9.242	2.40	9.855	3.49	9.717	3.82	9.825

通过对试验数据进行分析，失重与时间的数据符合幂函数规则，见式 (3-1)。对其进行幂函数拟合（表 5-2），R^2 是幂函数拟合相关系数。

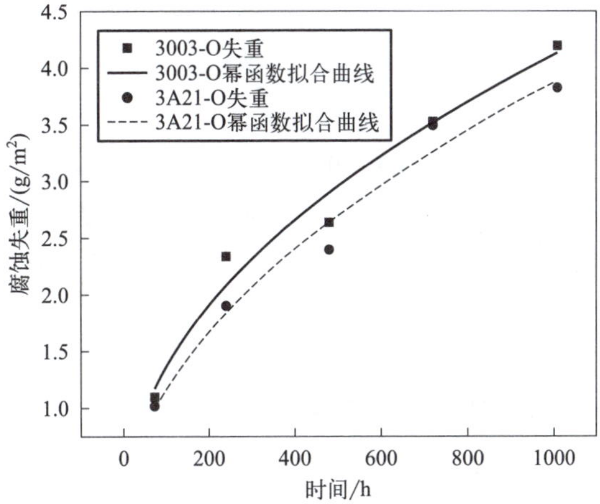

(a)

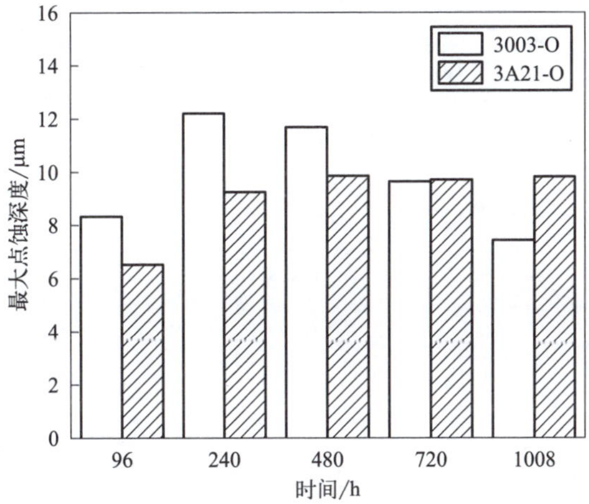

(b)

图 5-1　3XXX 系铝合金在中性盐雾环境下的腐蚀失重拟合曲线及最大点蚀深度

（a）腐蚀失重拟合曲线；（b）最大点蚀深度

表 5-2　幂函数拟合曲线相关参数

铝合金种类	A	n	R^2
3003-O	0.15214	0.47736	0.97429
3A21-O	0.10754	0.51866	0.97689

图 5-1（a）和图 5-2 分别是两种 3XXX 系铝合金在中性盐雾环境下暴露 1008h 内的腐蚀失重曲线和腐蚀速率曲线。在第 1008h 时，3003-O 和 3A21-O 的失重分别为 4.19g/m^2 和 3.82g/m^2，腐蚀速率分别是 0.0042g/(m^2 · h) 和 0.0038g/(m^2 · h)（表 5-3），最大点蚀深度分别为 7.430μm 和 9.825μm。观察两种 3XXX 系铝合金在中性盐雾环境暴露过程中腐蚀速率随时间的变化曲线，不难发现二者的腐蚀速率均在腐蚀初期达到最大值。在 480h 之前，二者腐蚀速率均随时间的推移大幅下降；480h 后，二者的腐蚀速率变化平缓。对 3003-O 在中性盐雾环境中的腐蚀失重数据进行幂函数拟合，得到的方程为 $D=0.15214t^{0.47736}$，拟合方程相关系数为 0.97429；幂函数拟合得到的 3A21-O 的拟合函数方程为 $D=0.10754t^{0.51866}$，拟合方程相关系数为 0.97689。二者的拟合方程相关系数均接近 1，即拟合方程与原数据高度相关。二者拟合方程的幂指数 n 值均小于 1，说明腐蚀得到的锈层对材料起到一定的保护作用。

表 5-3　3XXX 系铝合金在中性盐雾试验中暴露不同时间的腐蚀速率

牌号	试验方式	失重速率 /[g/(m^2 · h)]				
		96h	240h	480h	720h	1008h
3003-O	中性盐雾	0.011	0.0098	0.0055	0.0049	0.0042
3A21-O	中性盐雾	0.011	0.0079	0.0050	0.0049	0.0038

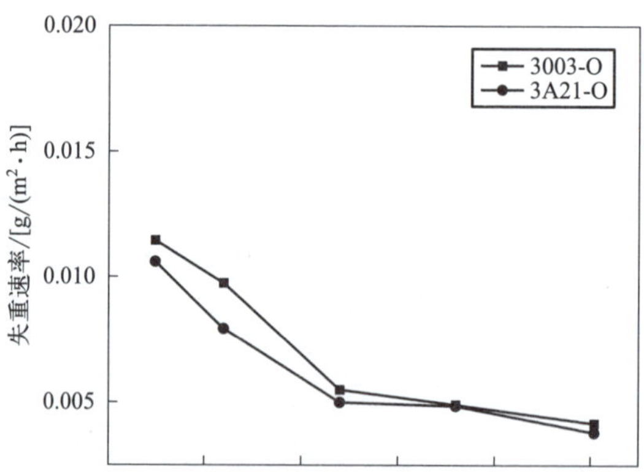

图 5-2　3XXX 系铝合金在中性盐雾环境下暴露 1008h 内的腐蚀速率曲线

5.3 腐蚀形貌

3003-O、3A21-O 两种 3XXX 系铝合金在中性盐雾环境中暴露不同时间后的宏观腐蚀形貌如图 5-3、图 5-4 所示。从整体上看，以锰为主要合金元素的两种 3XXX 系铝合金耐腐蚀性较好。在中性盐雾环境中暴露 96h 后，金属光泽度丧失，表面完全被黄褐色腐蚀产物覆盖。试验进行到 96 ～ 480h 时，合金表面产生褐色及白色斑点状腐蚀产物，随着暴露时间延长，褐色产物不断增多。720h 后，合金表面几乎被褐色腐蚀产物完全覆盖。暴露 1008h 之后，合金表面颜色完全变为棕褐色。整个暴露过程中，腐蚀产物的生成较为均匀。

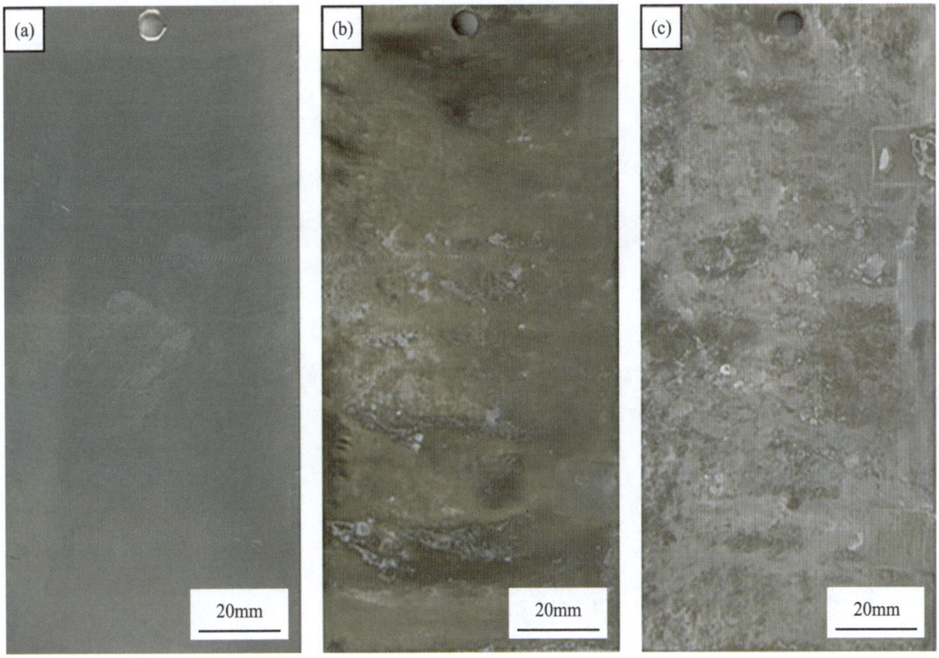

图 5-3

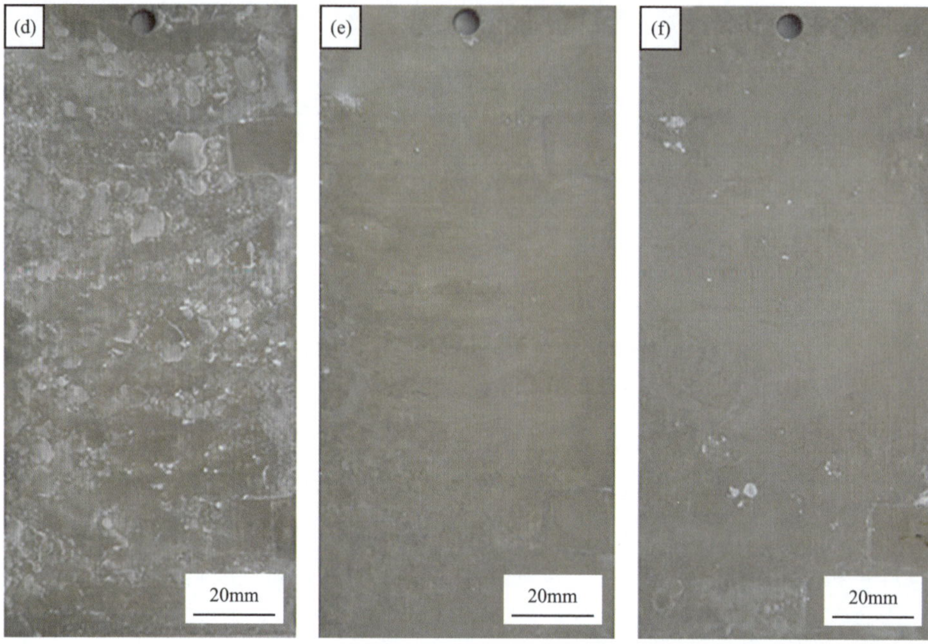

图 5-3　3003-O 铝合金在中性盐雾试验中暴露不同时间后的宏观腐蚀形貌（除锈前）

（a）原样；（b）96h；（c）240h；（d）480h；（e）720h；（f）1008h

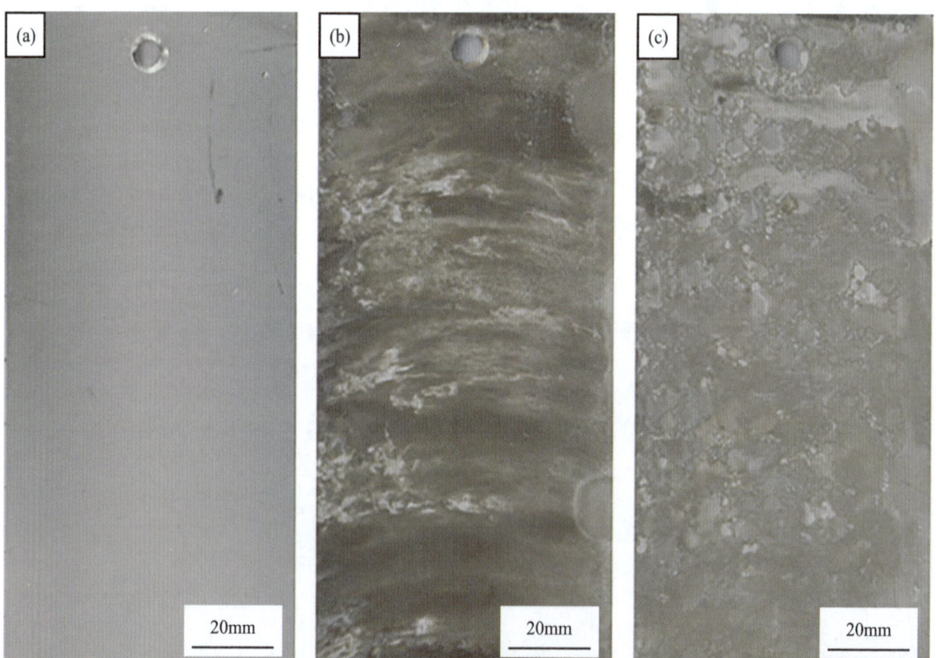

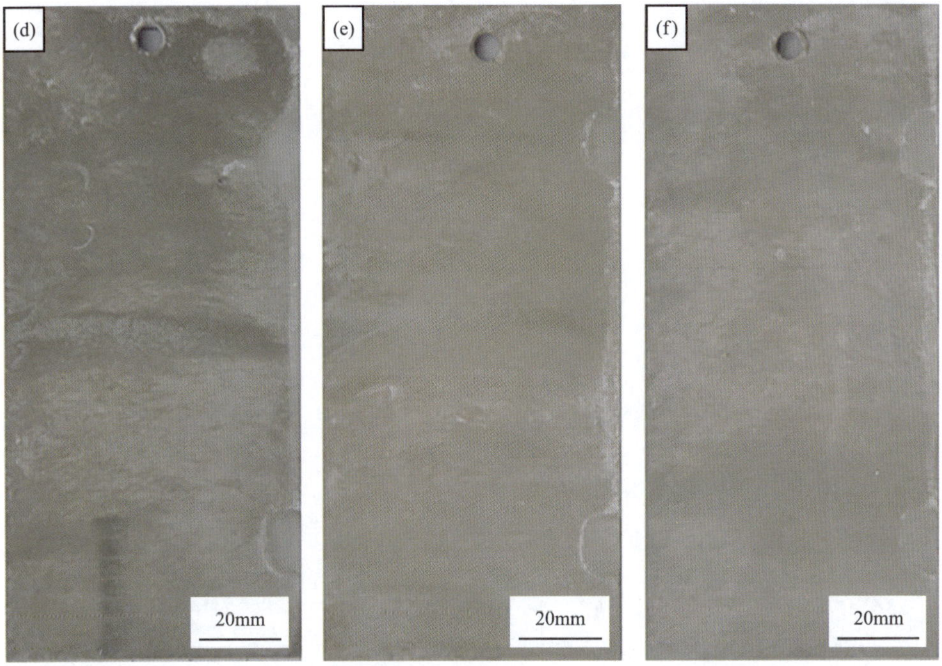

图 5-4 3A21-O 铝合金在中性盐雾试验中暴露不同时间后的宏观腐蚀形貌（除锈前）

（a）原样；（b）96h；（c）240h；（d）480h；（e）720h；（f）1008h

图 5-5、图 5-6 是 3003-O 和 3A21-O 两种铝合金在中性盐雾环境中暴露不同时间后已除锈的宏观腐蚀形貌。可以看出，3003-O 铝合金表面存在一定点蚀痕迹，且随着试验时间增长，腐蚀痕迹加重，但宏观形貌仍较为平整；3A21-O 铝合金在试验进行到 96 ～ 240h 时表面不平整，暴露时间继续增加后，整体逐渐趋于平整光滑。两种铝合金的宏观腐蚀形貌说明 3XXX 系铝合金具有较好的耐腐蚀性。

图 5-7、图 5-8 分别为 3003-O 和 3A21-O 两种 3XXX 系铝合金在暴露 96h、240h、480h、720h 和 1008h 后去除腐蚀产物后的腐蚀形貌图。可以看出，3XXX 系铝合金的耐蚀性能总体要优于 2XXX 系。3003-O 在 96h 时表面出现疏散分布的点蚀坑；240h 时点蚀坑的数目增多，随后细小、密集的点蚀坑连成一片，直径开始变大；1008h 时点蚀坑的深度变大，相对均匀地分布在合金表面。对 3A21-O 而言，暴露 96h 后，合金表面已经出现少量点蚀坑。随着暴露时间的延长，点蚀坑的直径略有增大，240h 时腐蚀面积进一步扩大，逐渐向全面腐蚀转变，至 1008h 时表面腐蚀深度可达约 10μm。

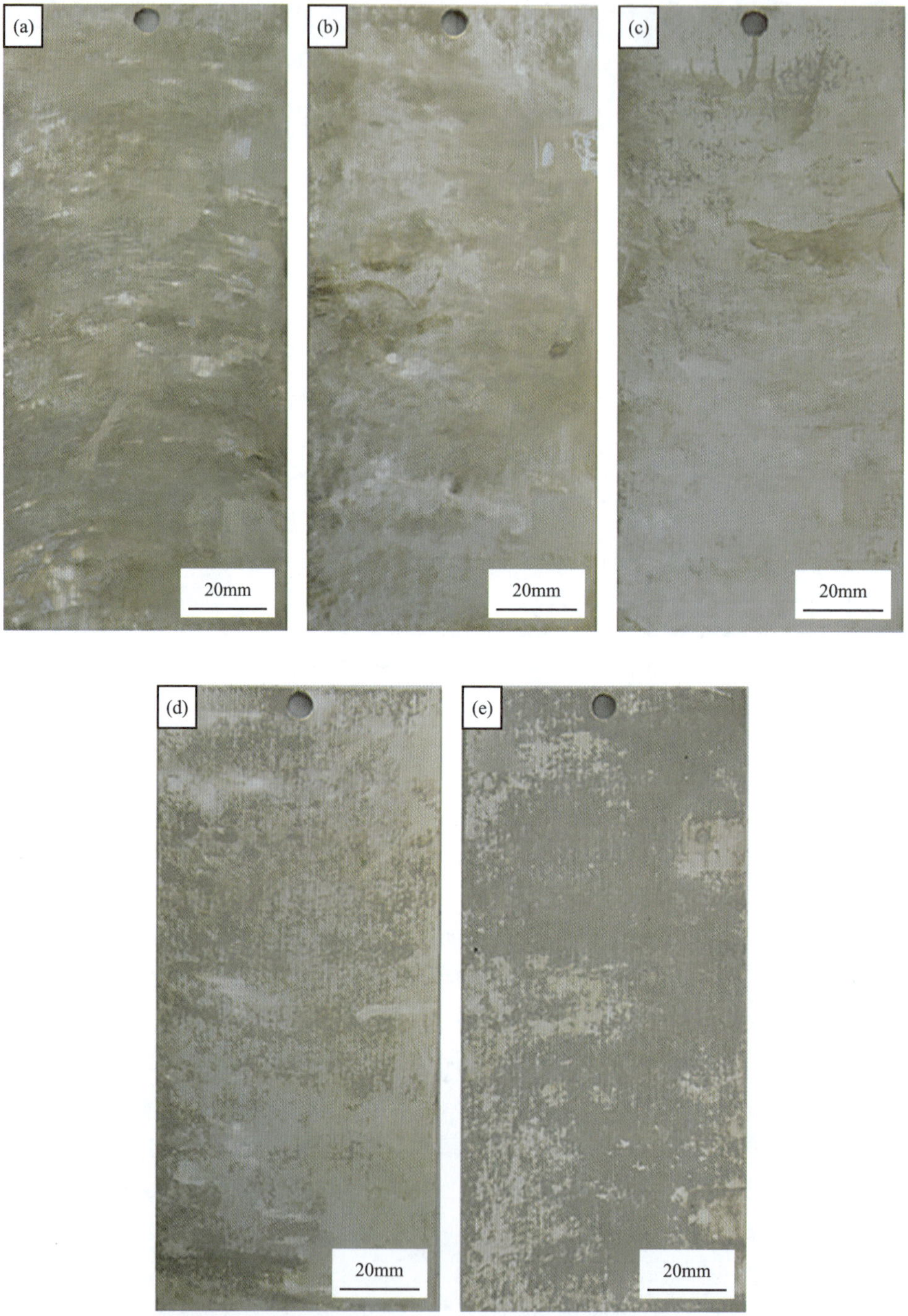

图 5-5　3003-O 铝合金在中性盐雾试验中暴露不同时间后的宏观腐蚀形貌（除锈后）

（a）96h；（b）240h；（c）480h；（d）720h；（e）1008h

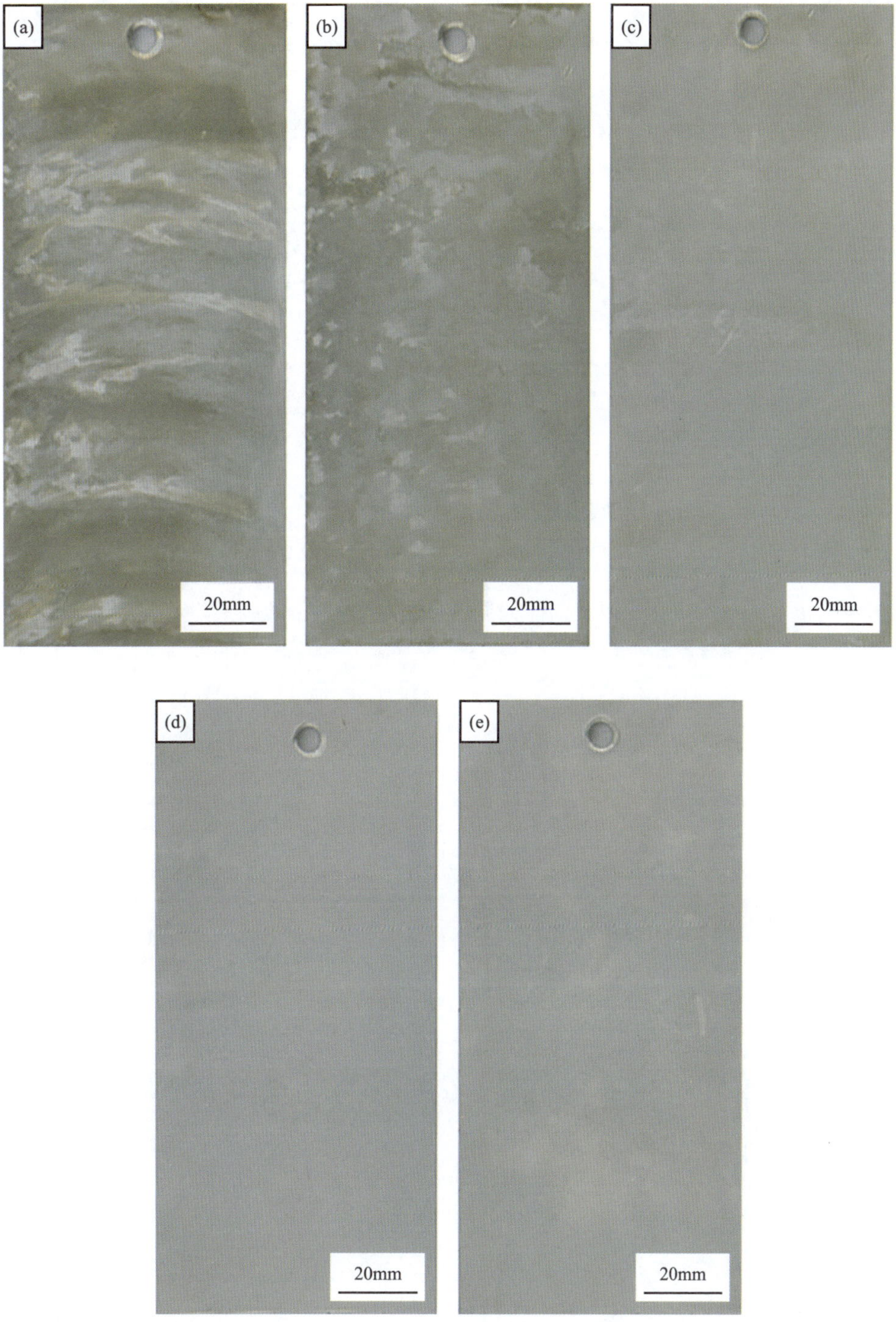

图 5-6　3A21-O 铝合金在中性盐雾试验中暴露不同时间后的宏观腐蚀形貌（除锈后）
（a）96h；（b）240h；（c）480h；（d）720h；（e）1008h

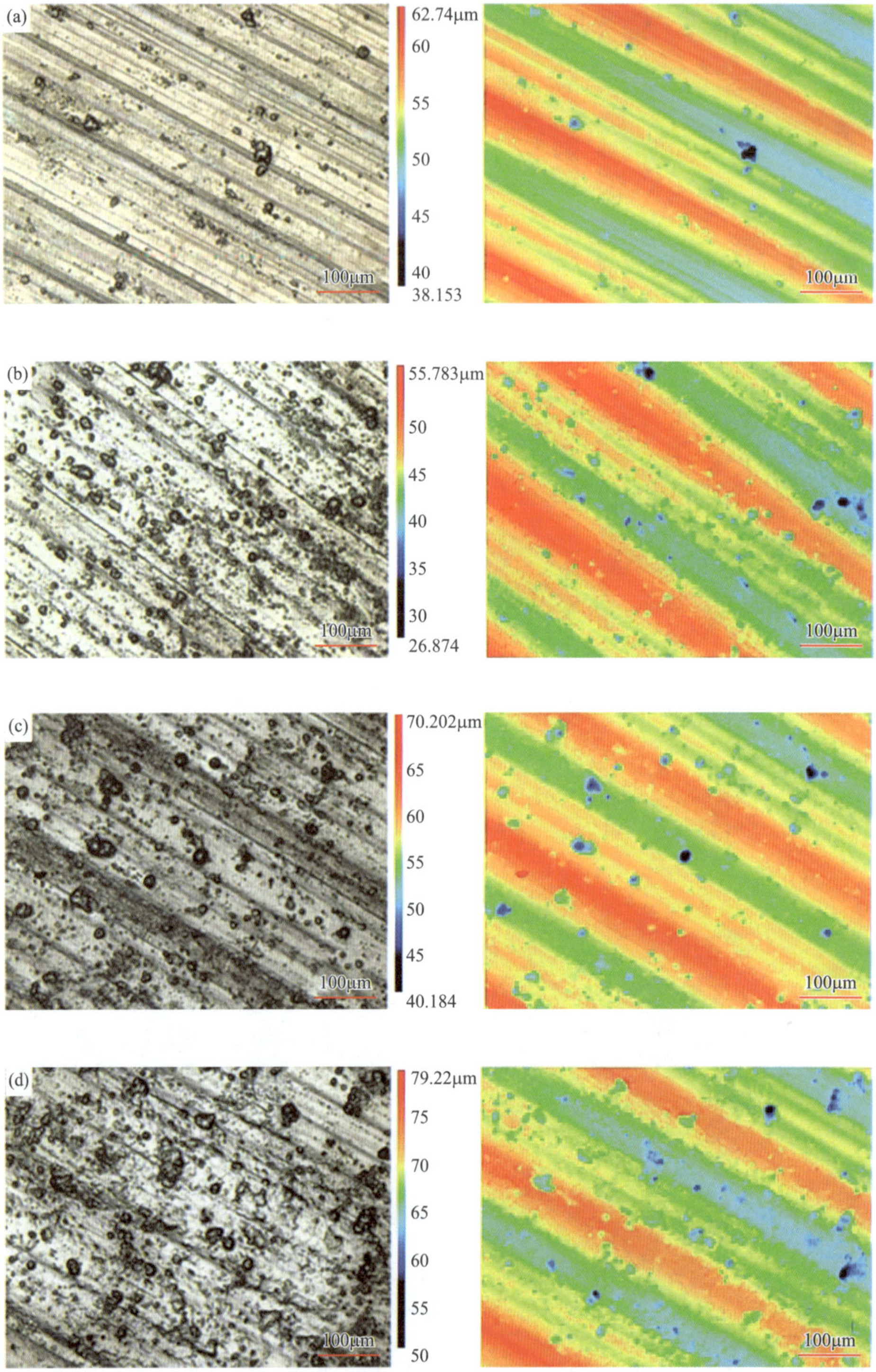
(a)
100μm
62.74μm
60
55
50
45
40
38.153
100μm
(b)
100μm
55.783μm
50
45
40
35
30
26.874
100μm
(c)
100μm
70.202μm
65
60
55
50
45
40.184
100μm
(d)
100μm
79.22μm
75
70
65
60
55
50
100μm

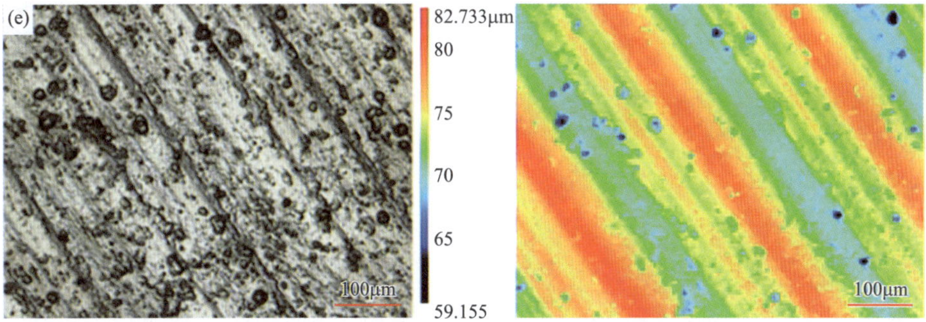

图 5-7　3003-O 铝合金清除腐蚀产物后蚀坑深度的腐蚀形貌

(b) 96h; (b) 240h; (c) 480h; (d) 720h; (e) 1008h

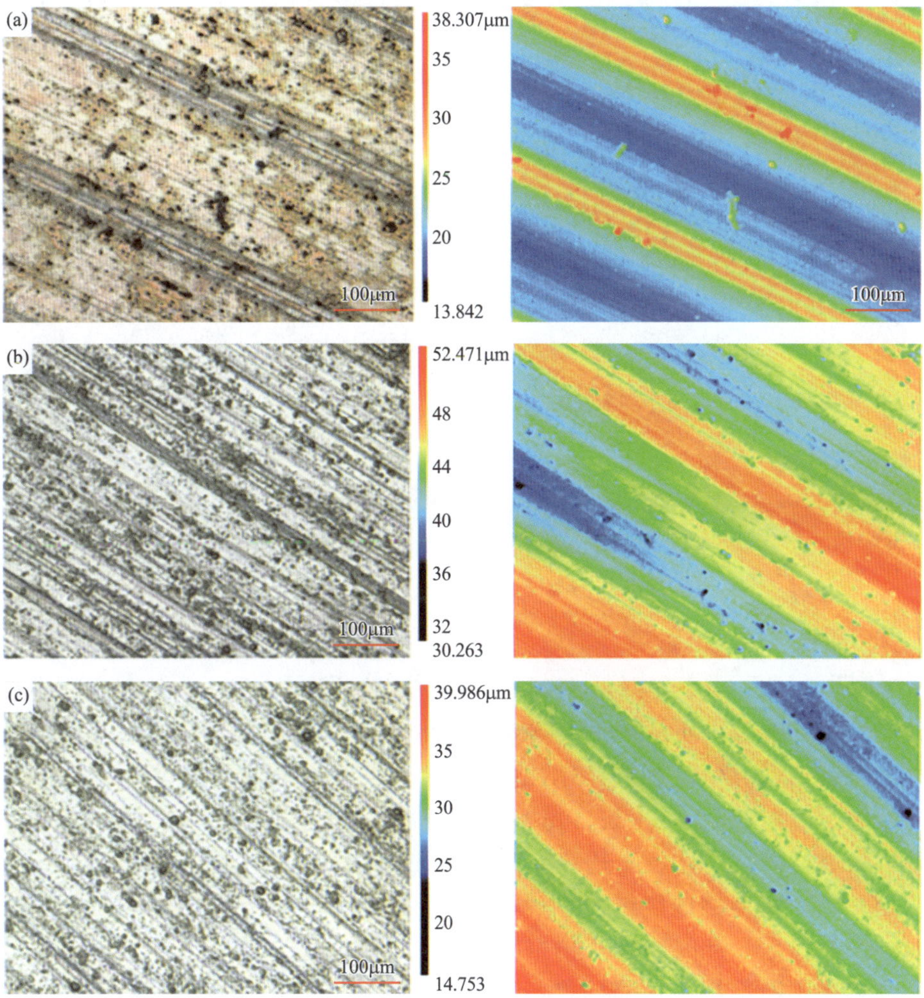

图 5-8

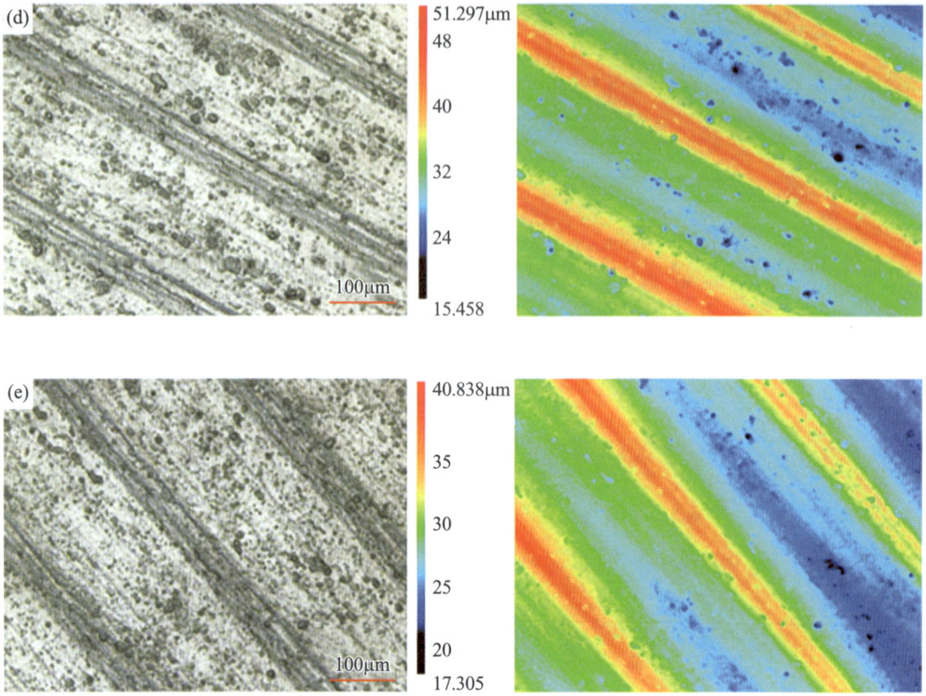

图 5-8　3A21-O 铝合金清除腐蚀产物后蚀坑深度的腐蚀形貌

（a）96h；（b）240h；（c）480h；（d）720h；（e）1008h

5.4 腐蚀产物

图 5-9、图 5-10 分别是 3003-O 和 3A21-O 两种 3XXX 系铝合金在中性盐雾环境中暴露 96h、240h、480h、720h 和 1008h 后腐蚀产物的微观形貌以及能谱结果。可以看出，3XXX 系铝合金的表面腐蚀产物同样以 Al 和 O 元素为主。对 3003-O 来说，试验进行初期，合金表面已经出现大量块状、球状腐蚀产物，并且表面开裂。到 240h 时，表面部分腐蚀产物剥落，球状腐蚀产物大多连结成块或片。试验进行到中后期时，合金表面再次被球状腐蚀产物覆盖，此时腐蚀产物中的 O 元素含量飙升。试验进行后期，腐蚀产物仍在不断累积，部分球状产物汇聚成块，表面再次变得凹凸不平，可

能存在部分腐蚀产物剥落的现象。对 3A21-O 而言，暴露 96h 后，合金表面已经出现少量点蚀坑。随着暴露时间的延长，点蚀坑的直径略有增大，至 1008h 时表面点蚀坑向细小、密集方向转变。

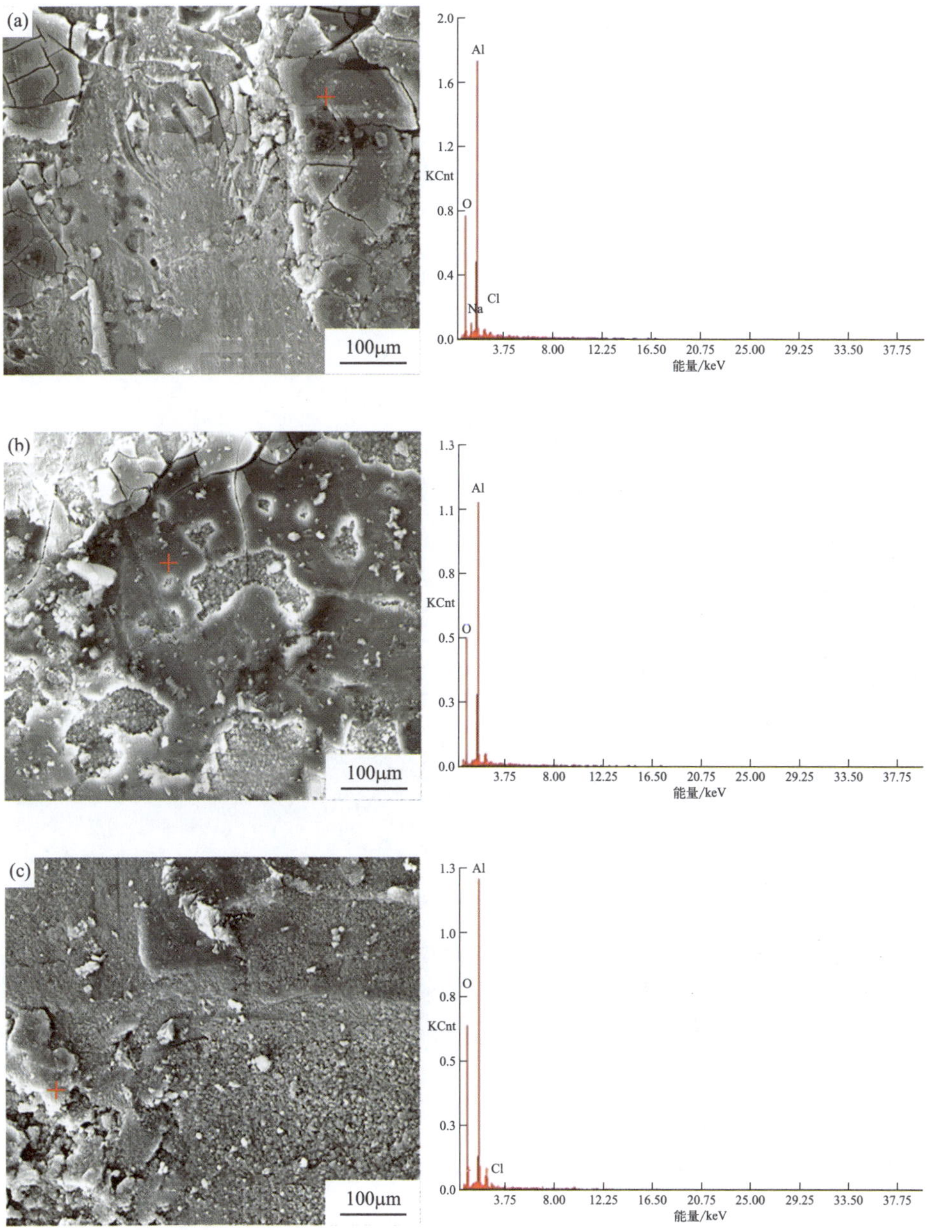

图 5-9

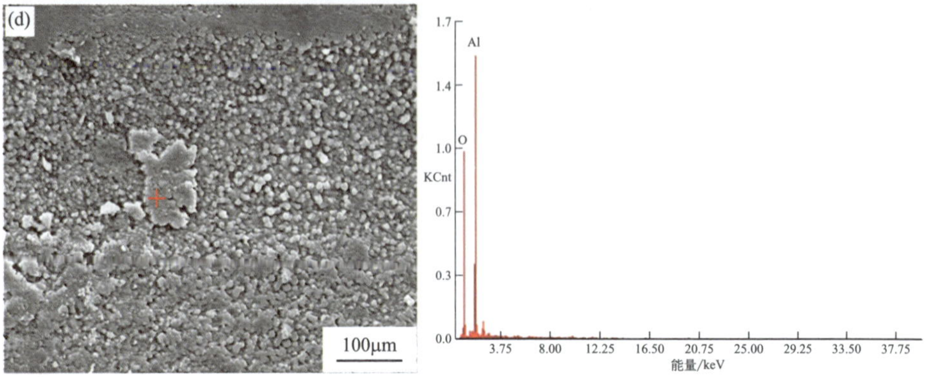

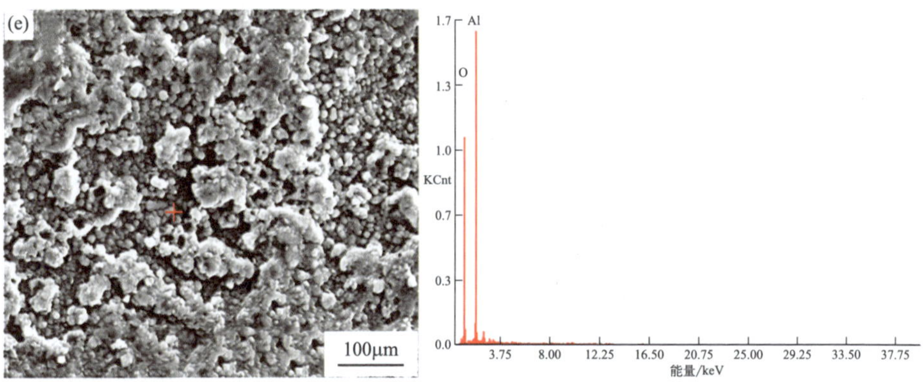

图 5-9　暴露不同时间后 3003-O 铝合金腐蚀产物的微观形貌及能谱结果

（a）96h；（b）240h；（c）480h；（d）720h；（e）1008h

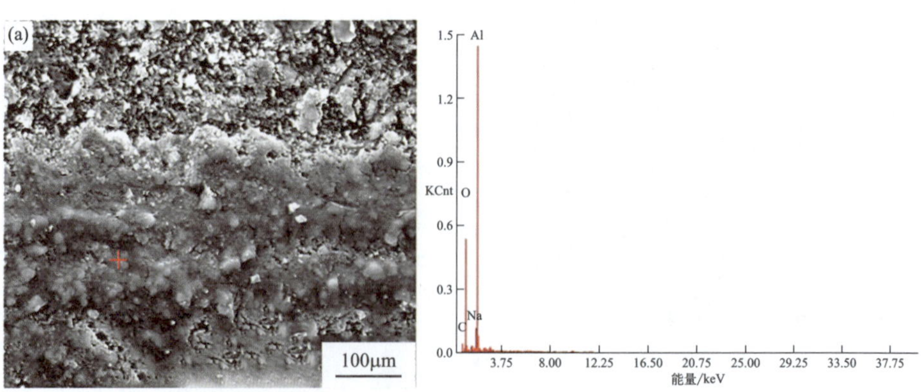

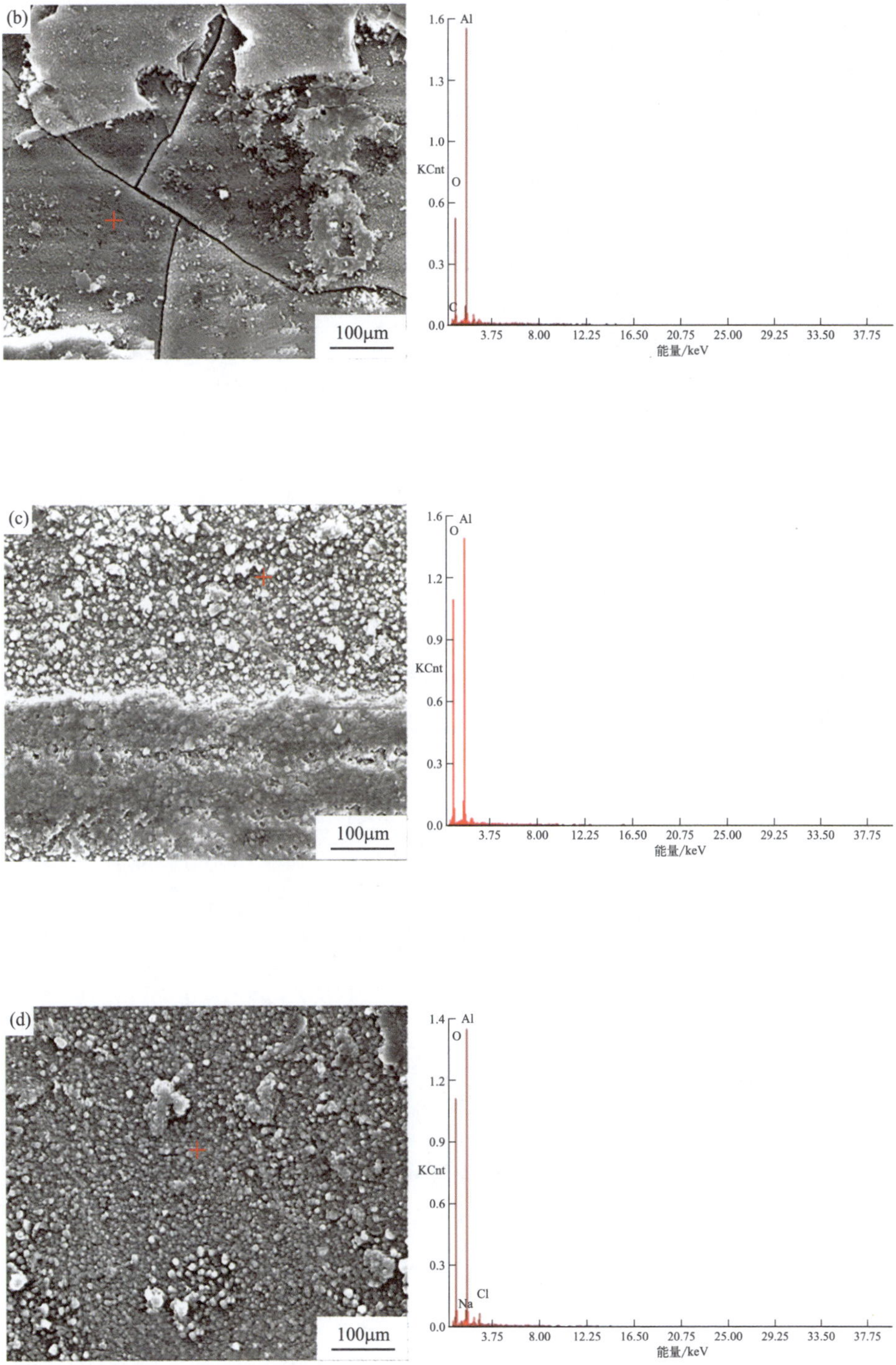
(b)
100μm
KCnt
Al
O
C
能量/keV
(c)
100μm
KCnt
Al
O
能量/keV
(d)
100μm
KCnt
Al
O
Na
Cl
能量/keV

图 5-10

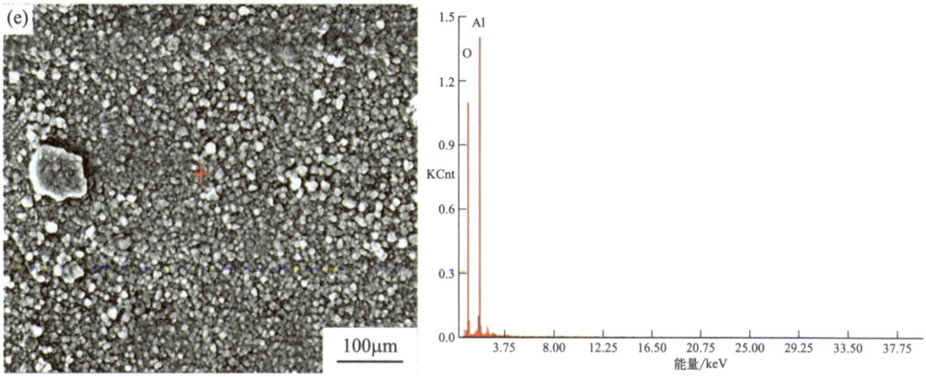

图 5-10　暴露不同时间后 3A21-O 铝合金腐蚀产物的微观形貌及能谱结果

（a）96h；（b）240h；（c）480h；（d）720h；（e）1008h

为进一步确定 3003-O 和 3A21-O 两种铝合金的腐蚀产物，图 5-11 是两种铝合金在中性盐雾环境中暴露 1008h 后表面腐蚀产物的 XRD 分析结果。从峰的位置可以看出，3003-O 以及 3A21-O 的腐蚀产物主要为 $Al(OH)_3$ 和 Al_2O_3。此外，3A21-O 的腐蚀产物还包括 AlO(OH)。XRD 结果中出现的 NaCl 可能是由于沉积在表面的 NaCl 盐没有被完全清除残留。

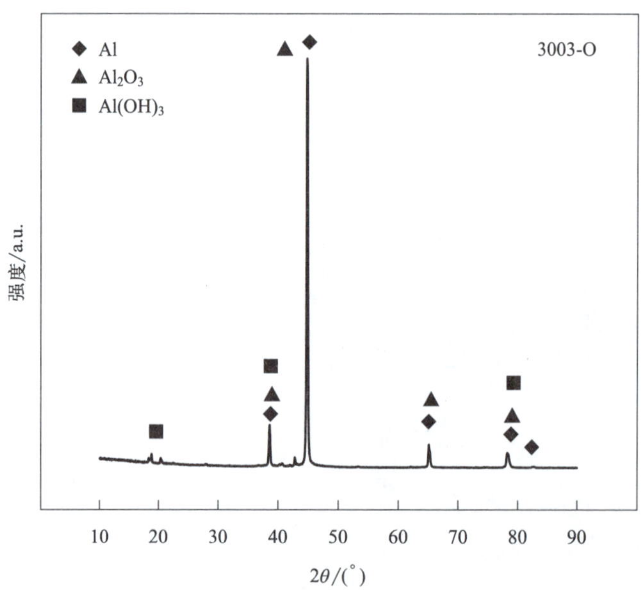

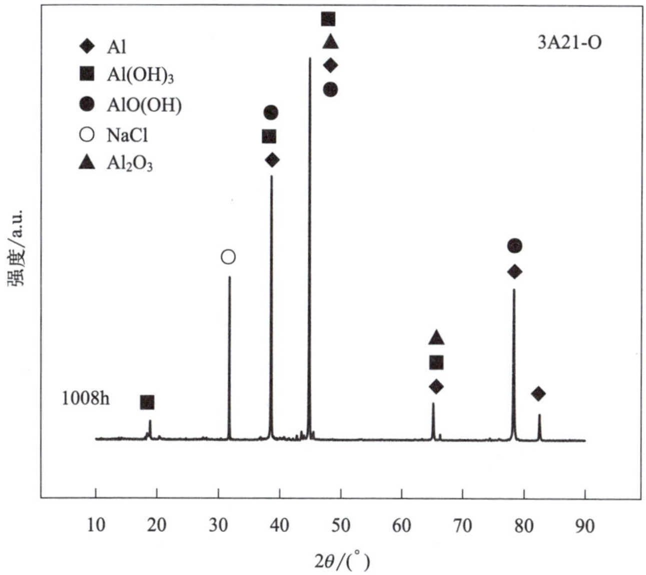

图 5-11　3003-O 和 3A21-O 铝合金腐蚀产物 XRD 图谱（1008h）

本章小结

本章主要研究了 3003-O 和 3A21-O 两种 3XXX 系铝合金在中性盐雾环境中的腐蚀性能，并从腐蚀动力学、腐蚀形貌以及腐蚀产物三个方面进行了分析。尽管这两种铝合金的合金化元素和成分有所不同，但作为 3XXX 系铝合金，它们在盐雾试验中的腐蚀表现具有一定的相似性。具体结论如下：

① 在盐雾试验的初期，3003-O 和 3A21-O 铝合金的腐蚀速率均较高，这可能是由于暴露初期铝合金表面尚未完全形成保护性的腐蚀产物膜，因此腐蚀进程较为迅速。随着腐蚀产物的逐步形成，腐蚀速率开始逐渐降低。整个试验过程中，二者的腐蚀速率较为接近，且相对较低，表明其表面形成的腐蚀产物膜起到了有效的保护作用。又由于合金成分较为接近，二者的耐腐蚀性呈现出相似的趋势。根据拟合方程的相关系数也可以看出，这两种 3XXX 系铝合金的锈层具有一定的耐腐蚀性，并在一定程度上阻止了腐蚀进一步扩展。

② 观察 3003-O 和 3A21-O 两种铝合金的宏观形貌，在不断腐蚀的

过程中，合金表面逐渐黯淡，腐蚀产物逐渐覆盖整个表面，除锈后无明显凹凸不平的状况。结合微观形貌，暴露在盐雾环境中的两种3XXX系铝合金表现出明显的腐蚀斑点，并随着时间增长，点蚀坑逐渐变多、加深、扩大。对比二者，经过长期腐蚀后，3003-O铝合金的腐蚀斑点相对较大，且腐蚀面积更广，而3A21-O表面虽也存在大量腐蚀坑，但整体斑点较小，腐蚀更均匀。

③ 通过扫描电镜（SEM）和X射线衍射（XRD）分析，发现两种铝合金表面主要形成的腐蚀产物均为$Al(OH)_3$和Al_2O_3，3A21-O的腐蚀产物还包括AlO(OH)。在暴露过程中，二者的腐蚀产物均呈颗粒状和团簇状分布，且腐蚀产物层在暴露下发生了开裂和剥离现象。

通过本章的研究可以看出，尽管3003-O和3A21-O两种3XXX系铝合金的合金化元素含量有所不同，但它们在盐雾环境中的腐蚀行为表现出较为相似的规律。二者均经历了初期较高、后期较低的腐蚀速率，且腐蚀产物膜在一定程度上起到了保护作用。整体来看，二者的耐腐蚀性相差不大。

第 6 章

4XXX 系铝合金中性盐雾环境腐蚀行为

6.1 概述

4XXX 系铝合金的主要掺杂元素为硅，属于热处理不可强化铝合金。该系铝合金熔点低、熔体流动性好、不易产生脆性，因此常被用作填充材料和钎焊材料，常见的 4XXX 系铝合金包括 4A01、4004、4901 等。

6.2 腐蚀速率

腐蚀速率计算按照标准 GB/T 19292.4—2018《金属和合金的腐蚀　大气腐蚀性　第 4 部分：用于评估腐蚀性的标准试样的腐蚀速率的测定》进行，通过失重法得到腐蚀失重，根据 ASTM G46-21 标准对点蚀深度进行测量（表 6-1 和图 6-1）。

表 6-1　4XXX 系铝合金在中性盐雾试验中的腐蚀失重和最大点蚀深度

牌号	试验方式	暴露时间 /h									
		96		240		480		720		1008	
		腐蚀失重 /(g/m^2)	点蚀深度 /μm	腐蚀失重 /(g/m^2)	点蚀深度 /μm	腐蚀失重 /(g/m^2)	点蚀深度 /μm	腐蚀失重 /(g/m^2)	点蚀深度 /μm	腐蚀失重 /(g/m^2)	点蚀深度 /μm
4A01-O	中性盐雾	0.66	8.189	0.89	8.587	1.16	9.989	1.43	9.082	1.65	11.298
4A11-O	中性盐雾	0.75	4.432	0.95	5.372	1.35	8.715	1.35	9.142	1.40	9.381
4A17-O	中性盐雾	0.68	8.993	1.03	9.449	1.42	10.139	1.58	10.412	1.97	12.986

通过对试验数据进行分析，失重与时间的数据符合幂函数规则，见式 (3-1)。对其进行幂函数拟合（表 6-2），R^2 是幂函数拟合相关系数。

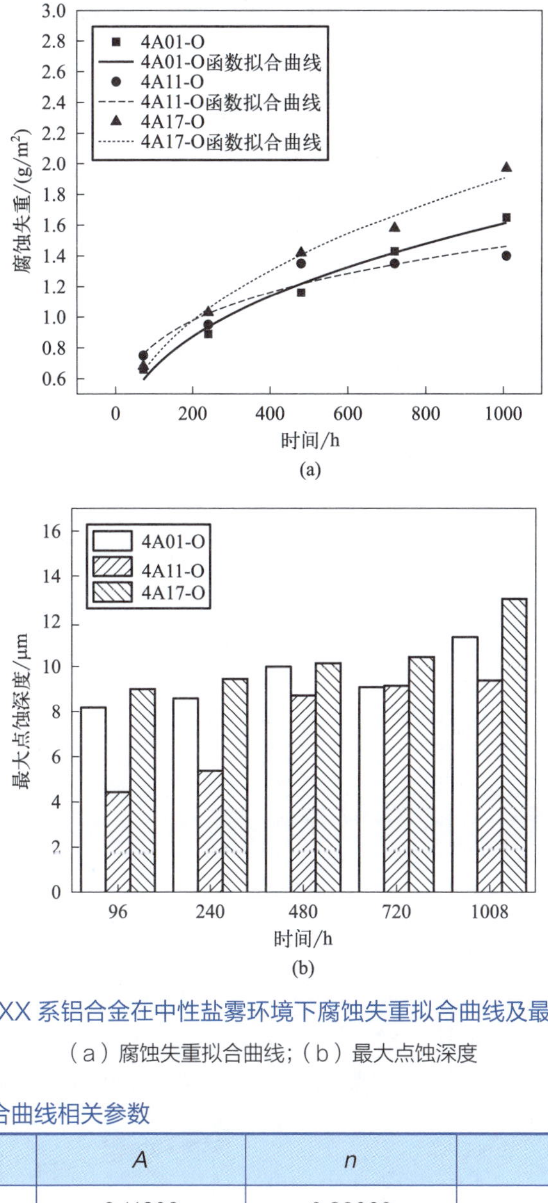

图 6-1　4XXX 系铝合金在中性盐雾环境下腐蚀失重拟合曲线及最大点蚀深度

（a）腐蚀失重拟合曲线；（b）最大点蚀深度

表 6-2　幂函数拟合曲线相关参数

铝合金种类	A	n	R^2
4A01-O	0.11606	0.38068	0.9821
4A11-O	0.26186	0.24864	0.92005
4A17-O	0.10905	0.41399	0.98726

图 6-1（a）和图 6-2 分别是三种 4XXX 系铝合金在中性盐雾环境下暴露 1008h 内的腐蚀失重曲线和腐蚀速率曲线。在第 1008h 时，4A01-O、4A11-O 和 4A17-O 的失重分别为 $1.65g/m^2$、$1.40g/m^2$ 和 $1.97g/m^2$，腐蚀速率分别是 $0.0016g/(m^2 \cdot h)$、$0.0014g/(m^2 \cdot h)$ 和 $0.0020g/(m^2 \cdot h)$（表 6-3），最大点蚀深度分别为 11.298μm、9.381μm 以及 12.986μm。观察 4XXX 系铝合金在中性盐雾环境暴露过程中腐蚀速率随时间的变化曲线，不难发现三者的腐蚀速率均在腐蚀初期达到最大值。在 480h 之前，三者腐蚀速率均随时间的推移大幅下降；480h 后，腐蚀速率均变化平缓。对 4A01-O 在中性盐雾环境中的腐蚀失重数据进行幂函数拟合，得到的方程为 $D=0.11606t^{0.38068}$，拟合方程相关系数为 0.9821；幂函数拟合得到的 4A11-O 的拟合函数方程为 $D=0.26186t^{0.24864}$，拟合方程相关系数为 0.92005；幂函数拟合得到的 4A17-O 的拟合函数方程为 $D=0.10905t^{0.41399}$，拟合方程相关系数为 0.98726。各拟合方程相关系数均接近 1，即拟合方程与原数据高度相关。三者拟合方程中的幂指数 n 值均远小于 1，说明腐蚀得到的锈层对材料具有较好的保护作用。

表 6-3　4XXX 系铝合金在中性盐雾试验中暴露不同时间的腐蚀速率

牌号	试验方式	失重速率 /[g/(m² · h)]				
		96h	240h	480h	720h	1008h
4A01-O	中性盐雾	0.0069	0.0037	0.0024	0.0020	0.0016
4A11-O	中性盐雾	0.0078	0.0040	0.0028	0.0019	0.0014
4A17-O	中性盐雾	0.0071	0.0043	0.0030	0.0022	0.0020

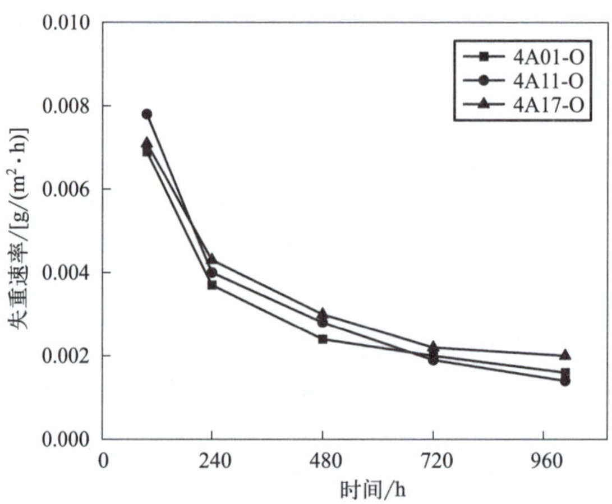

图 6-2　4XXX 系铝合金在中性盐雾环境下暴露 1008h 内的腐蚀速率曲线

6.3 腐蚀形貌

图 6-3 到图 6-5 为 4A01-O、4A11-O 以及 4A17-O 三种 4XXX 系铝合金在中性盐雾环境中暴露不同时间后未经除锈的宏观形貌。从总体上看，以硅为主要合金元素的铝合金的耐腐蚀性较好，试验过程中，合金受到的影响较小，腐蚀情况较轻。暴露 96h 后，合金表面被白色的腐蚀产物覆盖，同时出现少量褐色腐蚀产物。240h 后，褐色腐蚀产物减少，随着暴露时间的增加，合金逐渐被白色腐蚀产物完全覆盖。之后表面状态几乎不发生改变，说明腐蚀产物的致密保护性较强。

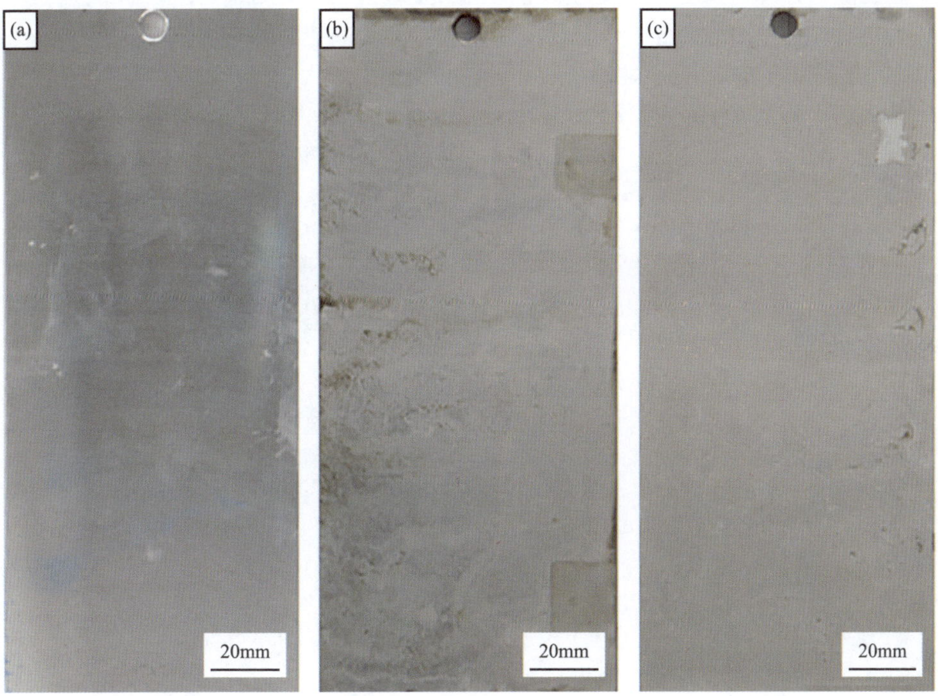

图 6-3

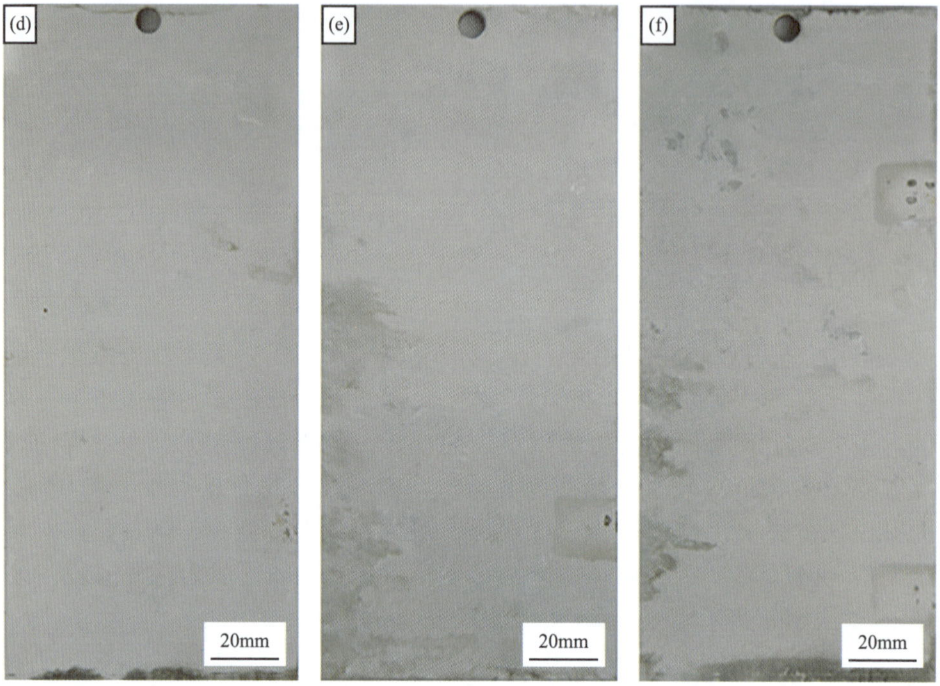

图 6-3　4A01-O 铝合金在中性盐雾试验中暴露不同时间后的宏观腐蚀形貌（除锈前）

（a）原样；（b）96h；（c）240h；（d）480h；（e）720h；（f）1008h

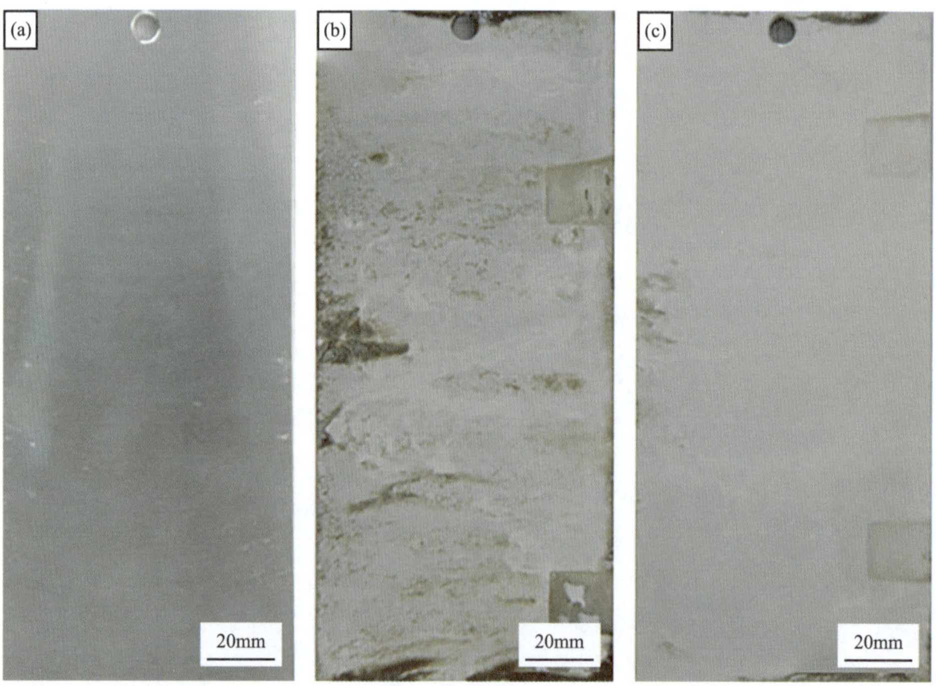

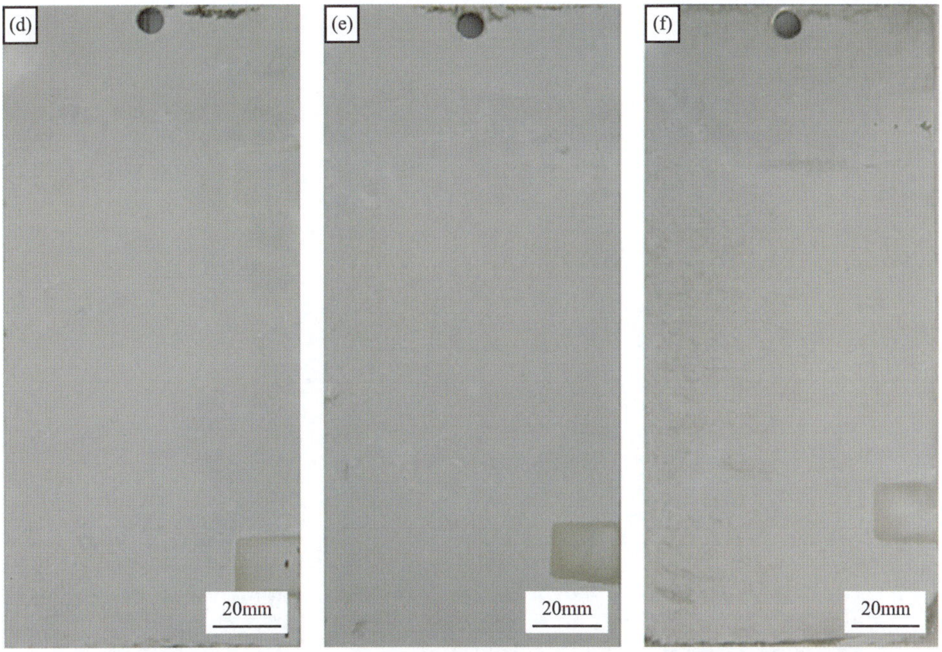

图 6-4　4A11-O 铝合金在中性盐雾试验中暴露不同时间后的宏观腐蚀形貌（除锈前）

（a）原样；（b）96h；（c）240h；（d）480h；（e）720h；（f）1008h

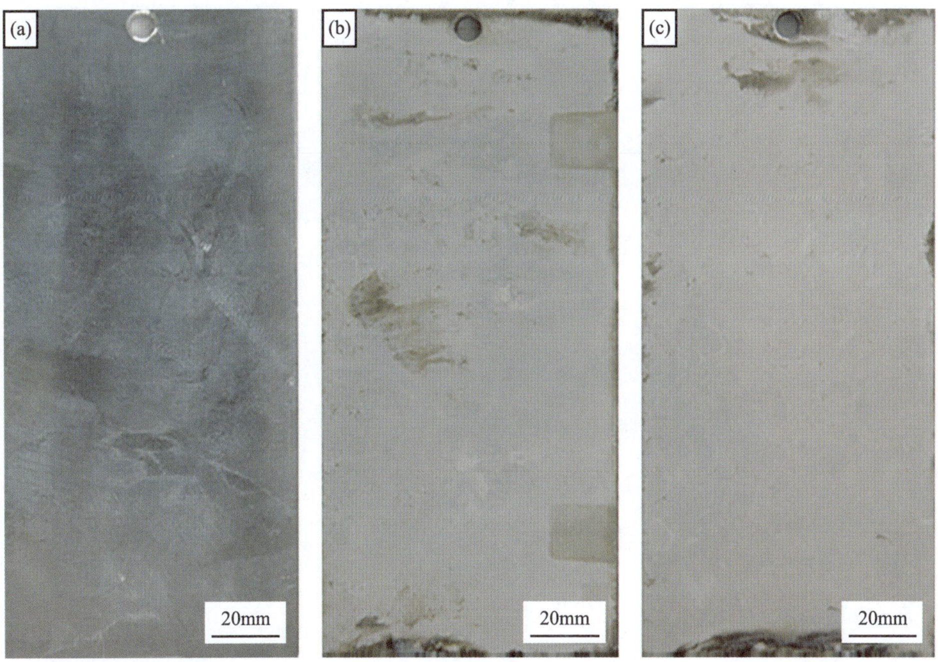

图 6-5

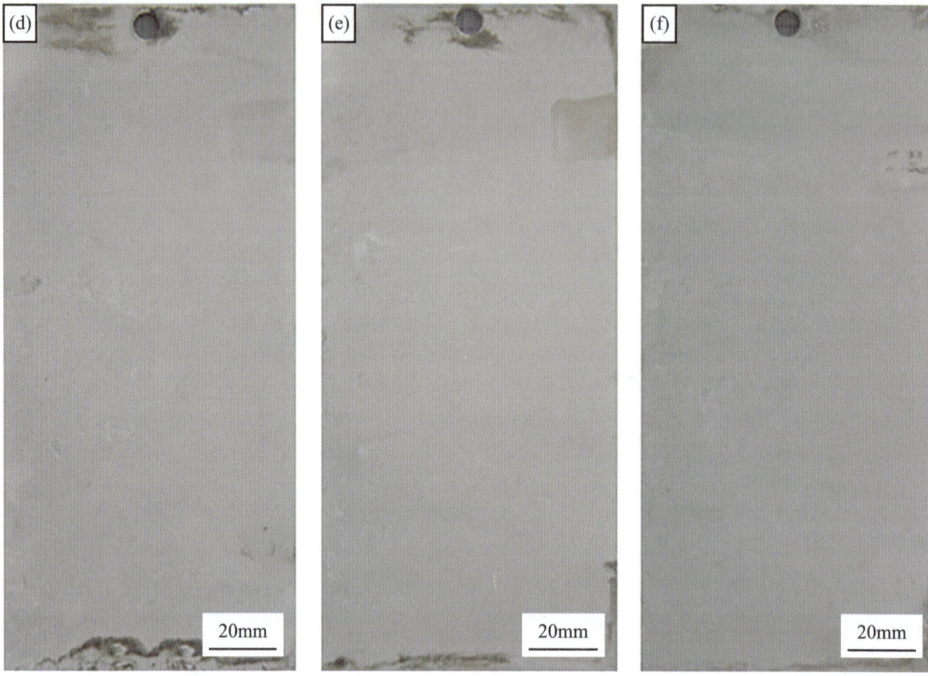

图 6-5　4A17-O 铝合金在中性盐雾试验中暴露不同时间后的宏观腐蚀形貌（除锈前）

（a）原样；（b）96h；（c）240h；（d）480h；（e）720h；（f）1008h

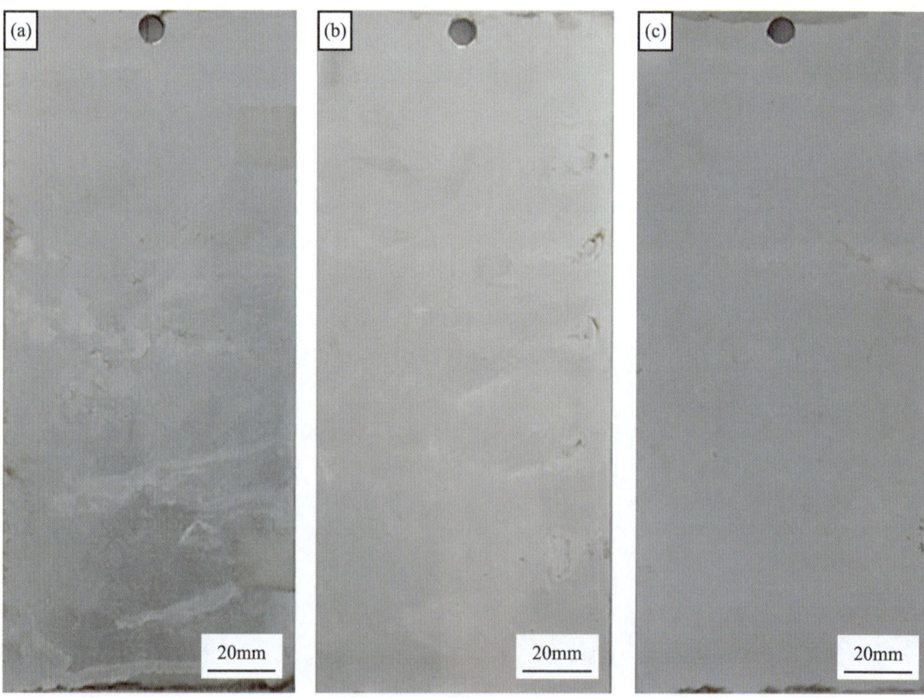

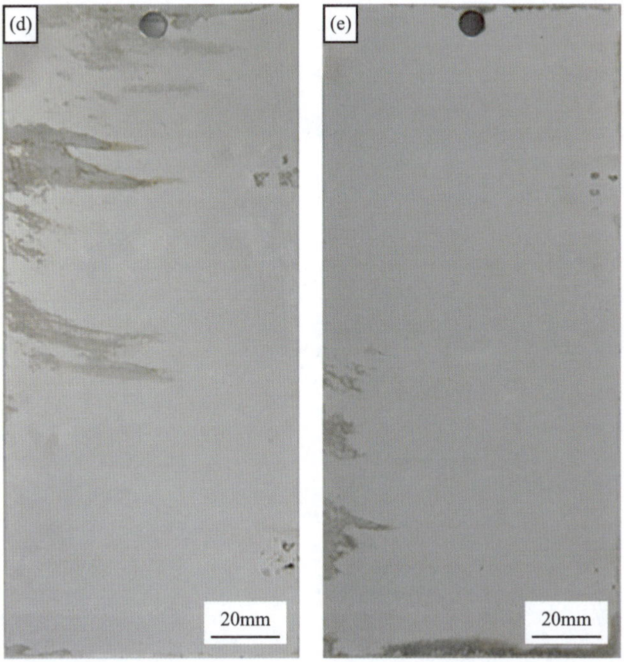

图 6-6　4A01-O 铝合金在中性盐雾试验中暴露不同时间后的宏观腐蚀形貌（除锈后）
（a）96h;（b）240h;（c）480h;（d）720h;（e）1008h

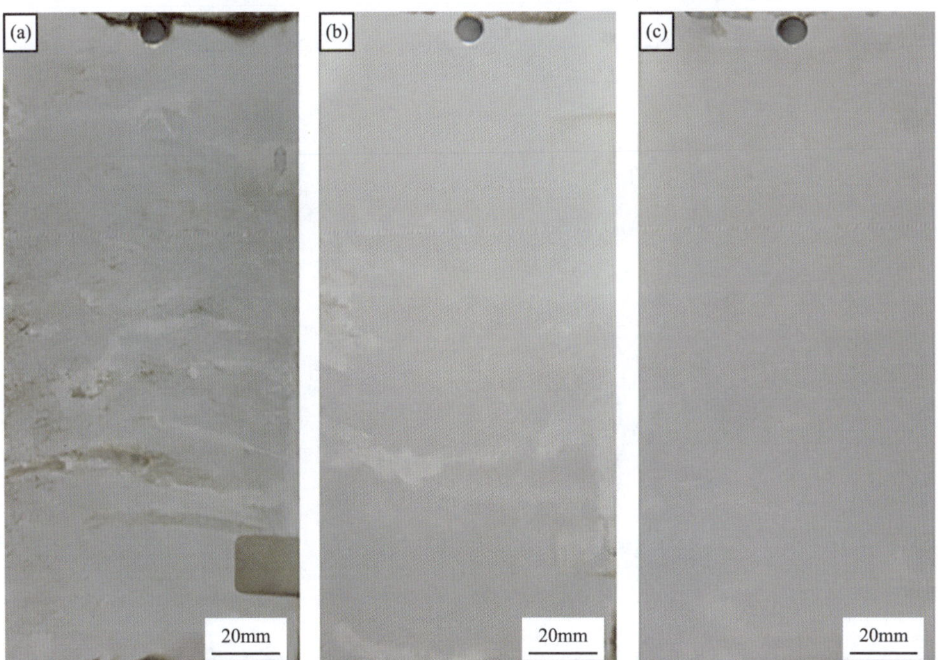

图 6-7

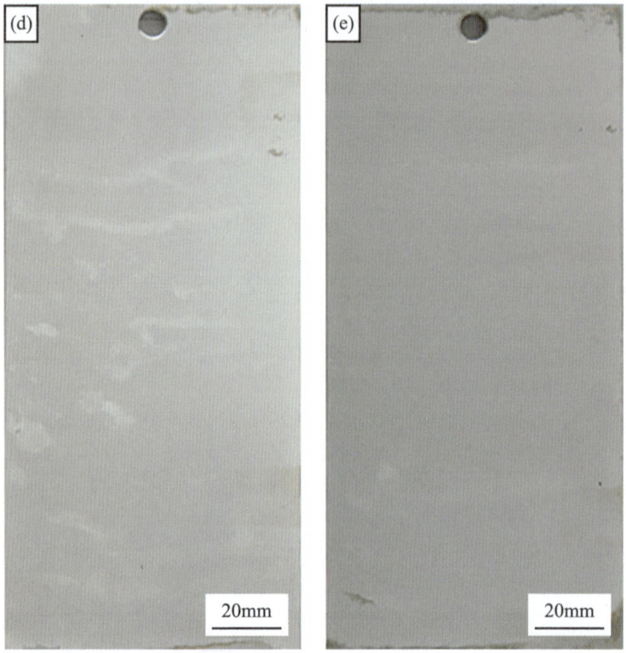

图 6-7　4A11-O 铝合金在中性盐雾试验中暴露不同时间后的宏观腐蚀形貌（除锈后）

（a）96h；（b）240h；（c）480h；（d）720h；（e）1008h

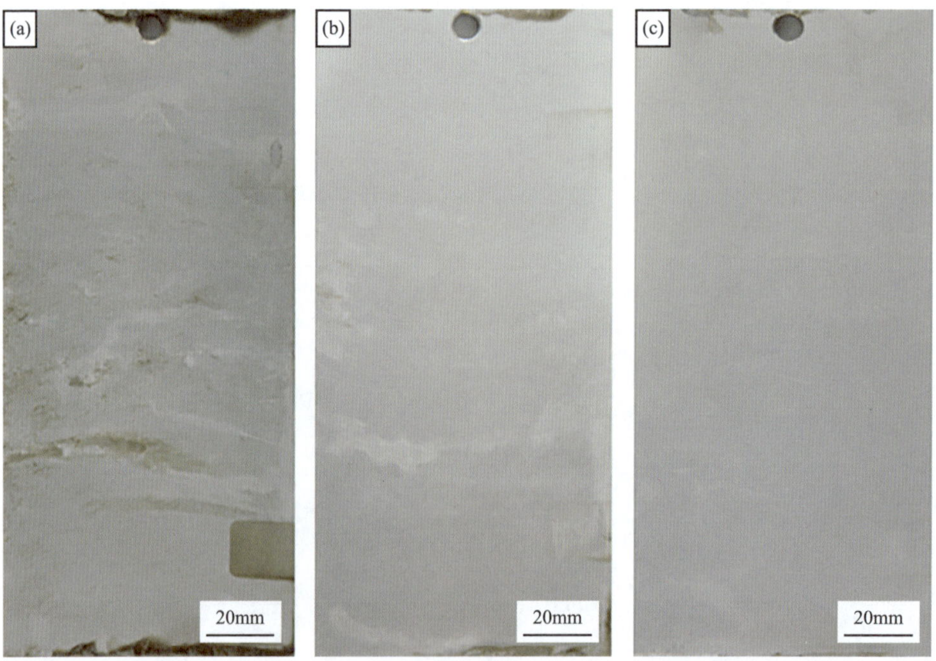

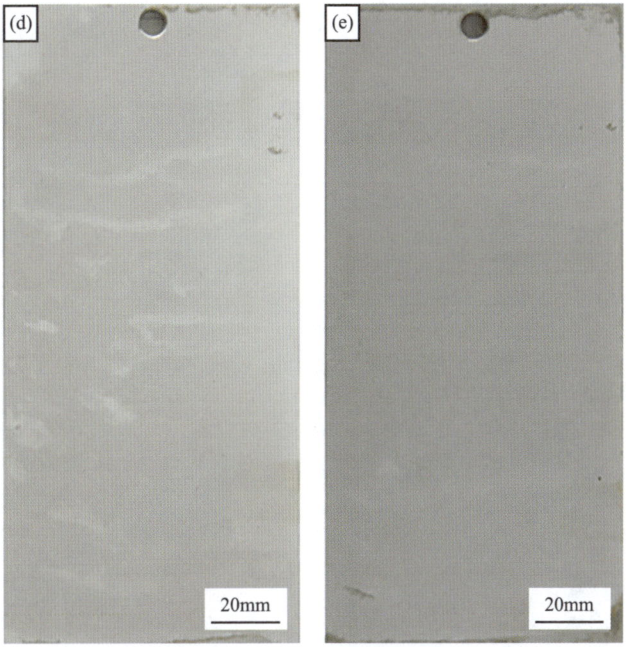

图 6-8　4A17-O 铝合金在中性盐雾试验中暴露不同时间后的宏观腐蚀形貌（除锈后）

（a）96h；（b）240h；（c）480h；（d）720h；（e）1008h

图 6-6 ～图 6-8 为 4A01-O、4A11-O 和 4A17-O 三种 4XXX 系铝合金经过中性盐雾试验并除锈后的宏观腐蚀形貌。可以看出，96h 时，能看到局部腐蚀的痕迹，从 240h 起，合金表面完全发生腐蚀，且 240 ～ 1008h 过程中，合金表面没有出现较大变化，进一步说明，从宏观形貌看，4XXX 系铝合金表面的腐蚀产物具有良好保护性，能够较好地保护铝合金内部。

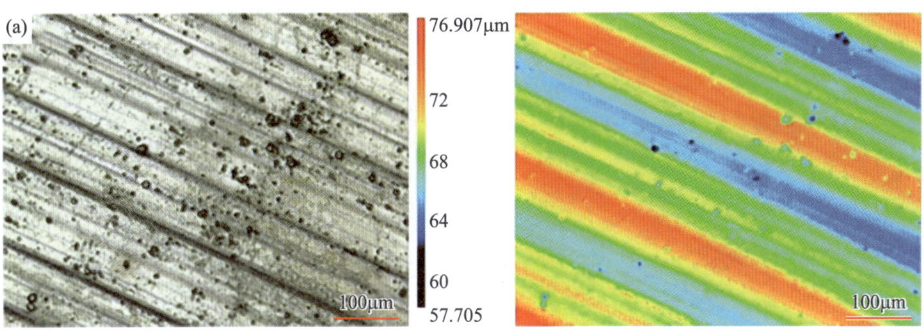

图 6-9

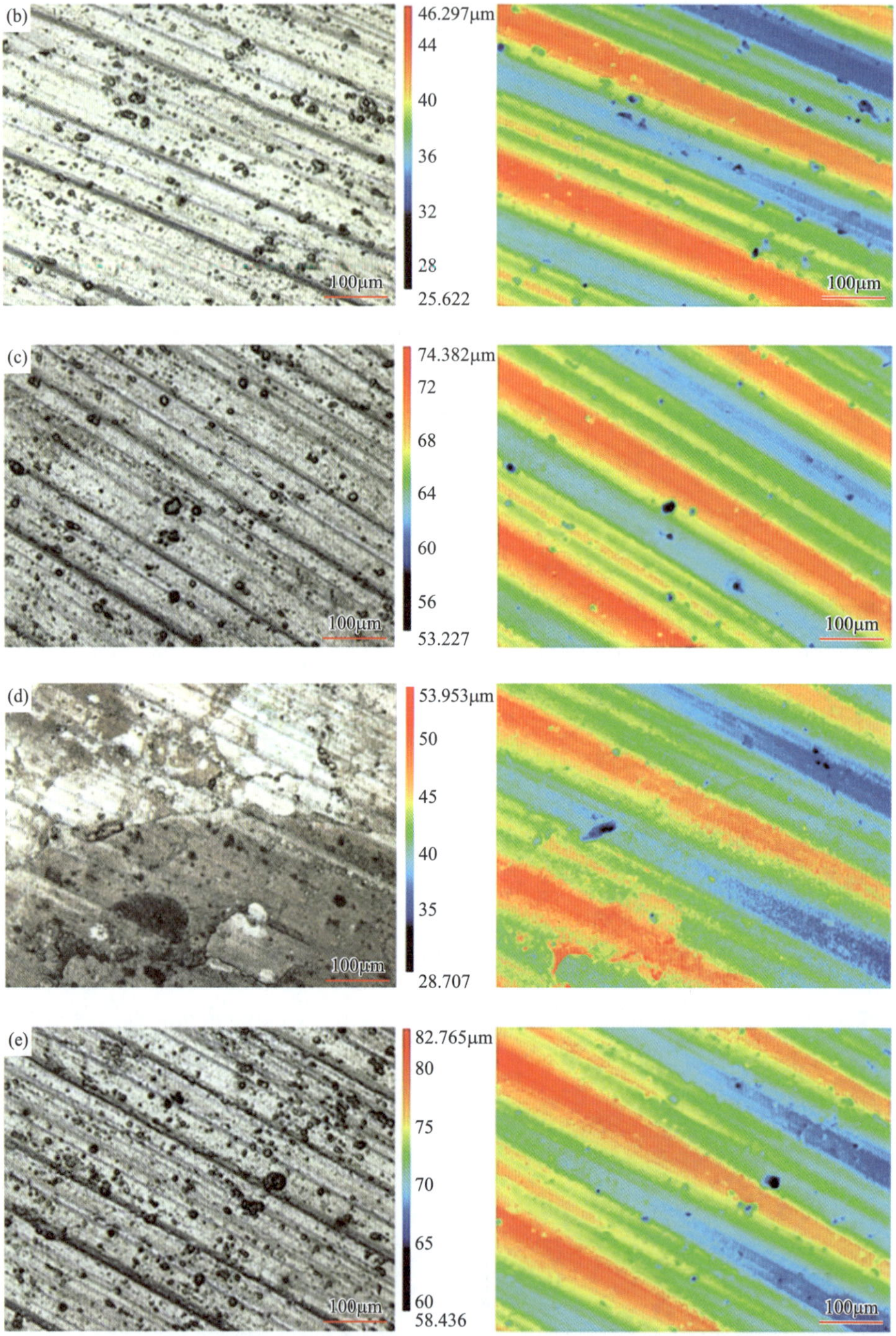

图 6-9　4A01-O 铝合金清除腐蚀产物后蚀坑深度的腐蚀形貌

（a）96h；（b）240h；（c）480h；（d）720h；（e）1008h

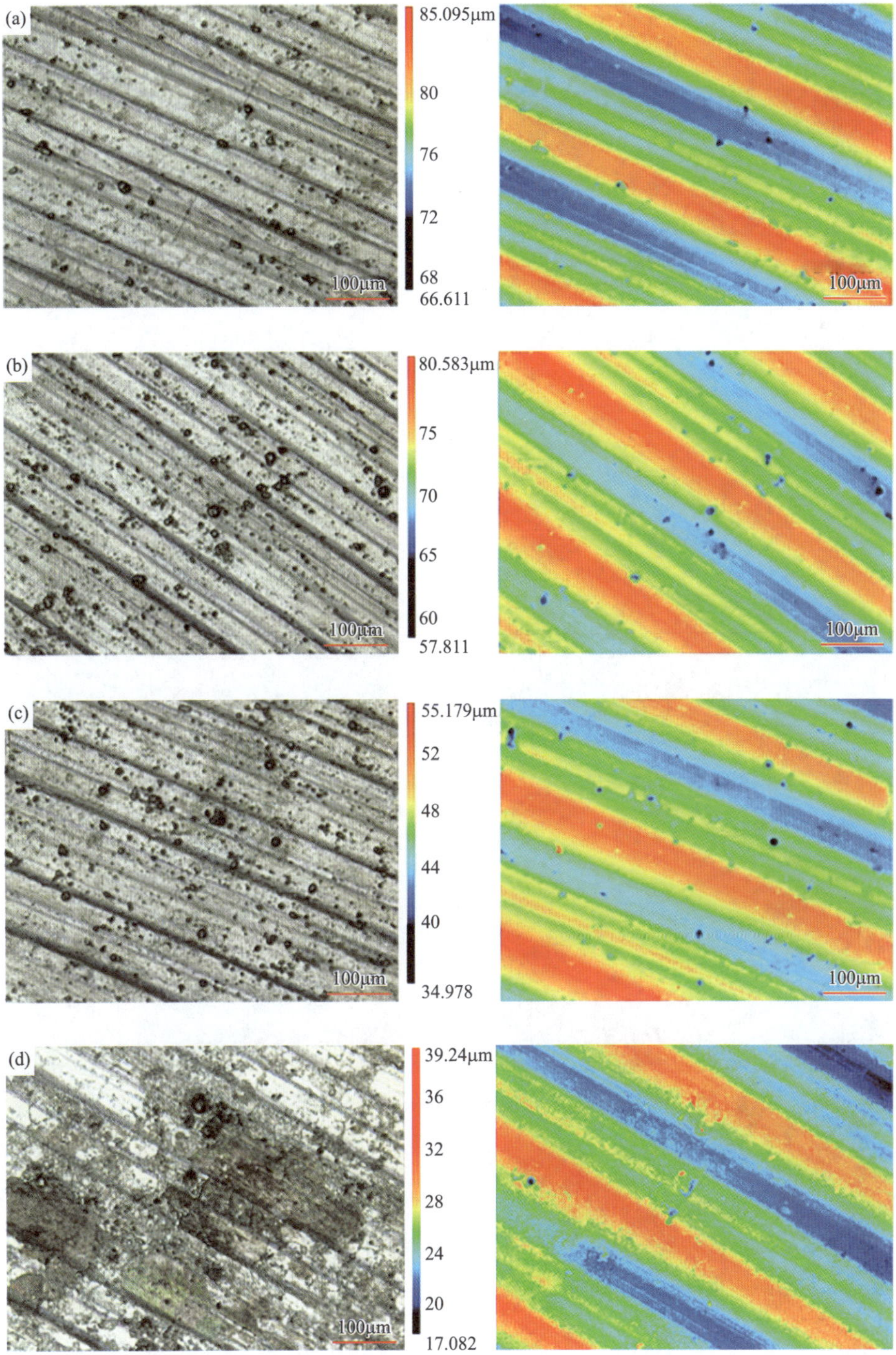
(a)
100μm
85.095μm
80
76
72
68
66.611
100μm
(b)
100μm
80.583μm
75
70
65
60
57.811
100μm
(c)
100μm
55.179μm
52
48
44
40
34.978
100μm
(d)
100μm
39.24μm
36
32
28
24
20
17.082

图 6-10

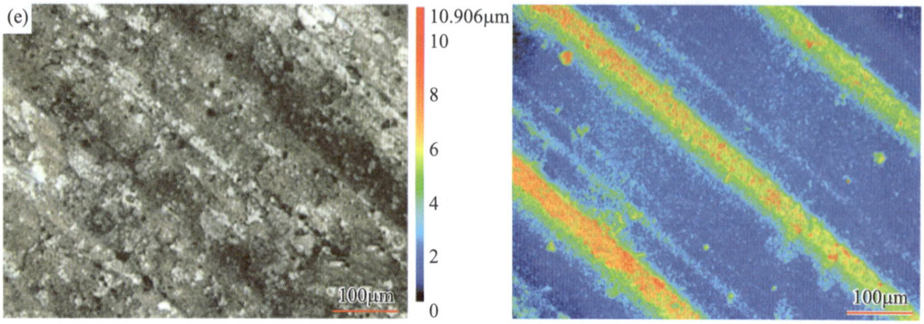

图 6-10　4A11-O 铝合金清除腐蚀产物后蚀坑深度的腐蚀形貌

（a）96h；（b）240h；（c）480h；（d）720h；（e）1008h

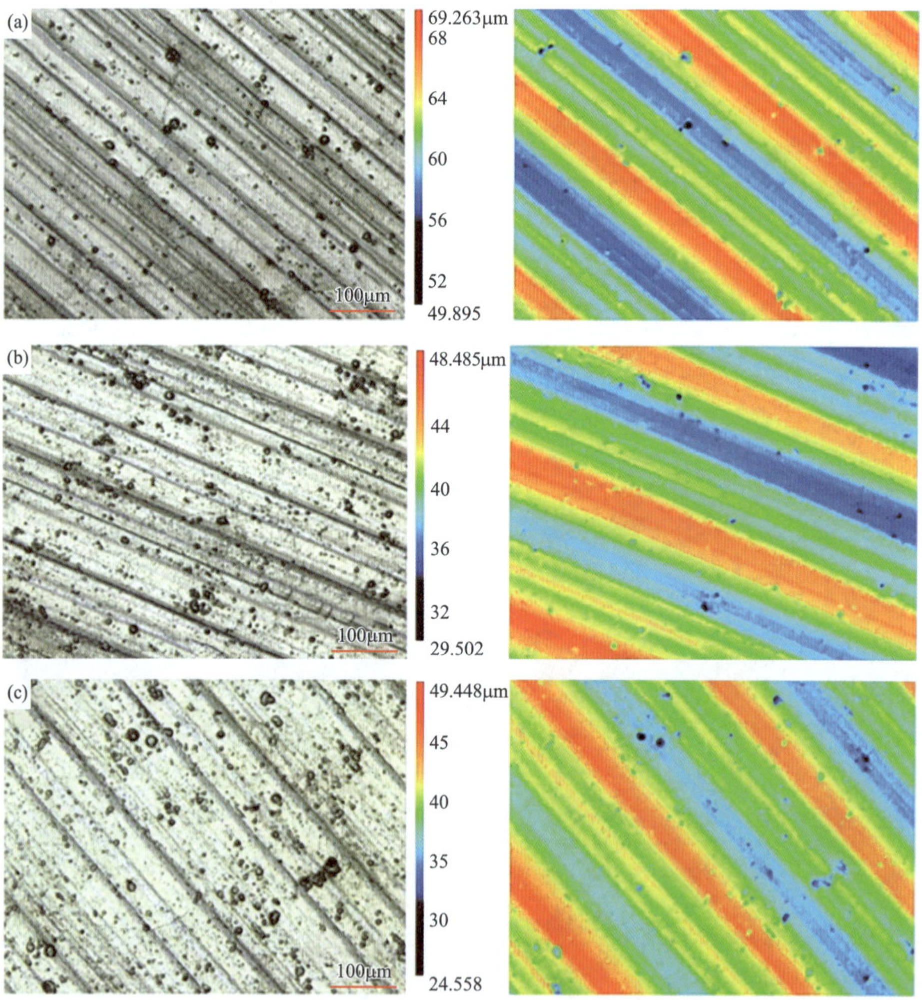

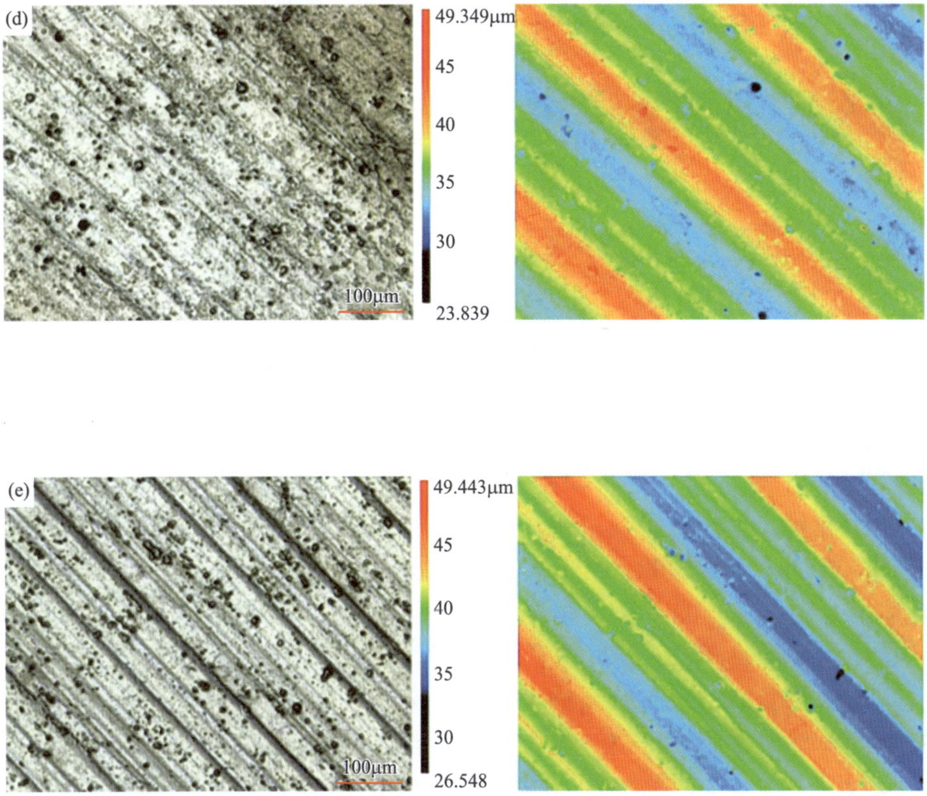

图 6-11　4A17-O 铝合金清除腐蚀产物后蚀坑深度的腐蚀形貌

（a）96h；（b）240h；（c）480h；（d）720h；（e）1008h

图 6-9、图 6-10 以及图 6-11 分别为 4A01-O、4A11-O 和 4A17-O 三种 4XXX 系铝合金在暴露 96h、240h、480h、720h 和 1008h 并去除腐蚀产物后的腐蚀形貌图。可以看出，对 4A01-O 而言，96h 试验过后合金表面出现均匀细小的点蚀坑，此时的表面相对完整；480h 时点蚀坑的直径显著变大，此后的试验中合金表面未发生明显变化。4A11-O 在 480h 之前合金表面的点蚀坑数目较少且疏散分布；720h 时合金表面出现大片腐蚀坑，且腐蚀坑连接成面；到 1008h 时腐蚀范围进一步扩大形成均匀的面蚀。4A17-O 在 96h 时表面出现细小的点蚀坑，到 480h 时点蚀坑直径稍微扩大，此后直到暴露 1008h 时合金表面腐蚀情况未发生明显变化。

6.4 腐蚀产物

图 6-12 ～图 6-14 分别是 4A01-O、4A11-O 和 4A17-O 三种 4XXX 系铝合金在中性盐雾环境中暴露 96h、240h、480h、720h 和 1008h 后腐蚀产物的微观形貌以及能谱结果。可以看出，4XXX 系铝合金的表面腐蚀产物同样以 Al 和 O 元素为主。对 4A01-O 而言，试验进行初期，合金表面出现 Al 的氧化物，呈颗粒状或块状，连结在一起附着在合金表面，并不是均匀分布；试验进行到 240h，合金表面被腐蚀产物完全覆盖，部分产物已经发生脱落，脱落部分的合金表面再次出现腐蚀产物；试验进行到中后期，球状、块状的腐蚀产物逐渐累积，但整体除了腐蚀产物增加外没有其他明显变化；试验后期，颗粒状腐蚀产物均匀分布在合金表面。4A11-O 在腐蚀初期就出现大量腐蚀产物，且已有脱落现象发生；随着试验时间的增加，合金表面均匀分布有颗粒状、块状腐蚀产物，且腐蚀产物上出现裂痕；试验时间继续增加到后期，表面的块状产物逐渐增多，且产物氧含量比重增加。4A17-O 在试验进行 96h 时就已经发生了开裂，并在 240h 时，腐蚀产物从表面脱落后露出部分的腐蚀程度较其他两种铝合金更轻微。720h 时，表面腐蚀产物增加，颗粒状产物部分聚集为块状，试验进行后期，合金表面的颗粒状腐蚀产物大多聚集成块状，均匀分布在合金表面。

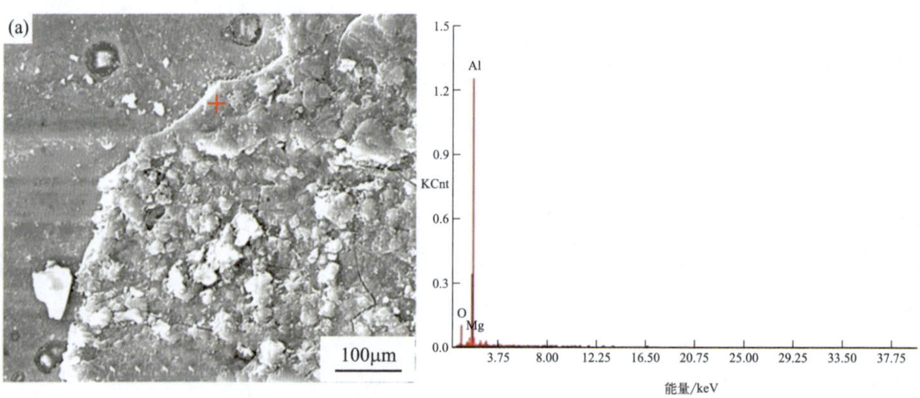

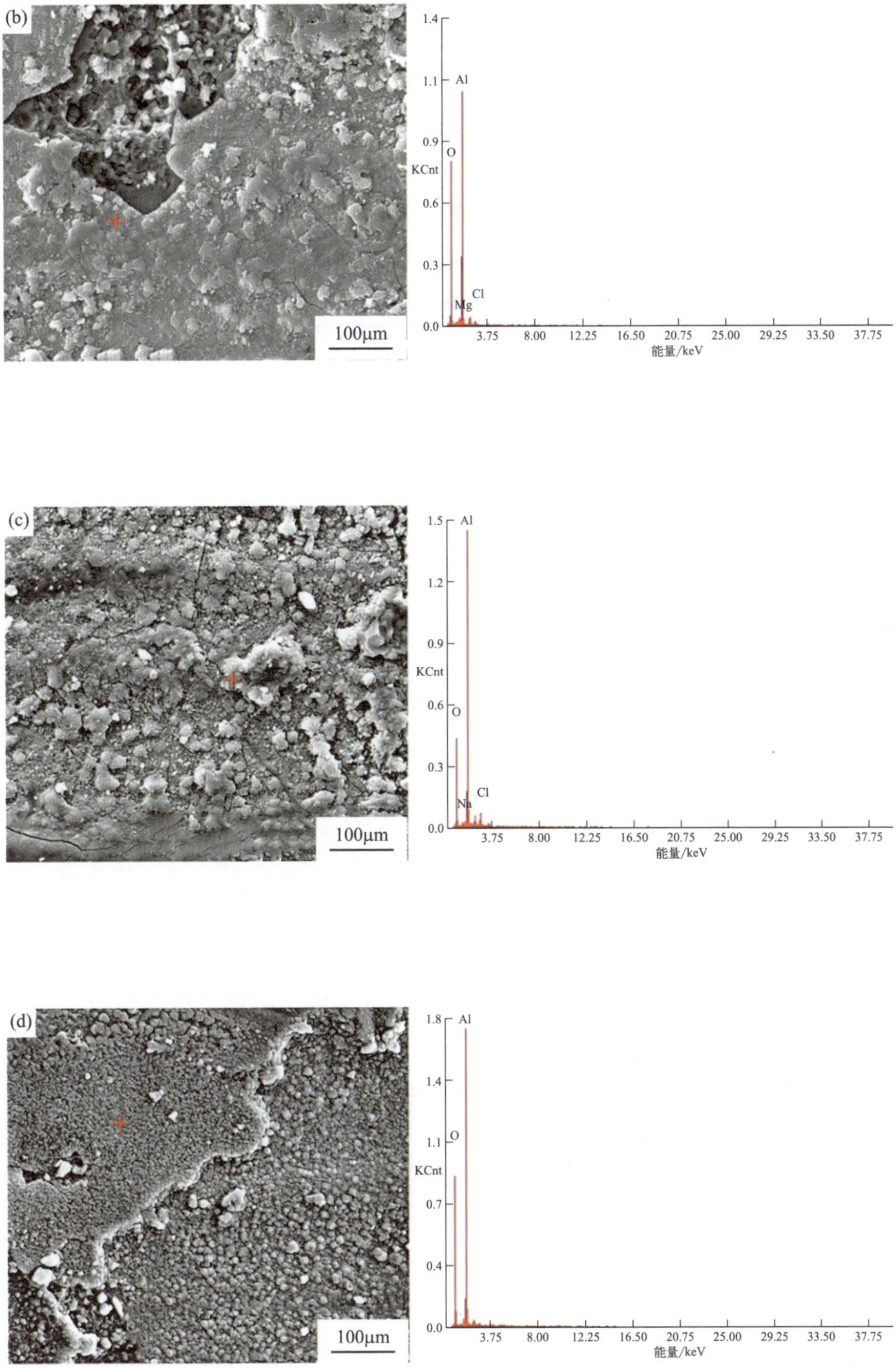
(b)
100μm
Al
O
Cl
Mg
KCnt
能量/keV
(c)
100μm
Al
O
Cl
Na
KCnt
能量/keV
(d)
100μm
Al
O
KCnt
能量/keV

图 6-12

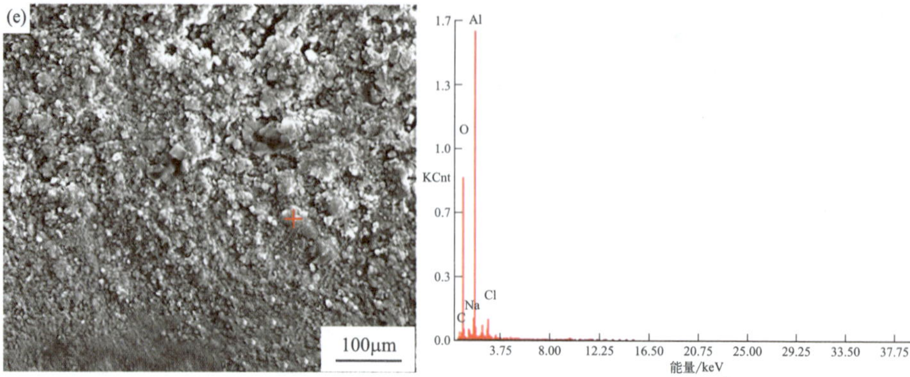

图 6-12　暴露不同时间后 4A01-O 铝合金腐蚀产物的微观形貌及能谱结果

(a) 96h; (b) 240h; (c) 480h; (d) 720h; (e) 1008h

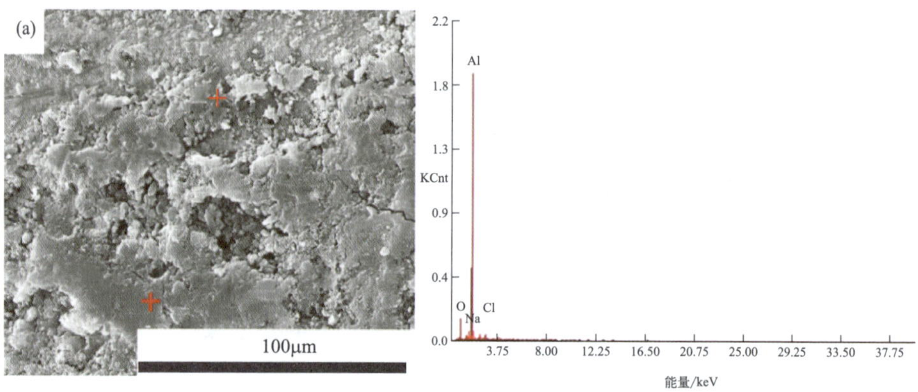

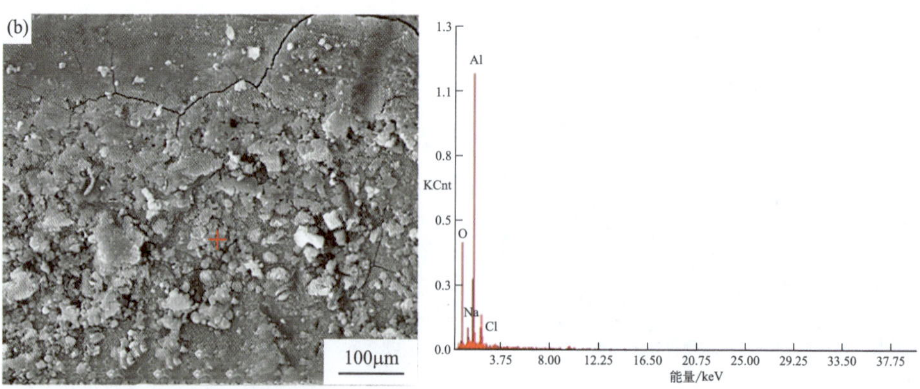

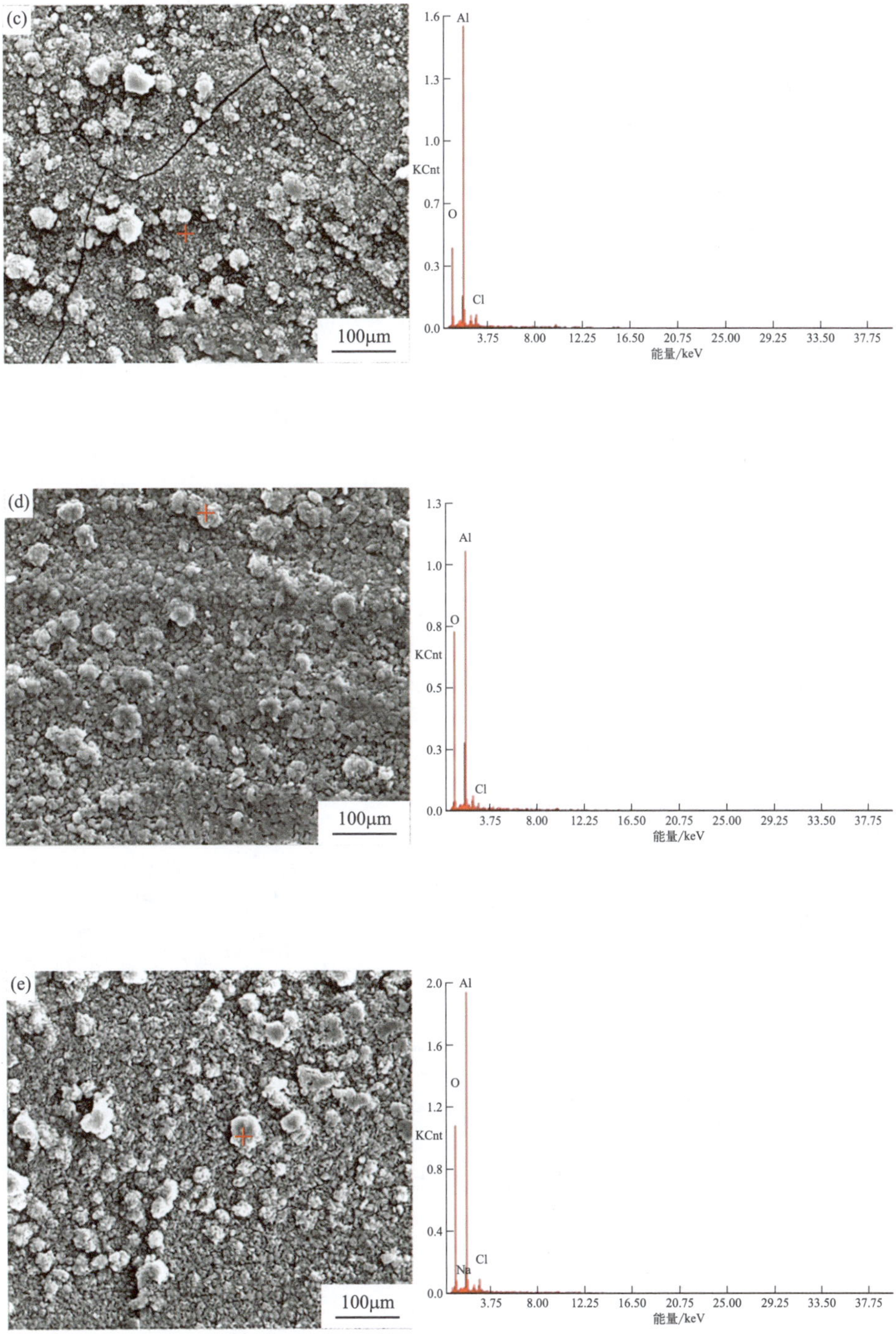

图 6-13　暴露不同时间后 4A11-O 铝合金腐蚀产物的微观形貌及能谱结果

（a）96h；（b）240h；（c）480h；（d）720h；（e）1008h

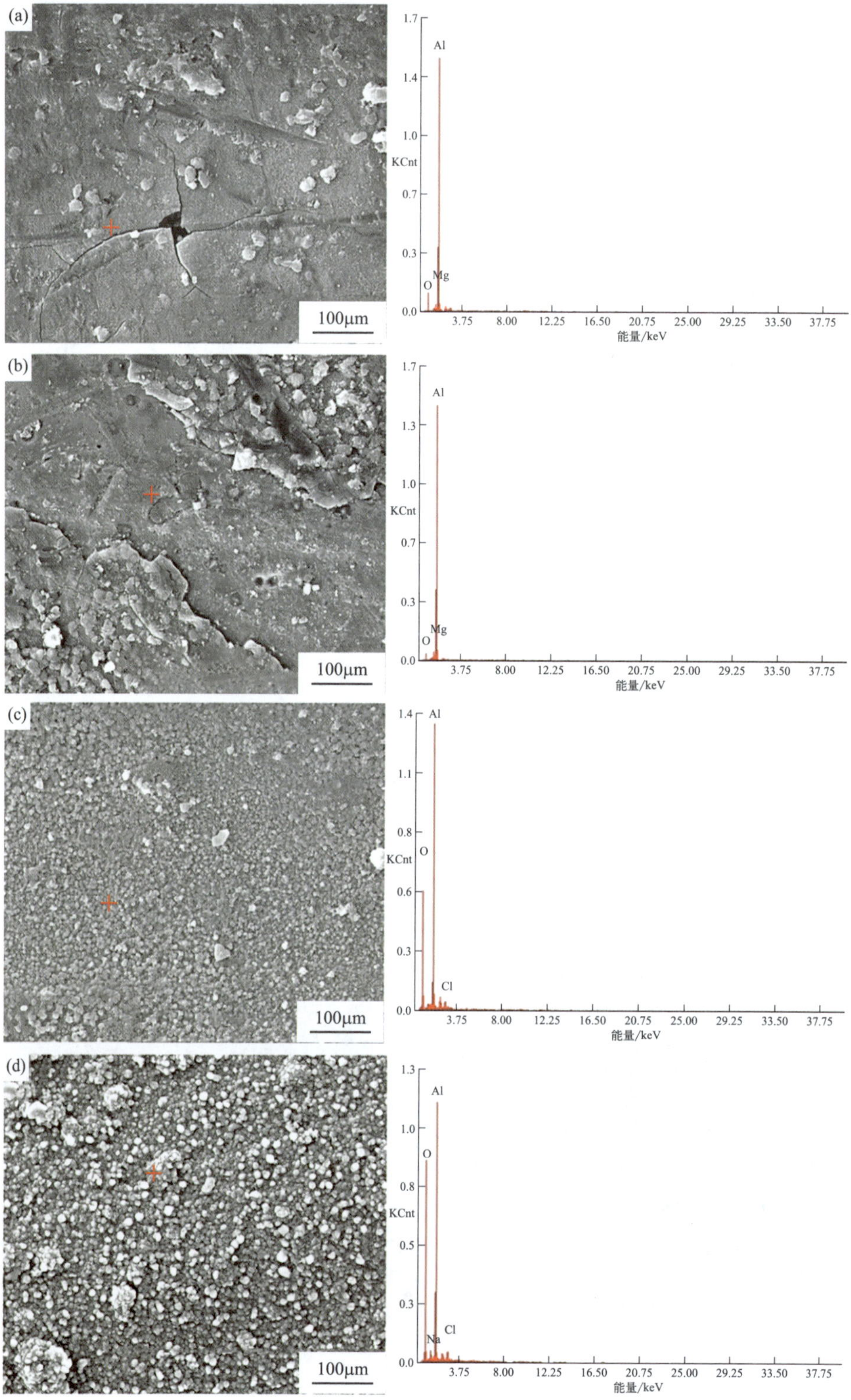
(a)
100μm
Al
Mg
O
KCnt
能量/keV
(b)
100μm
Al
Mg
O
KCnt
能量/keV
(c)
100μm
Al
O
Cl
KCnt
能量/keV
(d)
100μm
Al
O
Na
Cl
KCnt
能量/keV

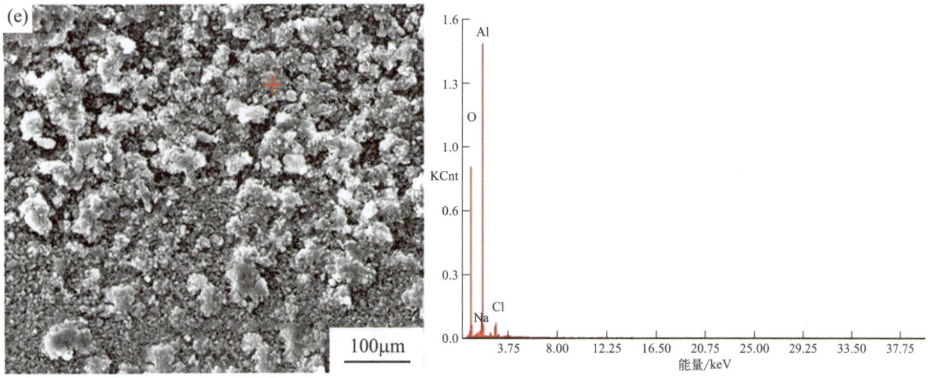

图 6-14　暴露不同时间后 4A17-O 铝合金腐蚀产物的微观形貌及能谱结果

(a) 96h；(b) 240h；(c) 480h；(d) 720h；(e) 1008h

为进一步确定 4A01-O 和 4A11-O 以及 4A17-O 三种 4XXX 系铝合金的腐蚀产物，图 6-15 是三种铝合金在中性盐雾环境中暴露 1008h 后表面腐蚀产物的 XRD 分析结果。从峰的位置可以看出，4A01-O、4A11-O 以及 4A17-O 的腐蚀产物主要为 $Al(OH)_3$。XRD 结果中存在的 NaCl 可能为盐雾试验后在表面的残留。

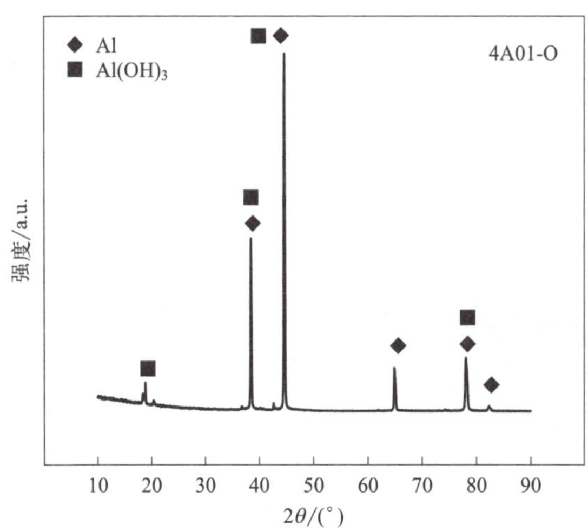

图 6-15

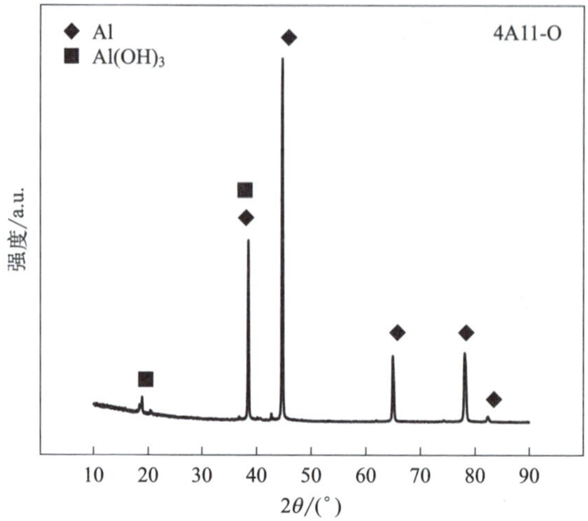

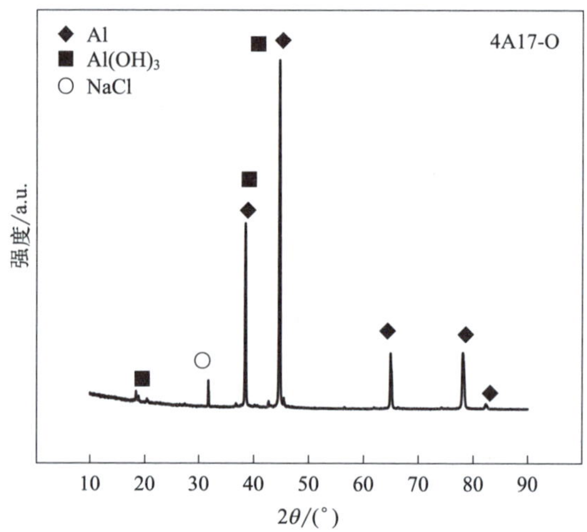

图 6-15　4A01-O、4A11-O 以及 4A17-O 铝合金腐蚀产物 XRD 图谱（1008h）

本章小结

本章主要研究了 4A01-O、4A11-O 和 4A17-O 三种 4XXX 系铝合金在中性盐雾环境中的腐蚀性能，从腐蚀动力学、腐蚀形貌和腐蚀产物三个方面进行了详细分析。三者虽然都属于 4XXX 系铝合金，但合金成分的不同对其腐蚀性能产生了细微的差异。具体结论如下：

① 在盐雾试验的初期，4A01-O、4A11-O 和 4A17-O 铝合金的腐蚀

速率较高，这可能与铝合金表面尚未形成稳定的保护膜有关。随着腐蚀时间的延长，腐蚀速率逐渐下降，表明腐蚀产物层对铝合金起到了保护作用。三者的腐蚀速率从始至终较为接近，尽管它们的合金成分有所不同，但表现出 4XXX 系铝合金具有相似的腐蚀行为，表明它们的腐蚀产物膜具有一定的保护作用，能够有效减缓腐蚀的扩展。

② 在宏观形貌上，三种 4XXX 系铝合金表面均表现出较好的耐蚀性能，没有出现肉眼可见的凹坑，除锈后表面仍平整。结合微观形貌观察，三种 4XXX 系铝合金表面出现了腐蚀斑点，且随着腐蚀时间的增长，腐蚀斑点逐渐增多，覆盖范围逐渐扩大。

③ 通过扫描电镜（SEM）和 X 射线衍射（XRD）分析，三种 4XXX 系铝合金的腐蚀产物主要为铝的氢氧化物 [$Al(OH)_3$]，具有一定的保护作用。产物均呈颗粒状或块状，其中 4A17-O 的腐蚀产物颗粒更小。随着腐蚀进程的推进，三种铝合金表面都出现了不同程度的开裂和腐蚀产物脱落的现象。

综上，通过本章的研究可知，4A01-O、4A11-O 和 4A17-O 三种 4XXX 系铝合金在盐雾环境中的腐蚀行为具有一定的规律性。三者在初期的腐蚀速率较高，但随着时间的延长，腐蚀速率逐渐下降，表明腐蚀产物膜对铝合金具有保护作用。整体来看，三者均表现出较好的耐腐蚀性能，腐蚀类型以点蚀为主，且随着腐蚀时间的延长，腐蚀斑点逐渐增多并扩大。

铝及铝合金的环境腐蚀

——盐雾环境

第7章

5XXX 系铝合金中性盐雾环境腐蚀行为

7.1 概述

5XXX 系铝合金属于热处理不可强化铝合金，主要掺杂元素为镁。该系铝合金焊接性、低温疲劳性好，且不经过热处理就具有较高强度，因此具有较广的应用范围，能够被用于交通设备、压力容器、管道等领域，常被用来制焊接件、锻件、钣金件、铆材等。常见的 5XXX 系铝合金包括 5A06、5A02、5083、5182 等。

7.2 腐蚀速率

腐蚀速率计算按照标准 GB/T 19292.4—2018《金属和合金的腐蚀　大气腐蚀性　第 4 部分：用于评估腐蚀性的标准试样的腐蚀速率的测定》进行，通过失重法得到腐蚀失重，根据 ASTM G46-21 标准对点蚀深度进行测量（表 7-1 和图 7-1）。

表 7-1　5XXX 系铝合金在中性盐雾试验中的腐蚀失重和最大点蚀深度

牌号	试验方式	暴露时间 /h									
		96		240		480		720		1008	
		腐蚀失重 /(g/m²)	点蚀深度 /μm	腐蚀失重 /(g/m²)	点蚀深度 /μm	腐蚀失重 /(g/m²)	点蚀深度 /μm	腐蚀失重 /(g/m²)	点蚀深度 /μm	腐蚀失重 /(g/m²)	点蚀深度 /μm
5A02-O	中性盐雾	0.67	5.459	0.96	6.613	1.57	7.234	1.66	8.690	1.71	13.399
5083-O	中性盐雾	1.23	7.131	1.60	8.491	2.23	10.520	3.87	11.394	4.36	15.022

续表

牌号	试验方式	暴露时间 /h									
		96		240		480		720		1008	
		腐蚀失重 /(g/m²)	点蚀深度 /μm	腐蚀失重 /(g/m²)	点蚀深度 /μm	腐蚀失重 /(g/m²)	点蚀深度 /μm	腐蚀失重 /(g/m²)	点蚀深度 /μm	腐蚀失重 /(g/m²)	点蚀深度 /μm
5754-O	中性盐雾	0.37	5.835	0.69	7.905	1.63	9.620	2.06	13.085	2.21	13.845
5A05-O	中性盐雾	1.02	2.877	1.46	2.326	1.73	6.228	2.71	7.767	3.53	9.626
5A06-O	中性盐雾	0.87	5.823	1.56	6.403	2.36	6.119	2.50	8.826	3.61	9.582

通过对试验数据进行分析，失重与时间的数据符合幂函数规则，见式 (3-1)。对其进行幂函数拟合（表 7-2），R^2 是幂函数拟合相关系数。

表 7-2　幂函数拟合曲线相关参数

铝合金种类	A	n	R^2
5A02-O	0.14394	0.36681	0.92977
5083-O	0.02221	0.67575	0.94993
5754-O	0.05166	0.64161	0.92801
5A05-O	0.05529	0.59273	0.9232
5A06-O	0.0767	0.54859	0.96088

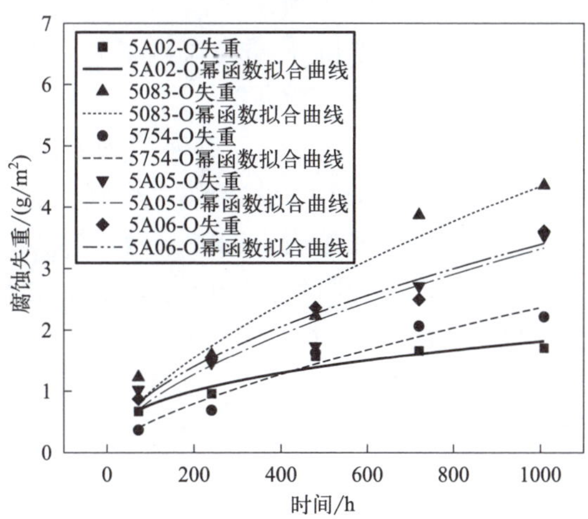

(a)

图 7-1

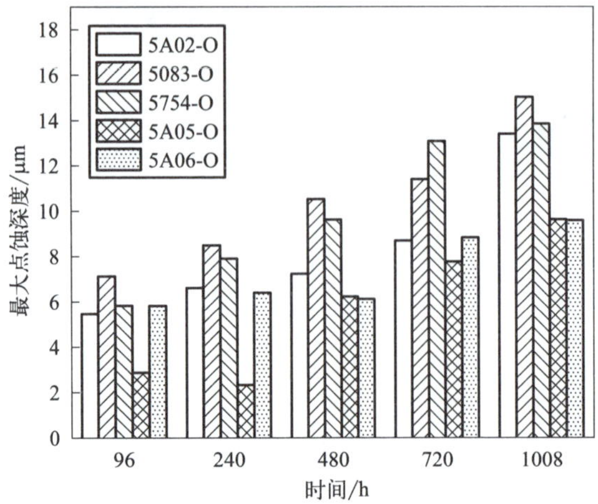

(b)

图 7-1　5XXX 系铝合金在中性盐雾环境下的腐蚀失重拟合曲线及最大点蚀深度

（a）腐蚀失重拟合曲线；（b）最大点蚀深度

图 7-1（a）和图 7-2 分别是五种 5XXX 系铝合金在中性盐雾环境下暴露 1008h 内的腐蚀失重拟合曲线和腐蚀速率曲线。在第 1008h 时，五种铝合金的失重按照表 7-1 中牌号顺序依次为 1.71g/m^2、4.36g/m^2、2.21g/m^2、3.53g/m^2 和 3.61g/m^2，腐蚀速率分别是 0.0017g/(m^2·h)、0.0043g/(m^2·h)、0.0022g/(m^2·h)、0.0035g/(m^2·h) 和 0.0036g/(m^2·h)（表 7-3），最大点蚀深度分别为 13.399μm、15.022μm、13.845μm、9.626μm 以及 9.582μm。观察五种 5XXX 系铝合金在中性盐雾环境暴露过程中腐蚀速率随时间的变化曲线，可以看出五种铝合金的腐蚀速率均在腐蚀初期达到最大值。其中，除 5754-O 外，其他四种 5XXX 铝合金的失重速率下降幅度均较大，5754-O 的下降趋势则较为平缓，初期、末期的失重速率差距不大。对 5A02-O 在中性盐雾环境中的腐蚀失重数据进行幂函数拟合，得到的方程为 $D=0.14394t^{0.36681}$，拟合方程相关系数为 0.92977；对 5083-O 进行拟合得到的幂函数拟合方程为 $D=0.02221t^{0.67575}$，拟合方程相关系数为 0.94993；幂函数拟合得到的 5754-O 的函数方程为 $D=0.05166t^{0.64161}$，拟合方程相关系数为 0.92801；5A05-O 的拟合函数方程为 $D=0.05529t^{0.59273}$，拟合方程相关系数为 0.9232；拟合得到的 5A05-O 的方程为 $D=0.0767t^{0.54859}$，拟合方程相关系数为 0.96088。拟合方程相关系数均接近 1，即拟合方程与原数据高度相关。五个拟合方程中的幂指数 n 值均小于 1，说明腐蚀得到的锈层对材料起到一定的保护作用。其中，5A02-O 的 n 值明显小于其他四种 5XXX 系铝合金，说明 5A02-O 在中性盐雾环境中产生的腐蚀产物对基体具有更加优越的保护作用。

表 7-3　5XXX 系铝合金在中性盐雾试验中暴露不同时间的腐蚀速率

牌号	试验方式	失重速率 /[g/(m^2·h)]				
		96h	240h	480h	720h	1008h
5A02-O	中性盐雾	0.0070	0.0040	0.0033	0.0026	0.0017
5083-O	中性盐雾	0.013	0.0066	0.0047	0.0053	0.0043
5754-O	中性盐雾	0.0038	0.0029	0.0034	0.0029	0.0022
5A05-O	中性盐雾	0.011	0.0061	0.0036	0.0038	0.0035
5A06-O	中性盐雾	0.0091	0.0065	0.0049	0.0035	0.0036

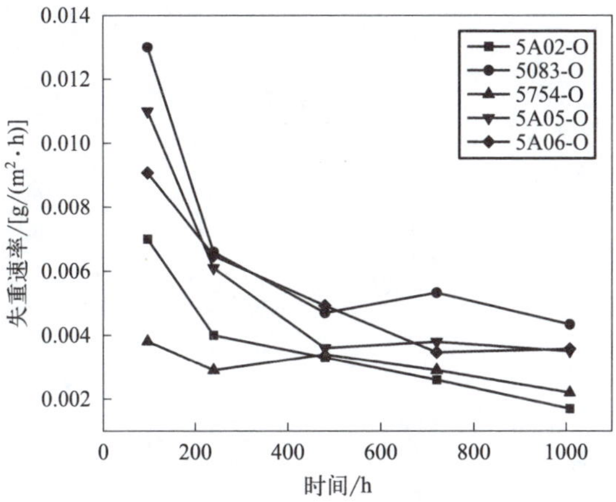

图 7-2　5XXX 系铝合金在中性盐雾环境下暴露 1008h 内腐蚀速率曲线

7.3 腐蚀形貌

图 7-3 到图 7-7 分别是 5A02-O、5083-O、5754-O、5A05-O 和 5A06-O 五种 5XXX 系铝合金在中性盐雾环境中暴露不同时间后的宏观腐蚀形貌。整体上看，添加了镁的 5XXX 系铝合金在经过 1008h 的盐雾加速试验后，整体腐蚀情况相较于其他几个系更加轻微。暴露 96h 后，合金表面出现白色腐蚀产物及少量棕褐色的局部腐蚀产物；240 ～ 720h，合金表面白色腐蚀产物逐渐累积，棕褐色腐蚀产物减少；1008h 后，棕色产物几乎完全被白

色的腐蚀产物取代。

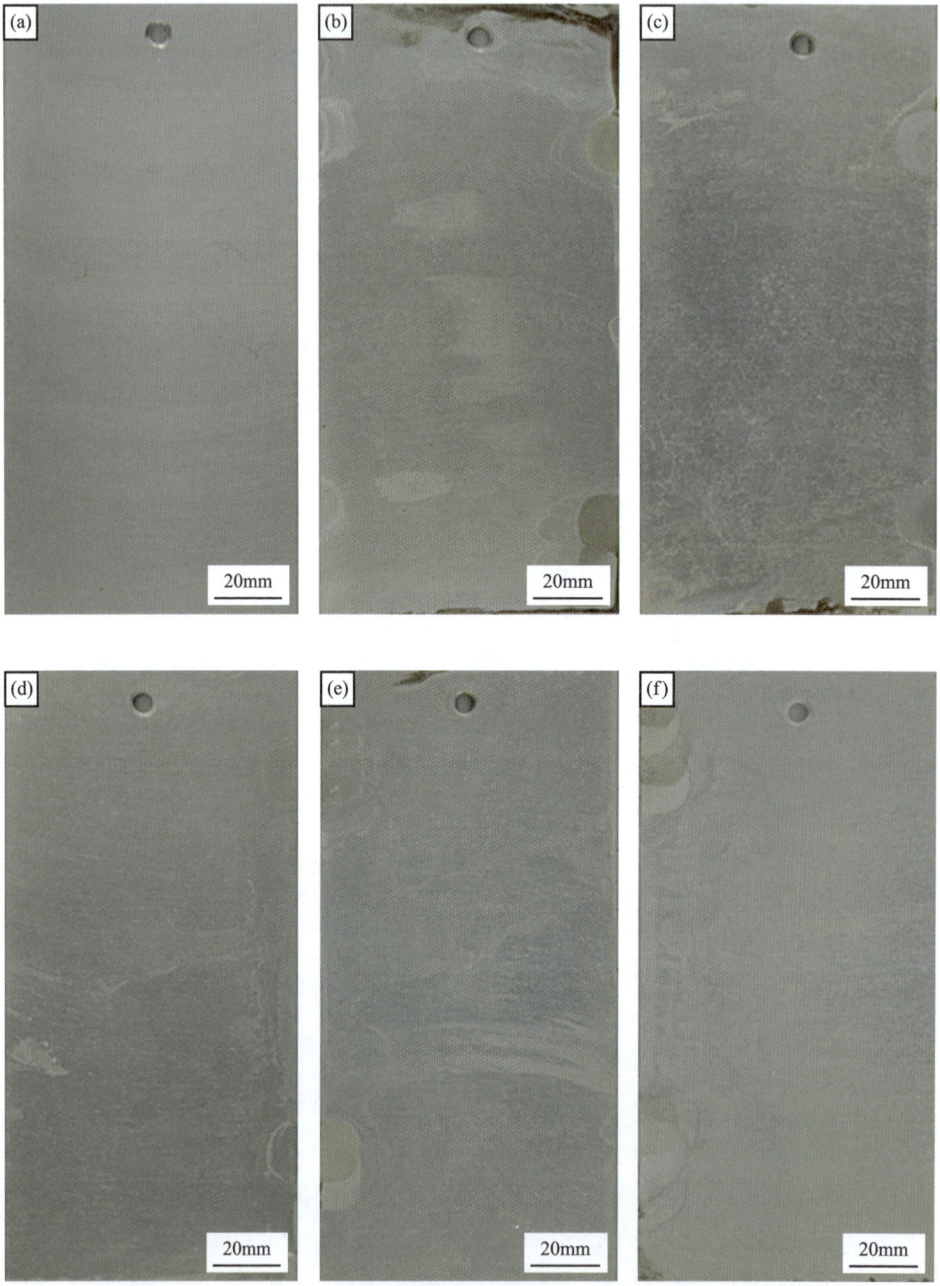

图 7-3　5A02-O 铝合金在中性盐雾试验中暴露不同时间后的宏观腐蚀形貌（除锈前）

（a）原样；（b）96h；（c）240h；（d）480h；（e）720h；（f）1008h

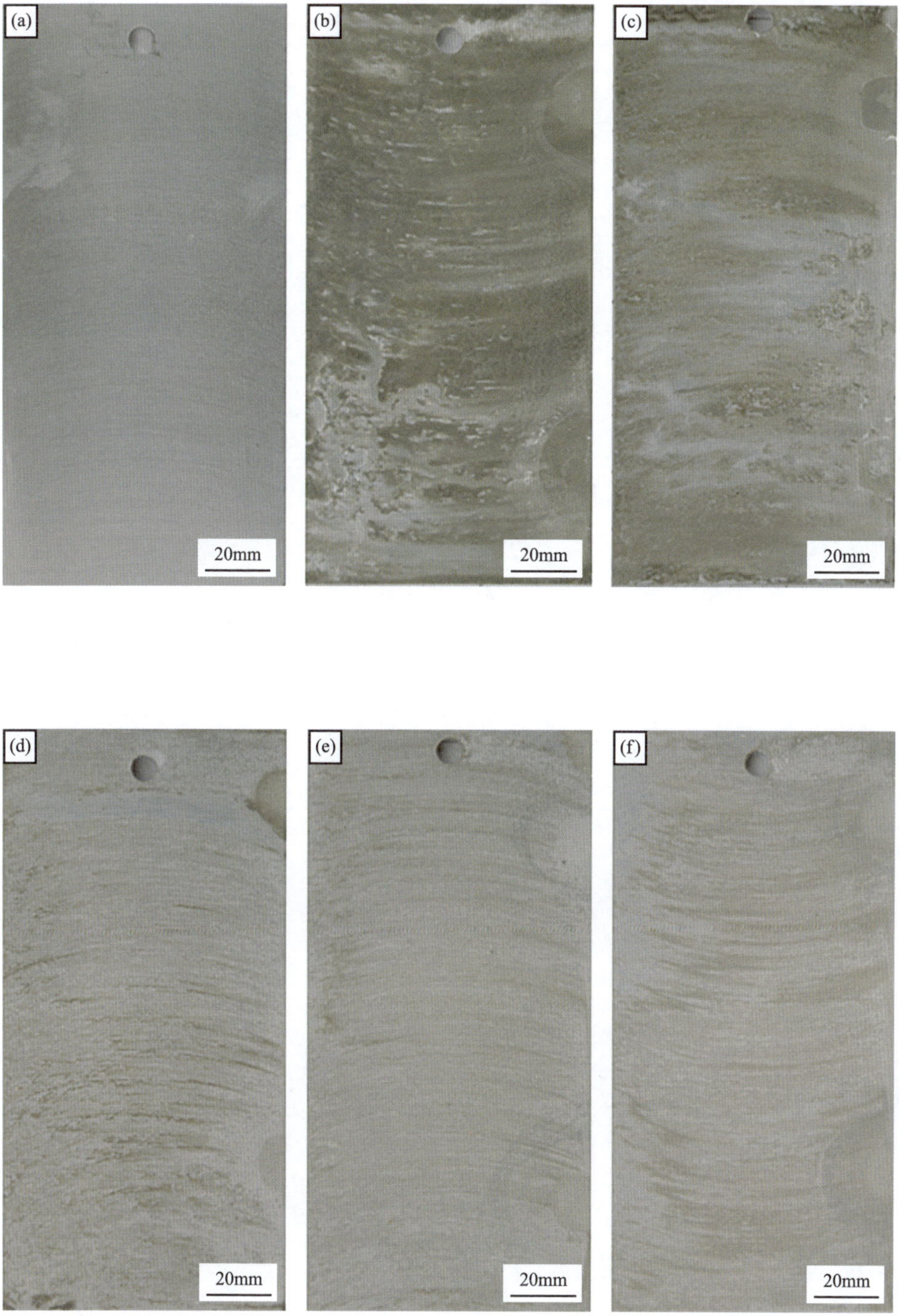

图 7-4　5083-O 铝合金在中性盐雾试验中暴露不同时间后的宏观腐蚀形貌（除锈前）

（a）原样；（b）96h；（c）240h；（d）480h；（e）720h；（f）1008h

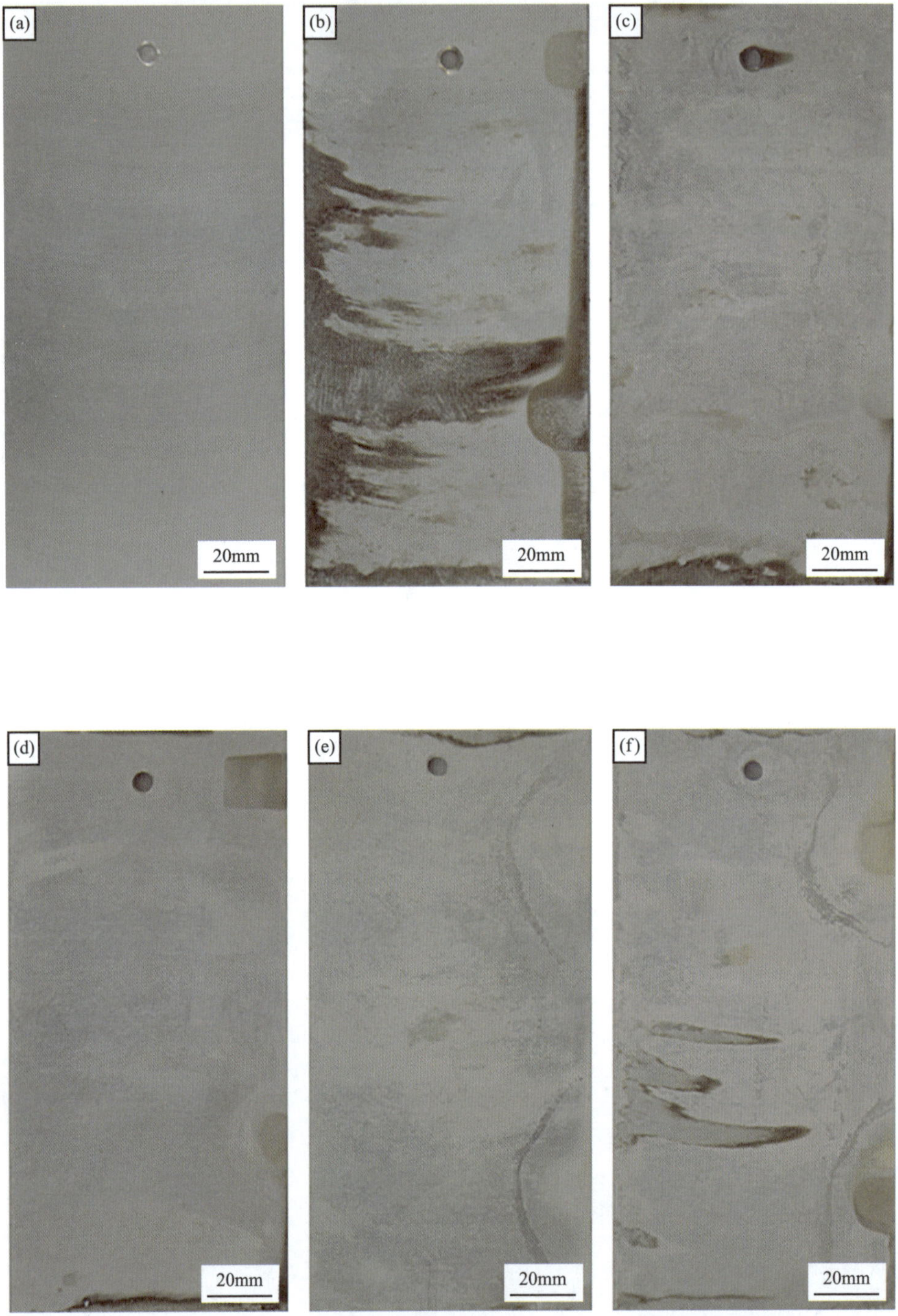

图 7-5　5754-O 铝合金在中性盐雾试验中暴露不同时间后的宏观腐蚀形貌（除锈前）

（a）原样；（b）96h；（c）240h；（d）480h；（e）720h；（f）1008h

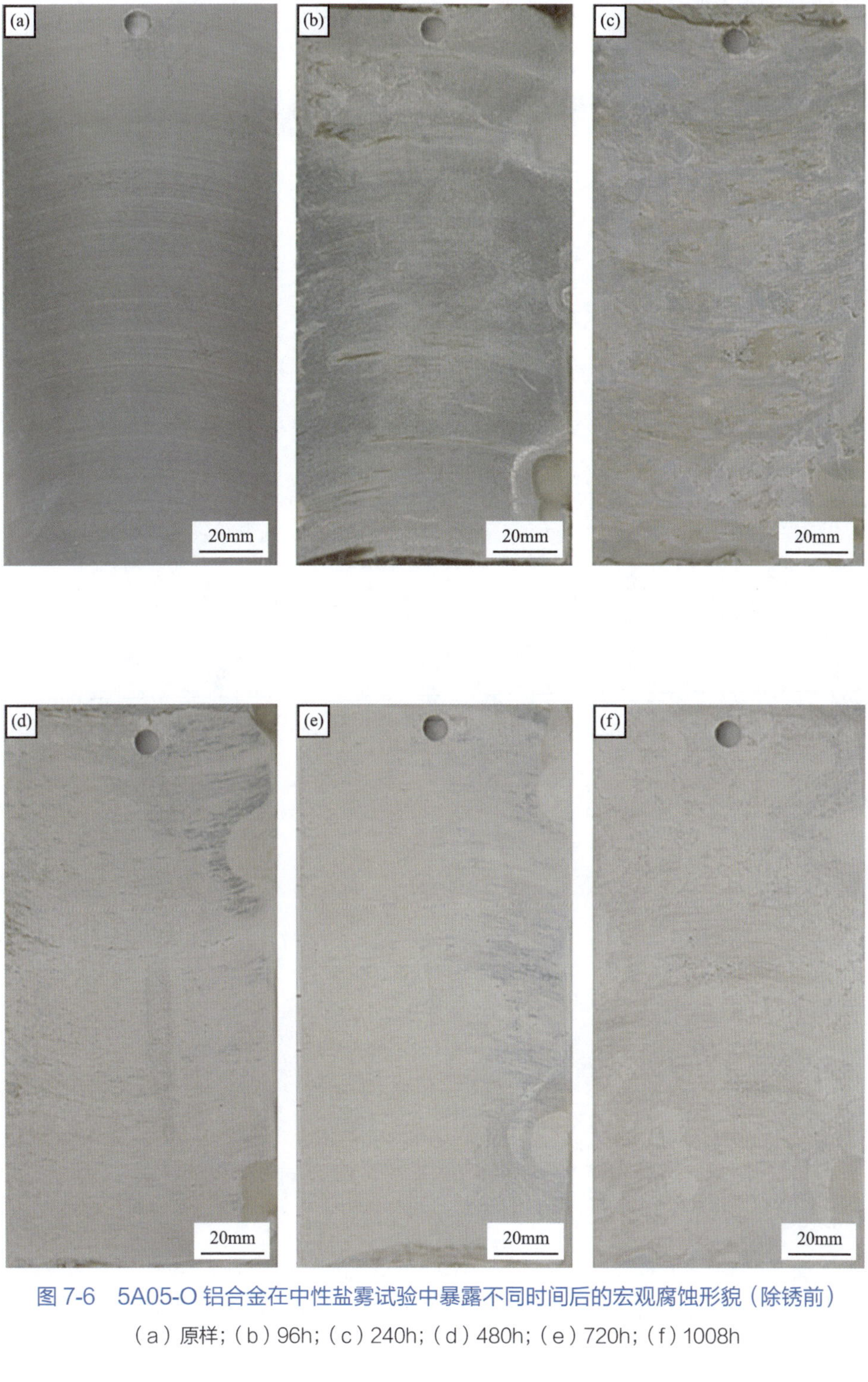

图 7-6　5A05-O 铝合金在中性盐雾试验中暴露不同时间后的宏观腐蚀形貌（除锈前）

（a）原样；（b）96h；（c）240h；（d）480h；（e）720h；（f）1008h

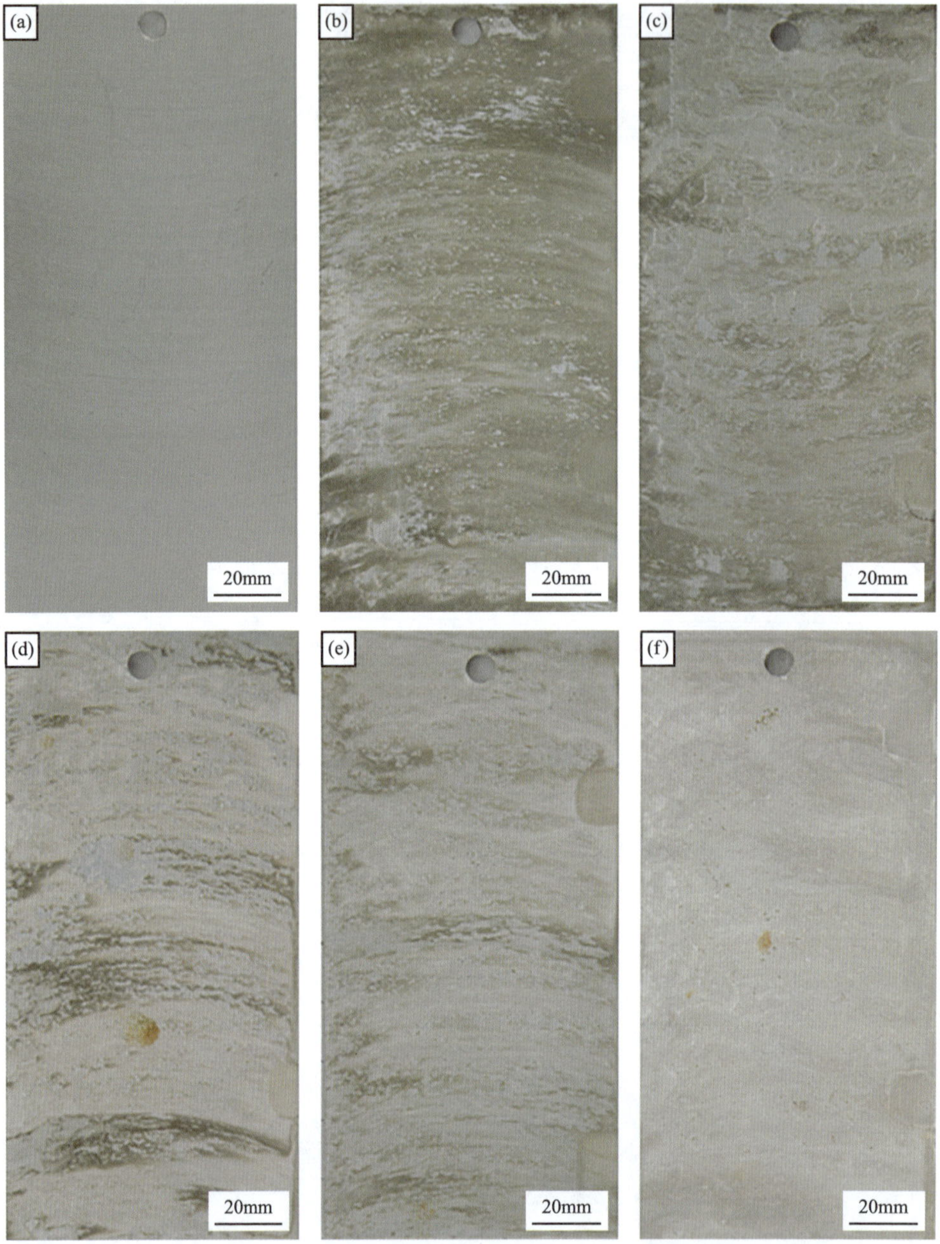

图 7-7　5A06-O 铝合金在中性盐雾试验中暴露不同时间后的宏观腐蚀形貌（除锈前）
（a）原样；（b）96h；（c）240h；（d）480h；（e）720h；（f）1008h

图 7-8 到图 7-12 分别是五种 5XXX 系铝合金在中性盐雾环境中暴露不同时间后除锈过的宏观腐蚀形貌。96h 时，5754-O 除锈后的表面存在肉眼可见的局部腐蚀痕迹，240h 后表面腐蚀痕迹逐渐均匀，且随着暴露时间的

延长，合金表面的变化不大。其余几种铝合金暴露 96 ～ 1008h 后表面均无太大变化，证明样品腐蚀产物的致密性和保护性好。

图 7-13 ～图 7-17 分别为 5A02-O、5083-O、5754-O、5A05-O 和 5A06-O 五种 5XXX 系铝合金在暴露 96h、240h、480h、720h 和 1008h 后去除了腐蚀产物的腐蚀形貌图。总体上看，5XXX 系铝合金在 1008h 内的腐蚀类型主要是点蚀，部分在后期发生均匀腐蚀，且在外部腐蚀产物的保护下，内部腐蚀较为轻微。对 5A02-O 而言，暴露 96h 时，合金表面开始出现点蚀，此时的点蚀直径小且呈稀疏分布，经过长时间的暴露后点蚀直径逐渐变大，到 1008h 时点蚀分布密集、直径变大。5083-O 在腐蚀环境中暴露 96h 时表面部分区域发生浅且分布稀疏的点蚀，到 480h 时点蚀坑直径变大且腐蚀深度增加，到了 1008h 时表面腐蚀反而变小，说明合金表面形成的腐蚀层起到了保护作用。5754-O 在腐蚀初期的点蚀坑细小，到了 240h 合金表面点蚀坑连成线，形成了比较明显的局部腐蚀，在腐蚀环境中暴露 480h 时合金表面的蚀坑形成全面腐蚀，1008h 时表面几乎全被腐蚀。5A05-O 暴露 96h 后，表面相对光滑，部分区域出现点蚀。随着暴露时间的延长，锈层厚度逐渐变大，点蚀坑数量逐渐变多至 1008h 时已经全部覆盖表面。5A06-O 暴露 96h 时表面出现部分点蚀，240h 时点蚀坑分布变密集，深度增加，480h 时除点蚀外还发生了均匀腐蚀，720h 时点蚀坑的直径变大，到试验的后期点蚀坑连成线，合金表面全部被腐蚀。

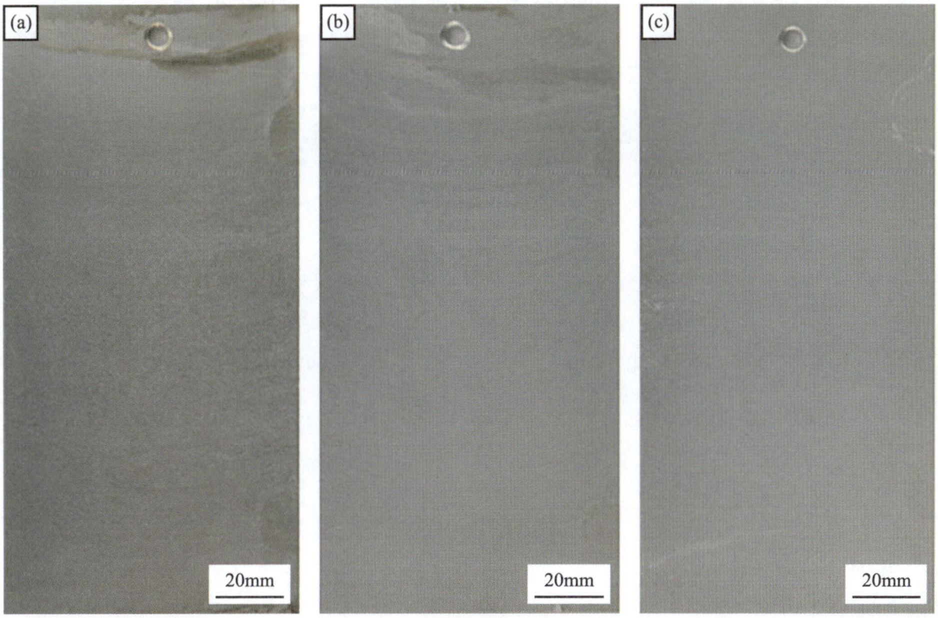

图 7-8

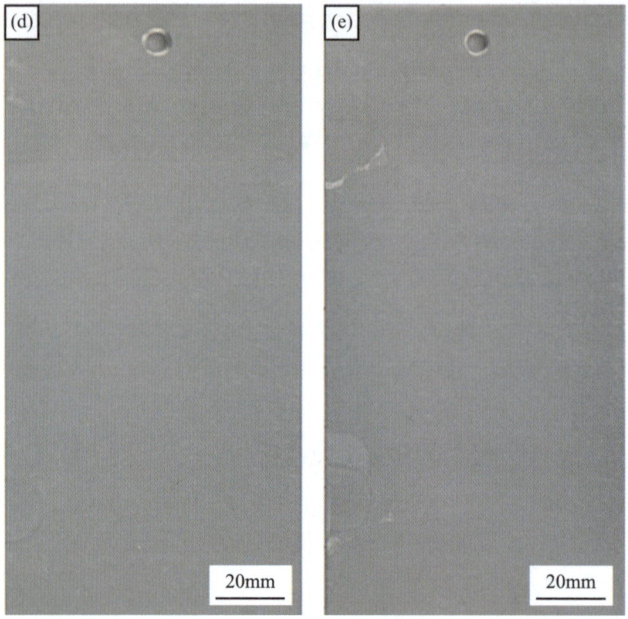

图 7-8　5A02-O 铝合金在中性盐雾试验中暴露不同时间后的宏观腐蚀形貌（除锈后）

（a）96h；（b）240h；（c）480h；（d）720h；（e）1008h

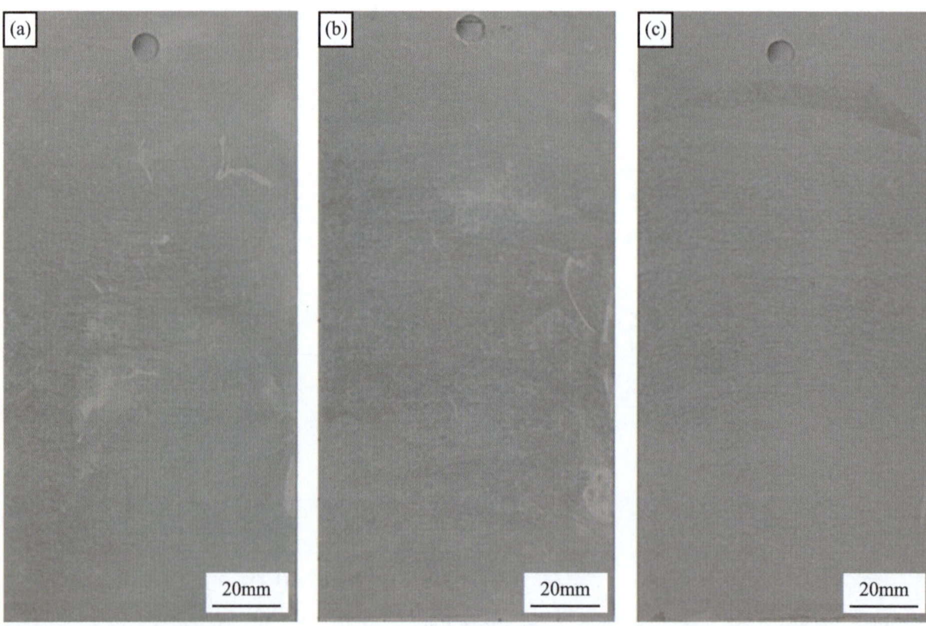

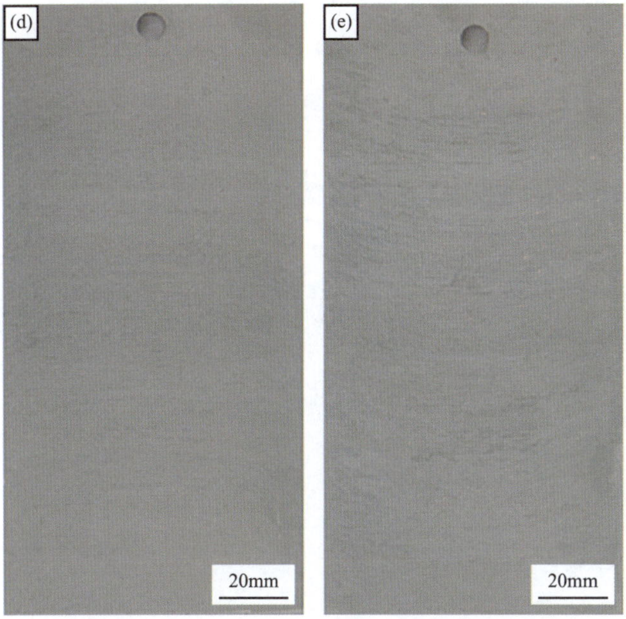

图 7-9　5083-O 铝合金在中性盐雾试验中暴露不同时间后的宏观腐蚀形貌（除锈后）

（a）96h；（b）240h；（c）480h；（d）720h；（e）1008h

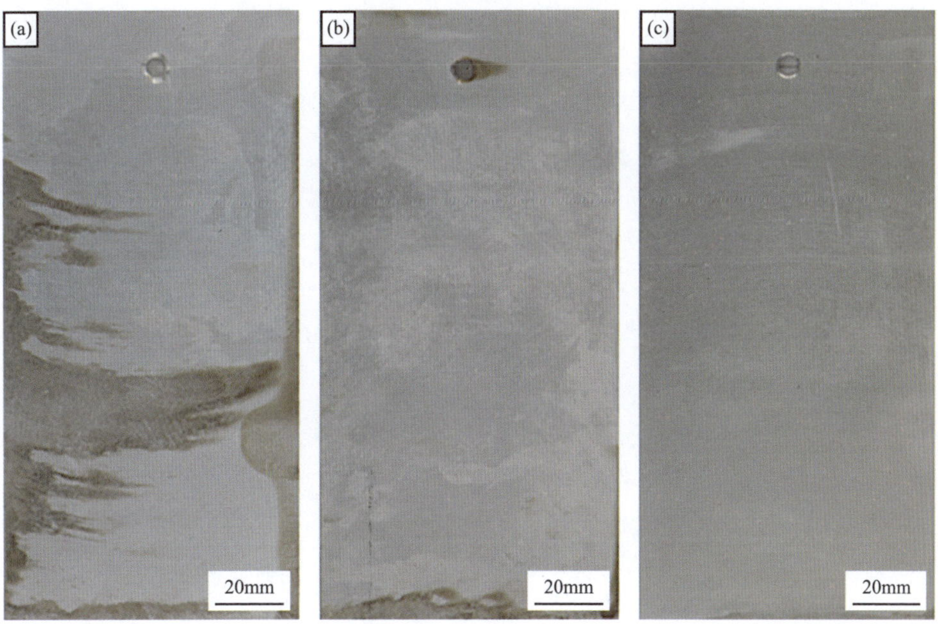

图 7-10

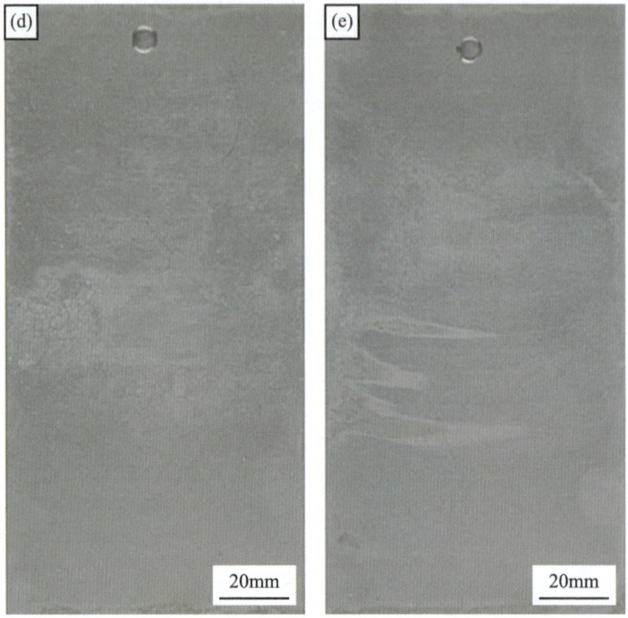

图 7-10　5754-O 铝合金在中性盐雾试验中暴露不同时间后的宏观腐蚀形貌（除锈后）

（a）96h；（b）240h；（c）480h；（d）720h；（e）1008h

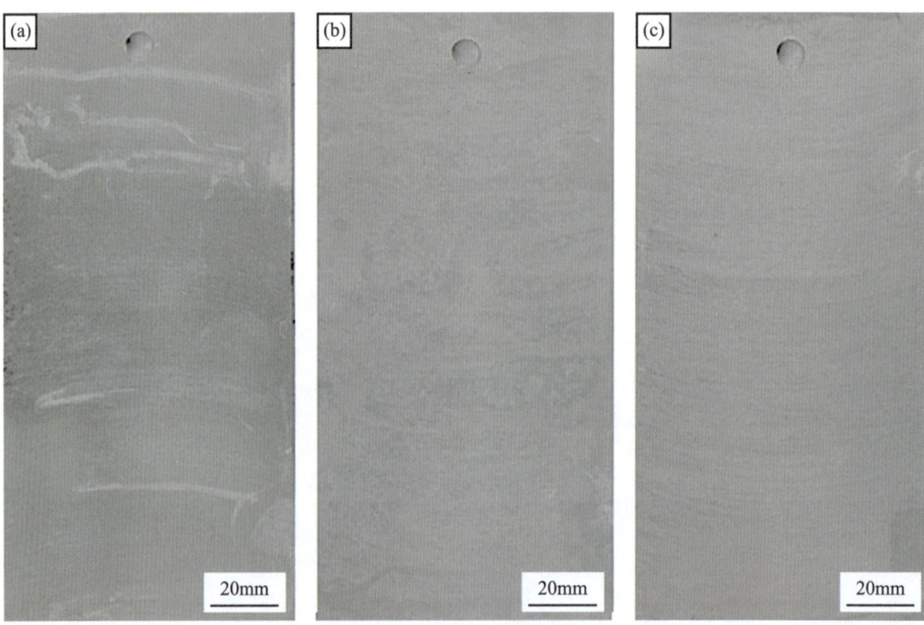

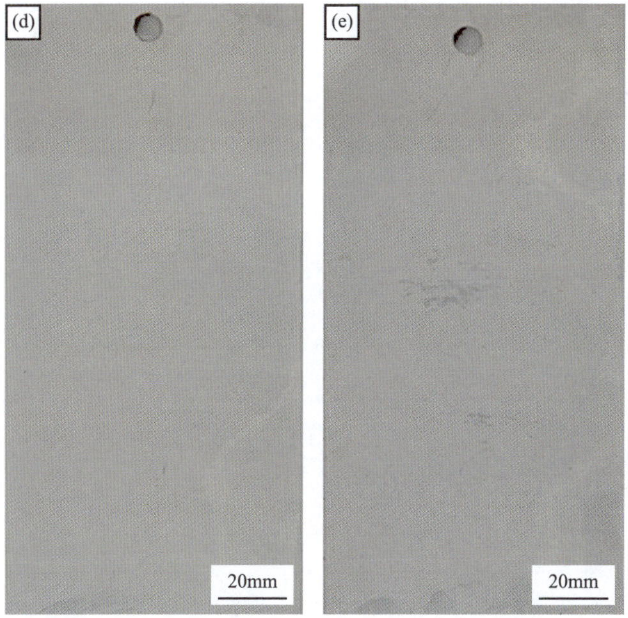

图 7-11　5A05-O 铝合金在中性盐雾试验中暴露不同时间后的宏观腐蚀形貌（除锈后）

（a）96h；（b）240h；（c）480h；（d）720h；（e）1008h

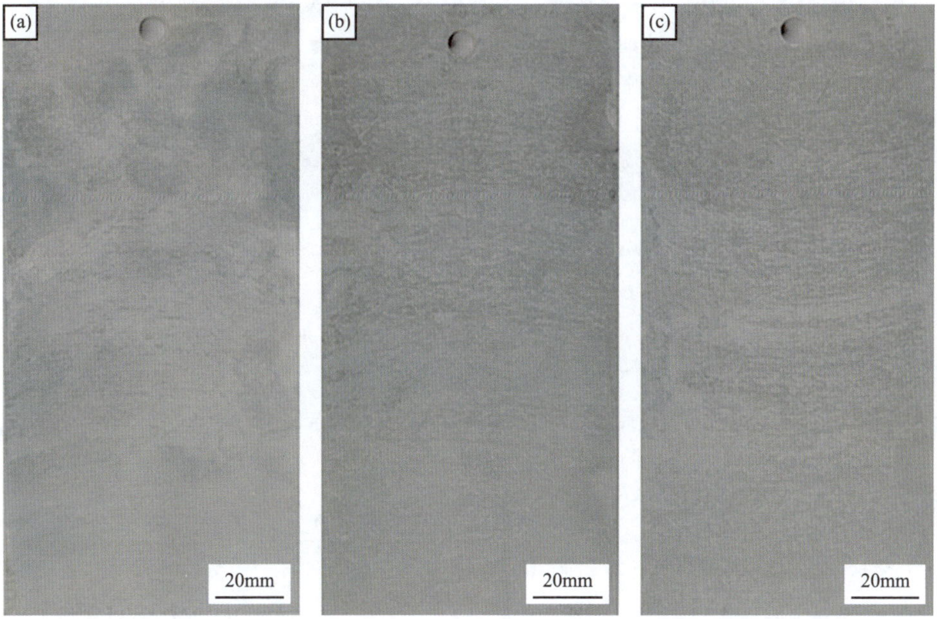

图 7-12

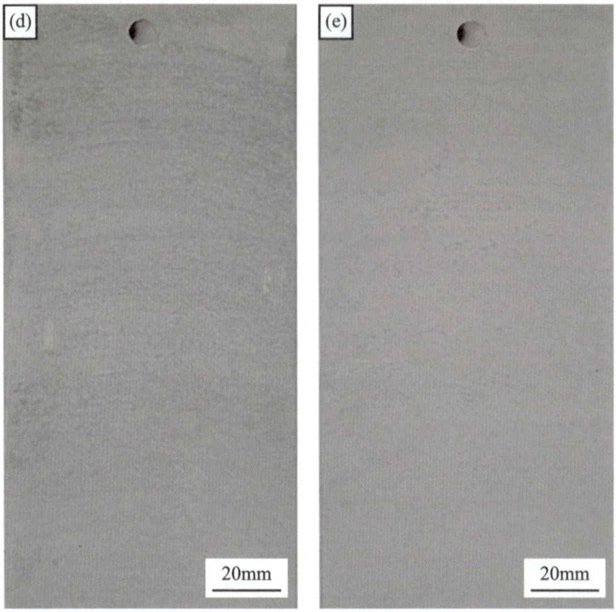

图 7-12　5A06-O 铝合金在中性盐雾试验中暴露不同时间后的宏观腐蚀形貌（除锈后）

（a）96h；（b）240h；（c）480h；（d）720h；（e）1008h

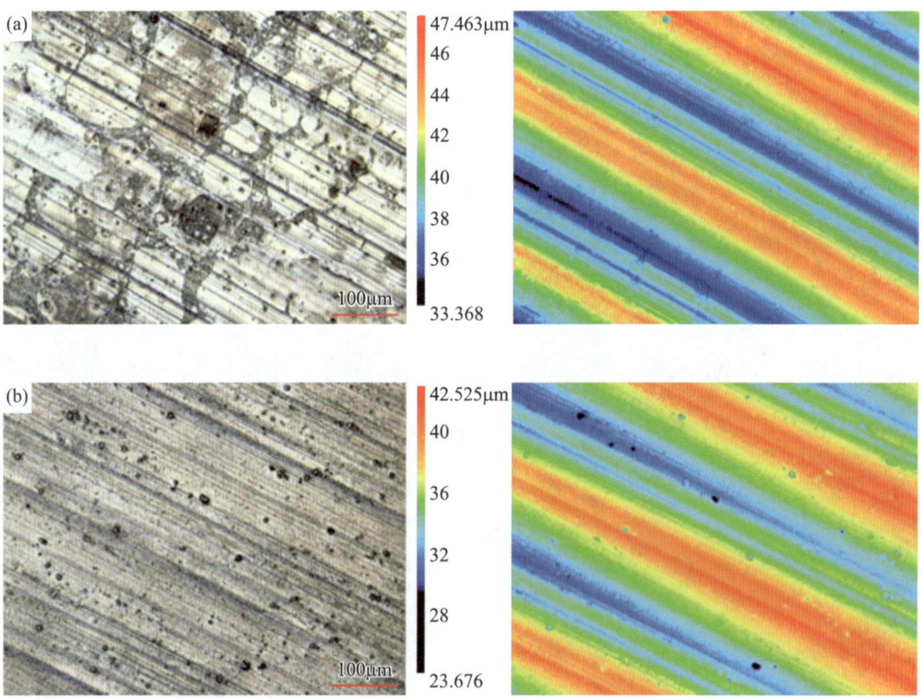

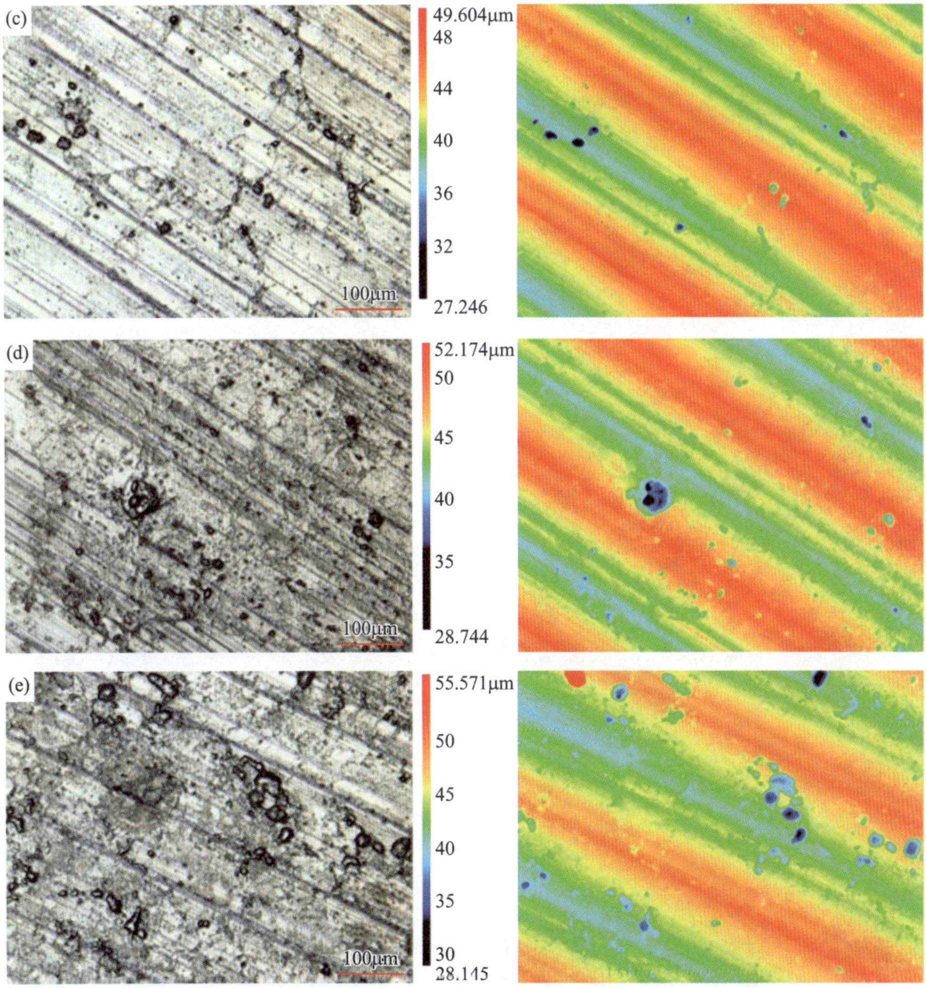

图 7-13　5A02-O 铝合金清除腐蚀产物后蚀坑深度的腐蚀形貌

（a）96h；（b）240h；（c）480h；（d）720h；（e）1008h

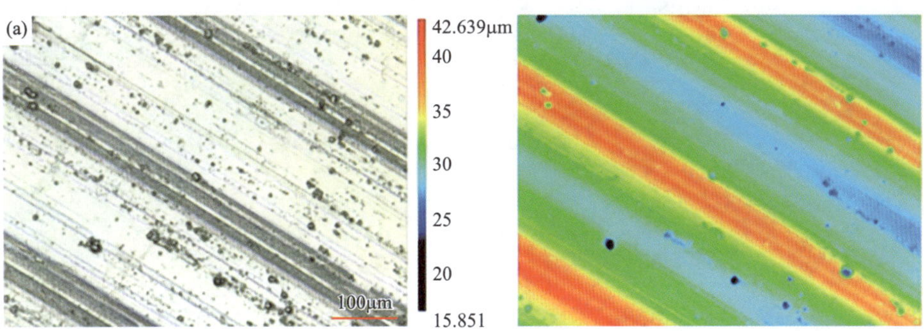

图 7-14

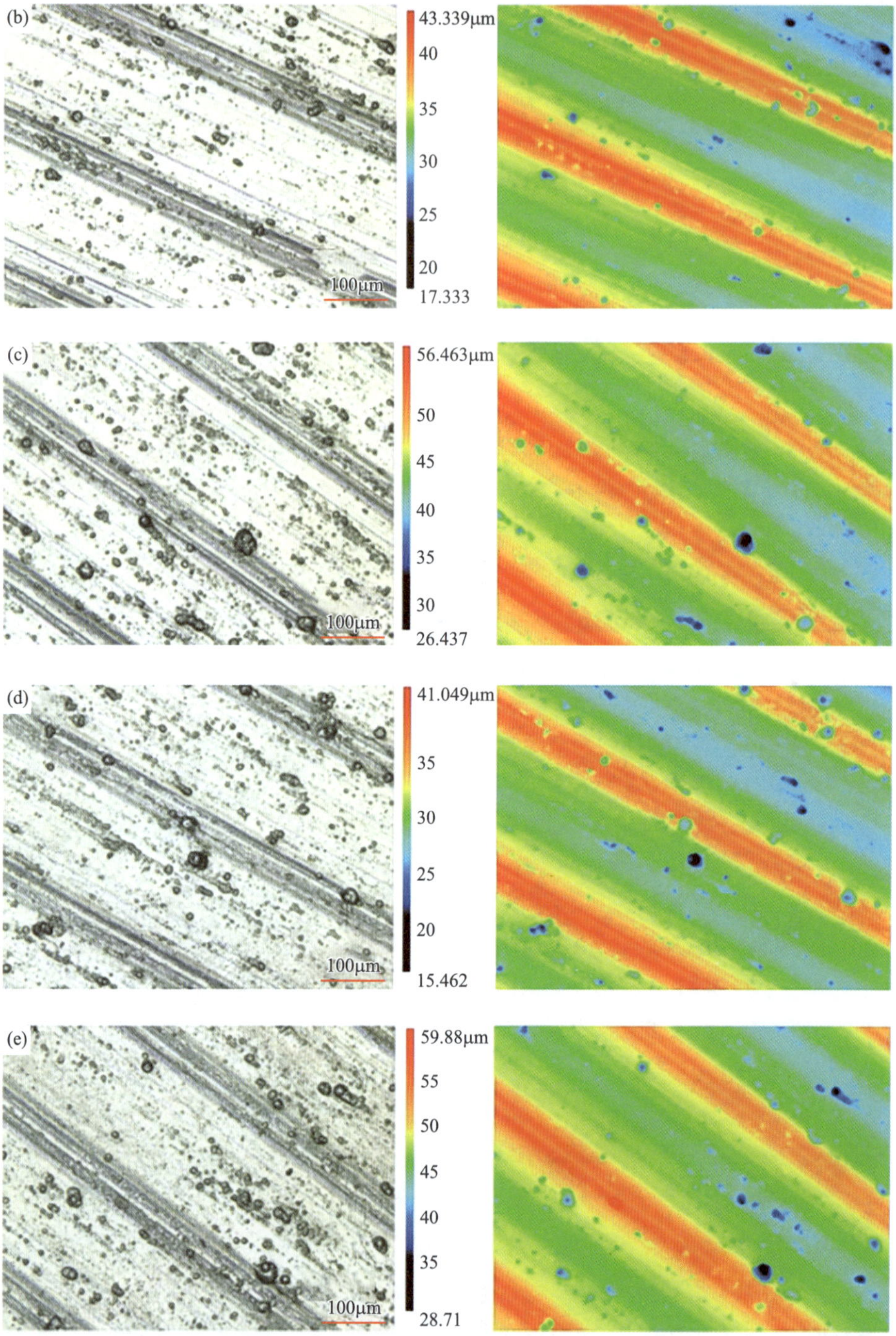

图 7-14　5083-O 铝合金清除腐蚀产物后蚀坑深度的腐蚀形貌

(a) 96h; (b) 240h; (c) 480h; (d) 720h; (e) 1008h

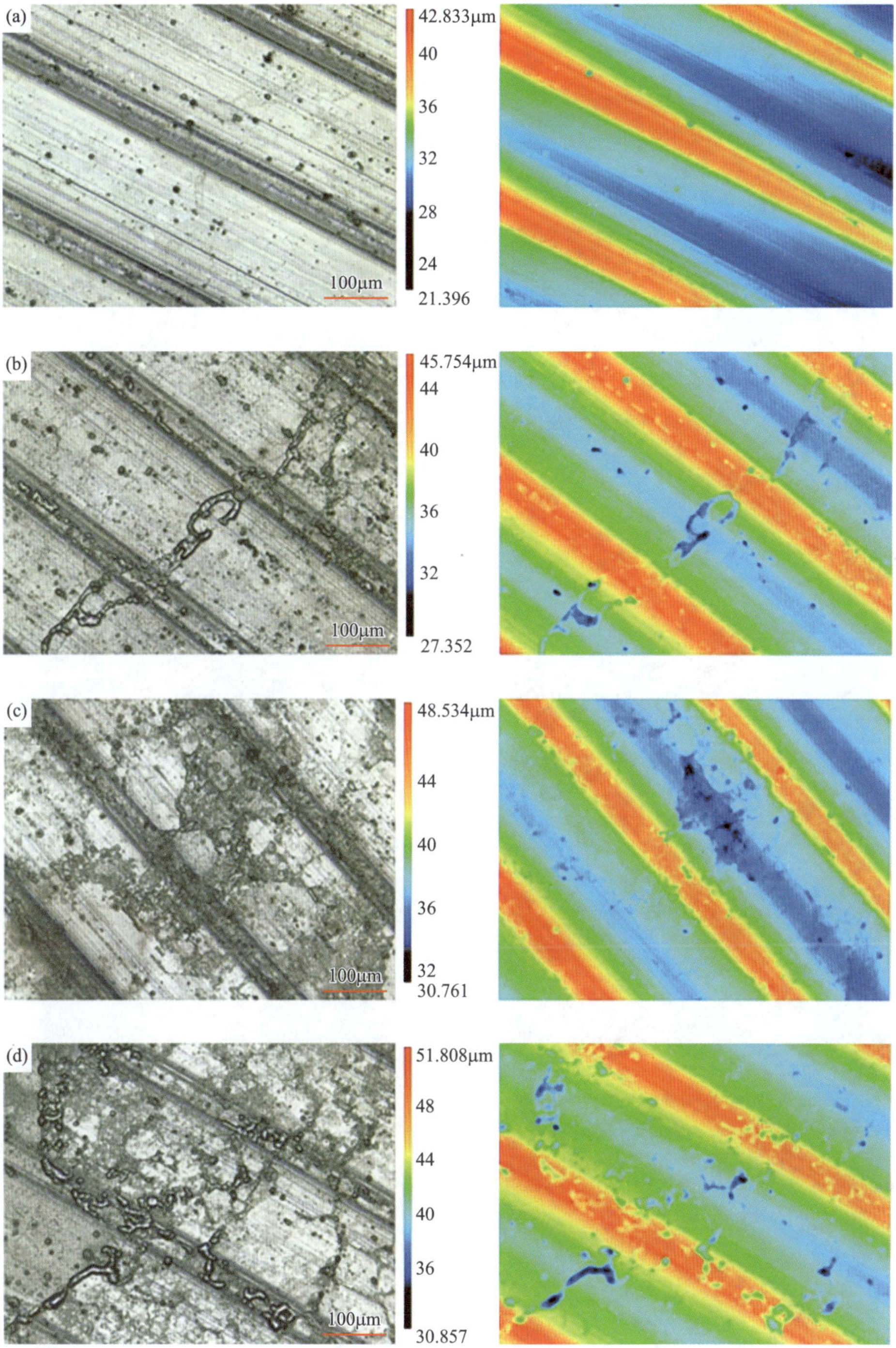
(a)
100μm
42.833μm
40
36
32
28
24
21.396
(b)
100μm
45.754μm
44
40
36
32
27.352
(c)
100μm
48.534μm
44
40
36
32
30.761
(d)
100μm
51.808μm
48
44
40
36
30.857

图 7-15

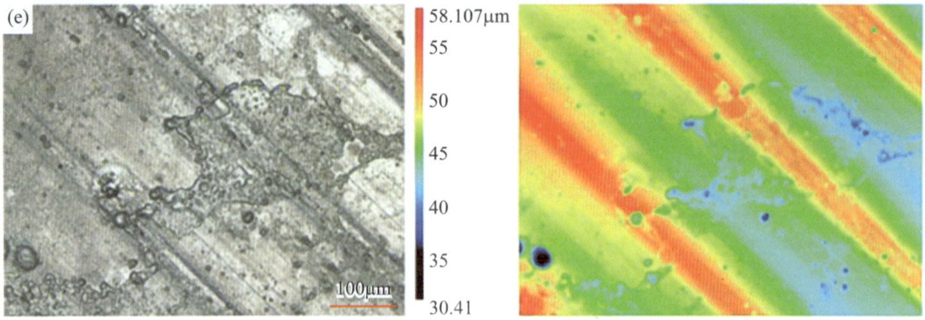

图 7-15　5754-O 铝合金清除腐蚀产物后蚀坑深度的腐蚀形貌

（a）96h；（b）240h；（c）480h；（d）720h；（e）1008h

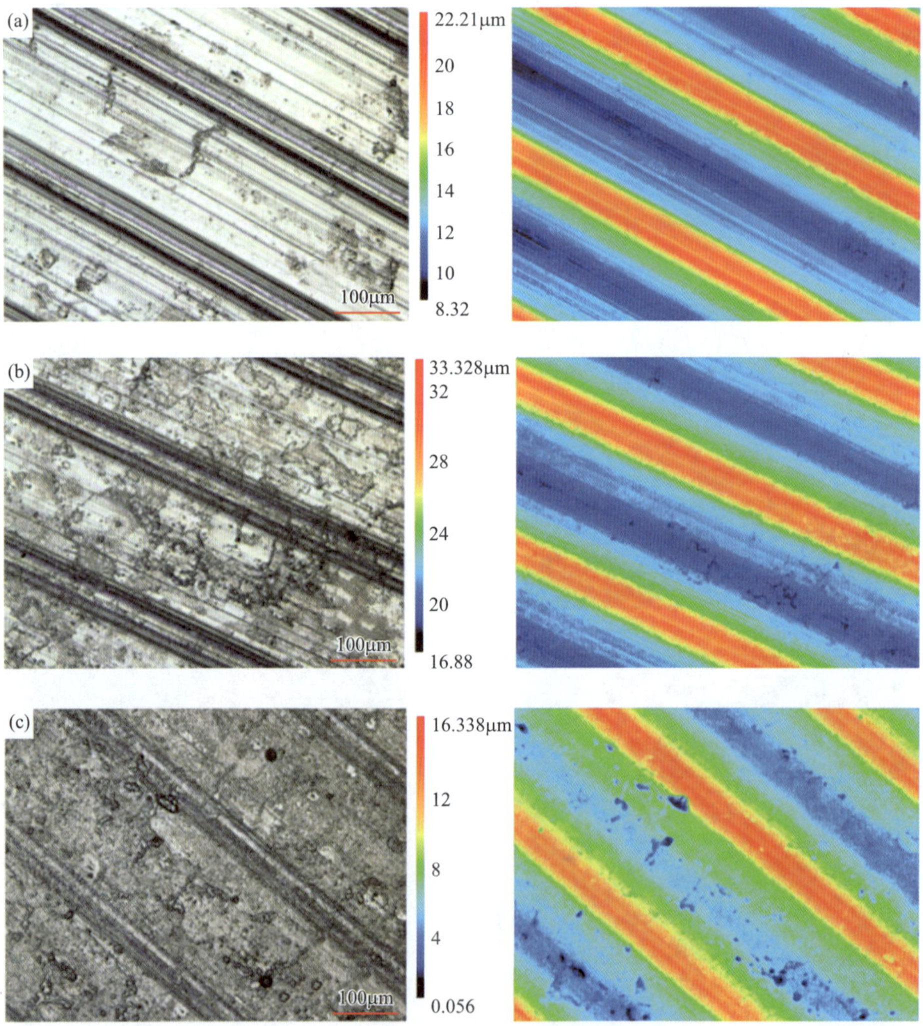

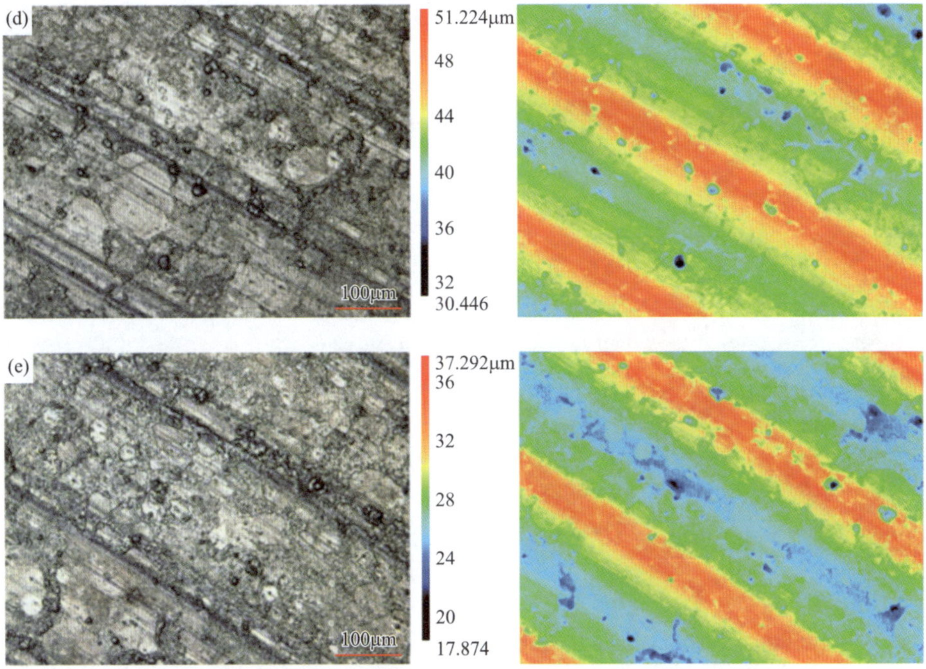

图 7-16　5A05-O 铝合金清除腐蚀产物后蚀坑深度的腐蚀形貌

(a) 96h; (b) 240h; (c) 480h; (d) 720h; (e) 1008h

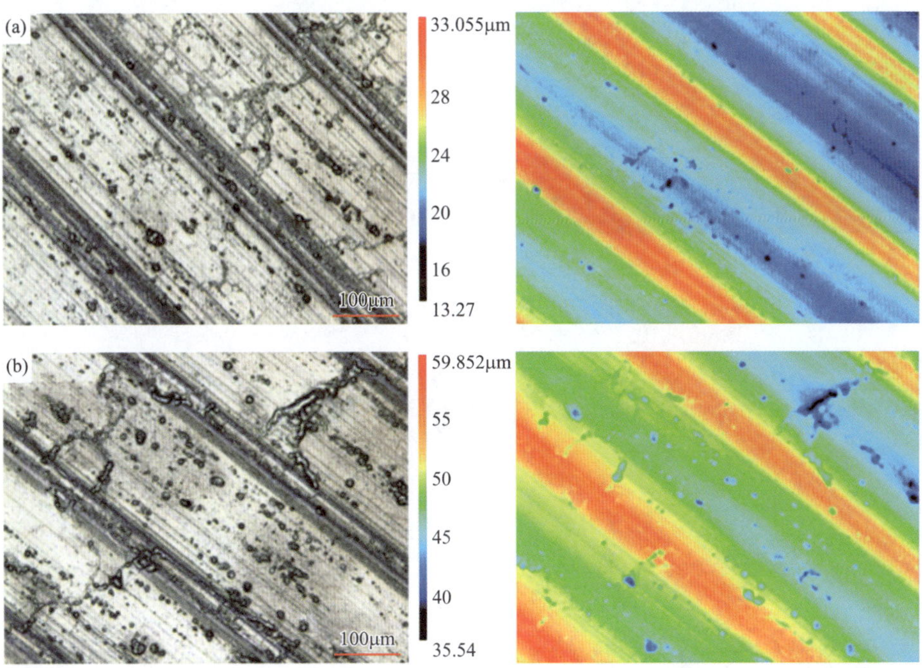

图 7-17

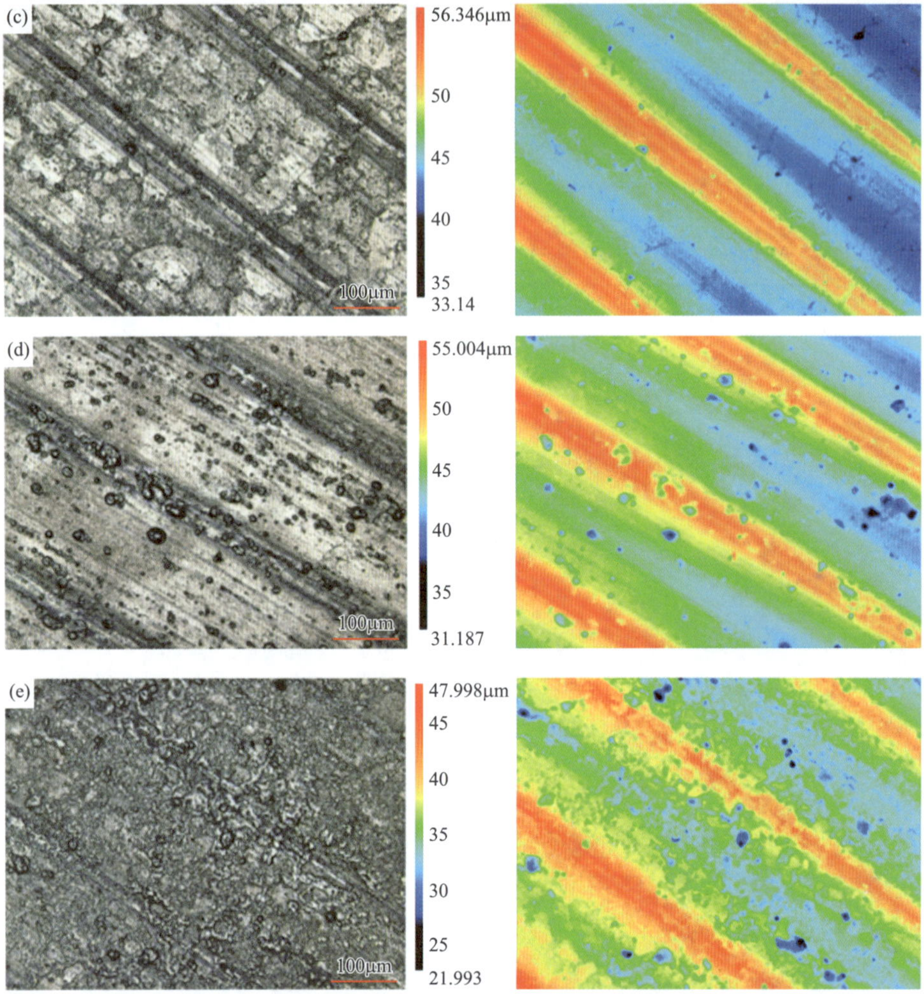

图 7-17　5A06-O 铝合金清除腐蚀产物后蚀坑深度的腐蚀形貌

（a）96h；（b）240h；（c）480h；（d）720h；（e）1008h

7.4 腐蚀产物

图 7-18 到图 7-22 分别是 5A02-O、5083-O、5754-O、5A05-O 和 5A06-O 五种 5XXX 系铝合金在中性盐雾环境中暴露 96h、240h、480h、720h 和 1008h

后腐蚀产物的微观形貌以及能谱结果。可以看出，5XXX 系铝合金表面的腐蚀产物同样以 Al 和 O 元素为主。5A02-O 在试验进行初期，表面存在零星的、分布不均匀的球状腐蚀产物，随着试验时间的增长，表面腐蚀产物逐渐增加，集结成片状，但合金表面部分区域仍能看到加工痕迹，即腐蚀产物较少。到 720h 时，合金表面完全覆盖有颗粒状腐蚀产物，部分位置能看出腐蚀产物厚度更大，随着试验时间的进一步增长，表面腐蚀产物不断增加，颗粒不断变大。5083-O 在试验初期，表面产生部分均匀分布的颗粒状腐蚀产物，局部有裂痕产生。随着腐蚀时间增长，表面的颗粒状腐蚀产物不断增大，但仍能看到表面部分位置的加工痕迹。480h 时，合金表面被细密的颗粒状腐蚀产物完全覆盖，并随着试验时间的增加，颗粒状产物逐渐变大，出现块状产物。到 1008h 时，合金表面的腐蚀产物出现局部剥落的现象。对 5754-O 而言，试验初期，表面就形成了较多腐蚀产物，产生的颗粒状腐蚀产物已经有聚集成块状的趋势，几乎完全将合金表面覆盖。试验进行 240h 时，腐蚀产物已经趋于均匀平铺并且出现大面积裂痕。随着试验时间的增加，合金表面再次被颗粒状腐蚀产物覆盖，到了 1008h 时，腐蚀产物表面再次产生裂痕，部分颗粒状产物团聚成块。5A05-O 表面在腐蚀初期就形成了分布不均的块状腐蚀产物，但仍能看到样品加工痕迹。在 240h 时，腐蚀产物就均匀地覆盖了整个合金表面，并随着时间的进一步增加而富集。到了 720h 时，合金表面出现均匀覆盖的颗粒状腐蚀产物，且局部出现裂痕。到了 1008h 时，表面腐蚀产物出现脱落现象。对于 5A06-O，在腐蚀初期表面就几乎被颗粒状腐蚀产物覆盖，在 480h 时即发生了腐蚀产物的部分脱落。试验进行到后期时，颗粒状腐蚀产物再次将合金表面覆盖，并随着时间的增长，腐蚀产物增大呈块状。

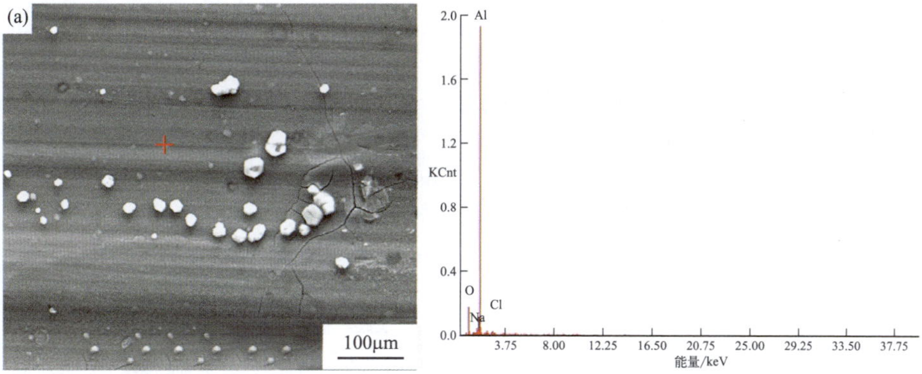

图 7-18

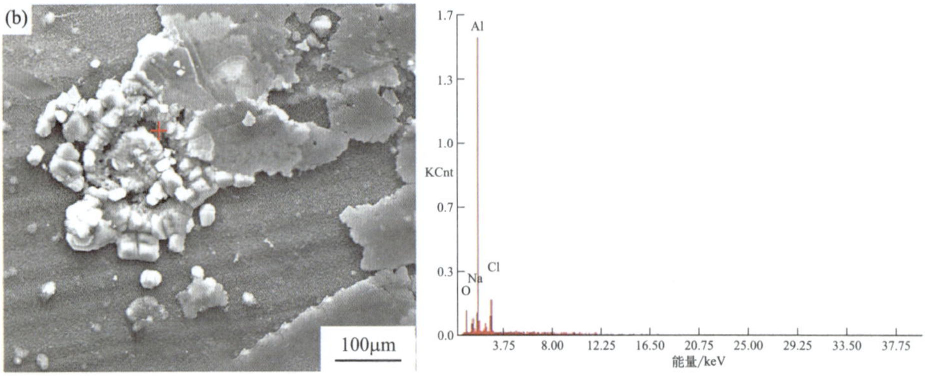
(b)
100μm
1.7
1.3
1.0
0.7
0.3
0.0
KCnt
Al
Cl
Na
O
3.75 8.00 12.25 16.50 20.75 25.00 29.25 33.50 37.75
能量/keV

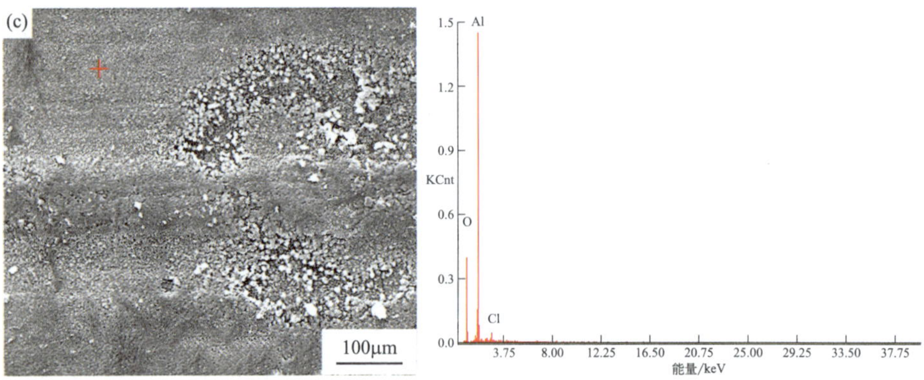
(c)
100μm
1.5
1.2
0.9
0.6
0.3
0.0
KCnt
Al
O
Cl
3.75 8.00 12.25 16.50 20.75 25.00 29.25 33.50 37.75
能量/keV

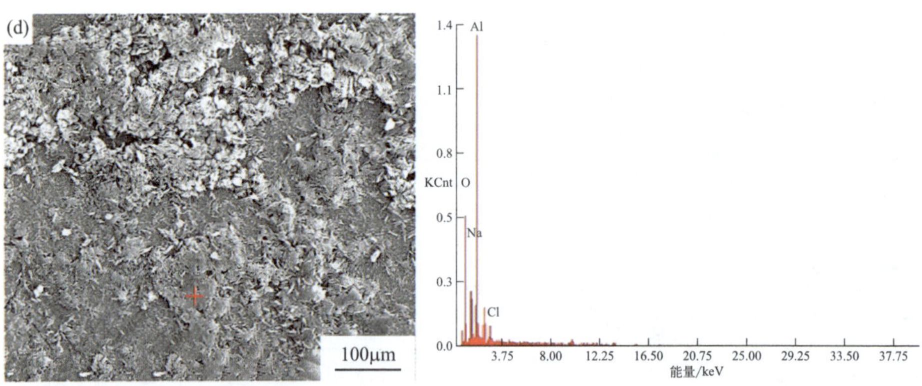
(d)
100μm
1.4
1.1
0.8
0.5
0.3
0.0
KCnt
Al
O
Na
Cl
3.75 8.00 12.25 16.50 20.75 25.00 29.25 33.50 37.75
能量/keV

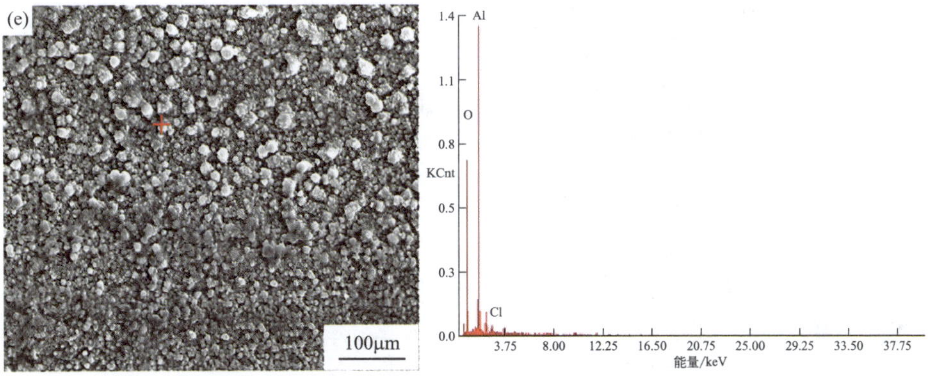

图 7-18　暴露不同时间后 5A02-O 铝合金腐蚀产物的微观形貌及能谱结果

（a）96h；（b）240h；（c）480h；（d）720h；（e）1008h

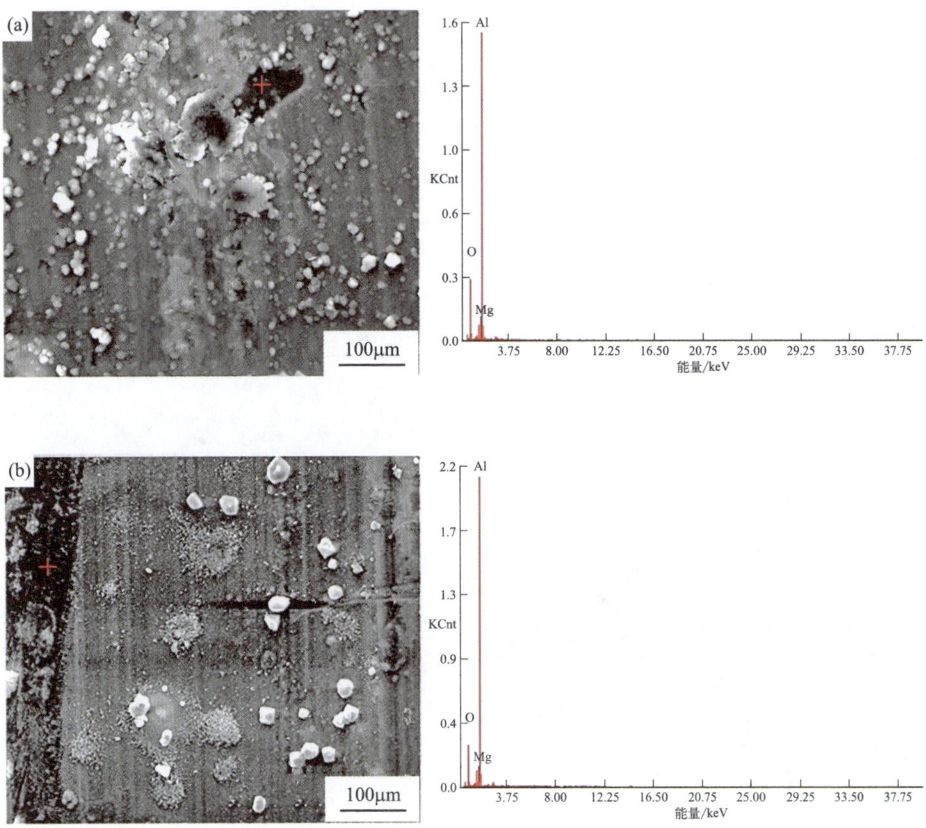

图 7-19

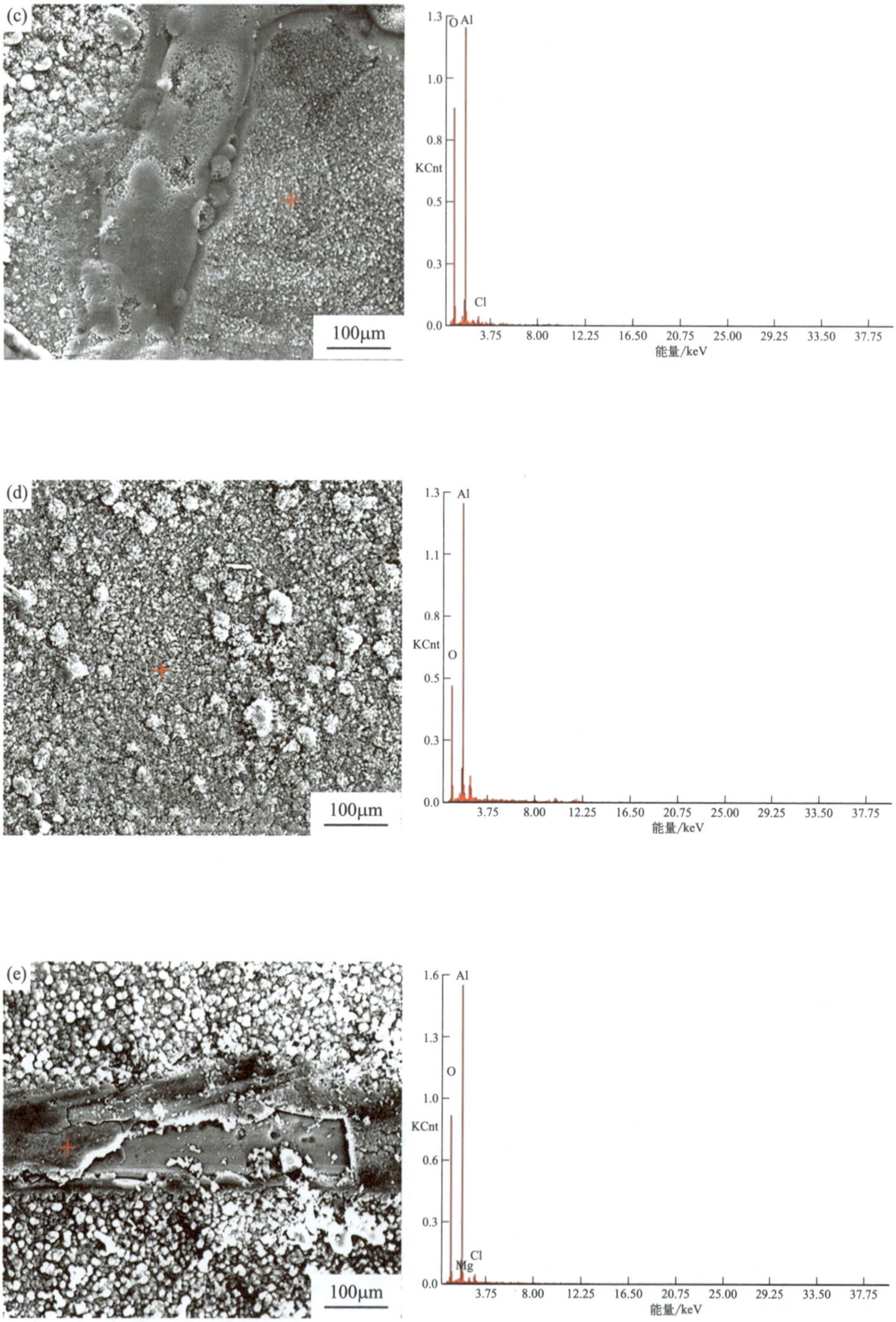

图 7-19 暴露不同时间后 5083-O 铝合金腐蚀产物的微观形貌及能谱结果

（a）96h；（b）240h；（c）480h；（d）720h；（e）1008h

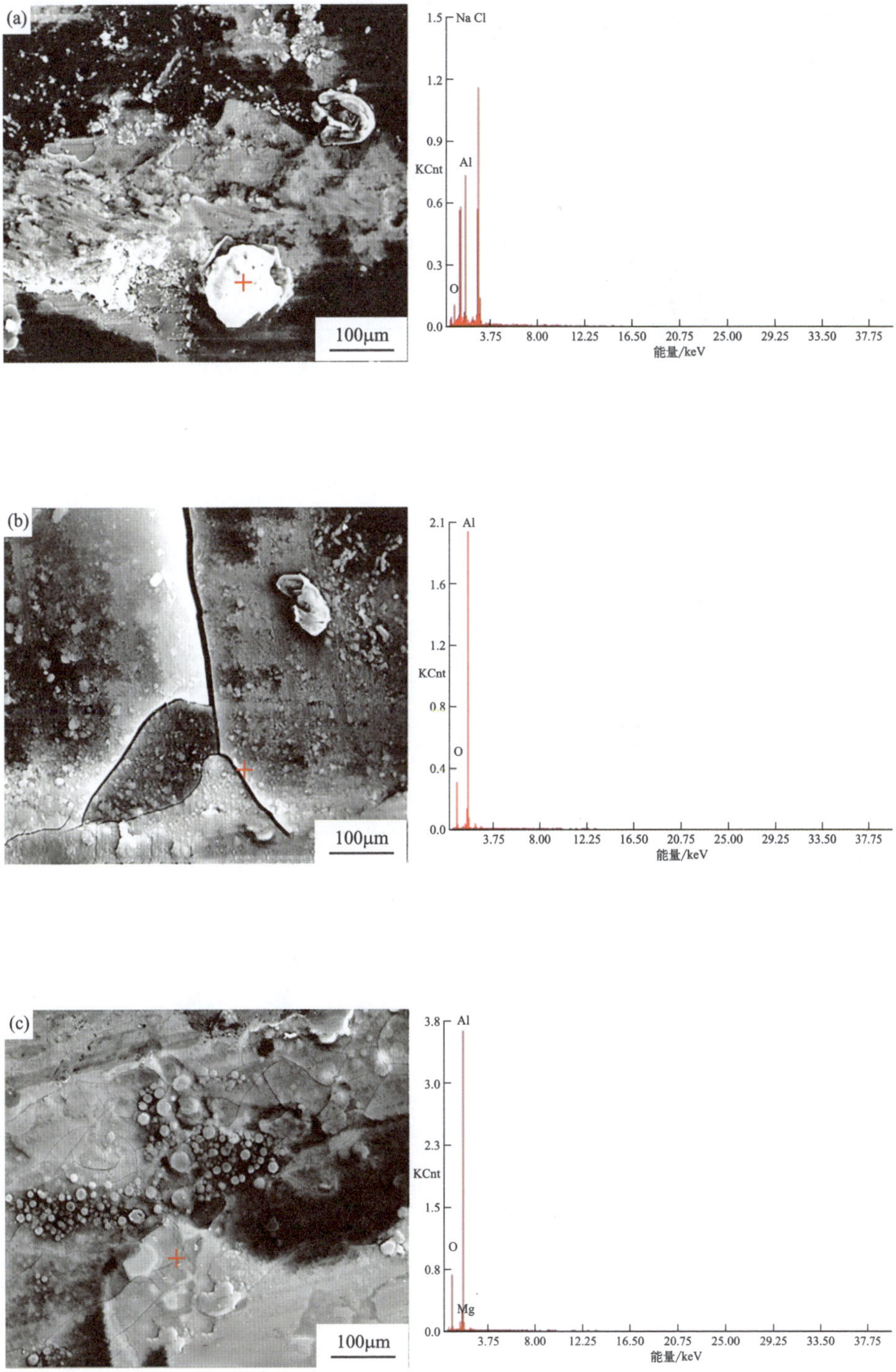
(a)
100μm
Na Cl
Al
O
KCnt
能量/keV
(b)
100μm
Al
O
KCnt
能量/keV
(c)
100μm
Al
O
Mg
KCnt
能量/keV

图 7-20

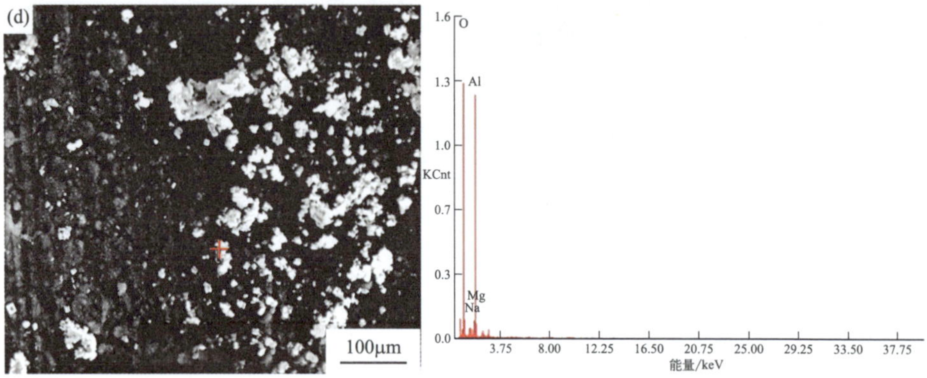

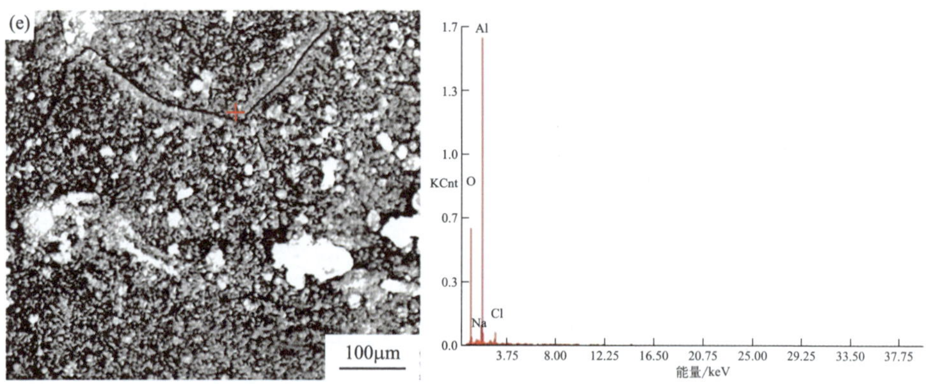

图 7-20　暴露不同时间后 5754-O 铝合金腐蚀产物的微观形貌及能谱结果

（a）96h；（b）240h；（c）480h；（d）720h；（e）1008h

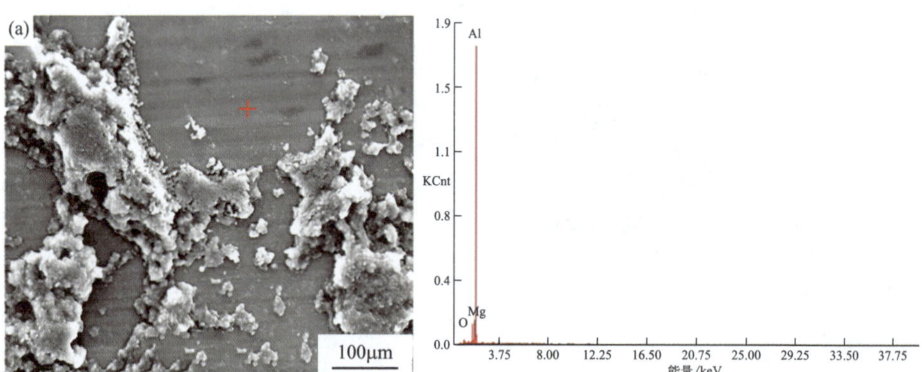

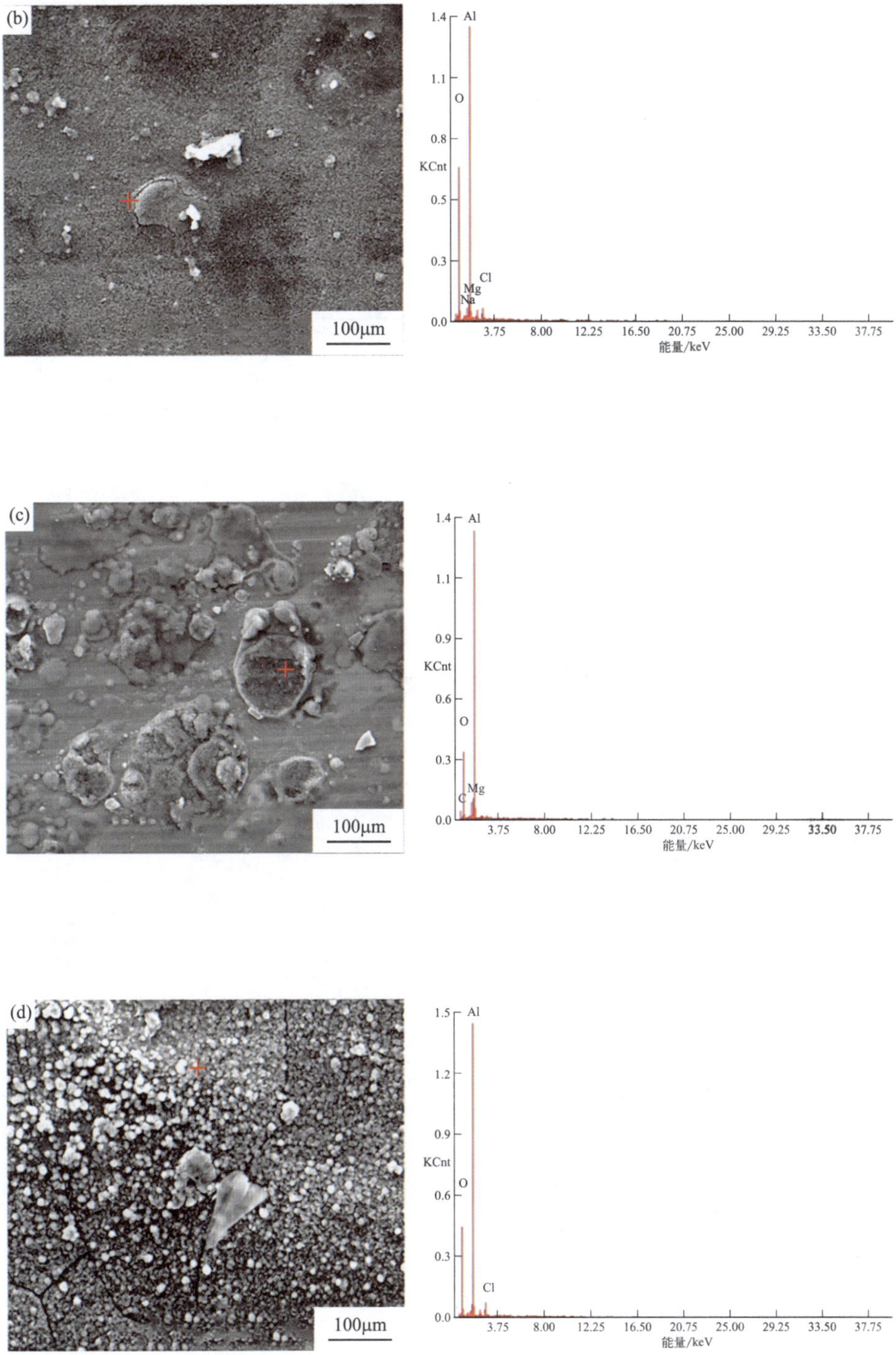
(b)
100μm
Al
O
Cl
Mg
Na
KCnt
能量/keV
(c)
100μm
Al
O
Mg
C
KCnt
能量/keV
(d)
100μm
Al
O
Cl
KCnt
能量/keV

图 7-21

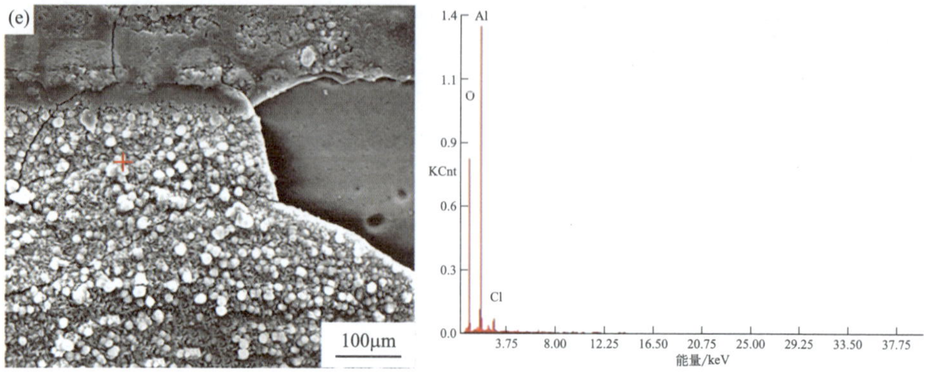

图 7-21　暴露不同时间后 5A05-O 铝合金腐蚀产物的微观形貌及能谱结果

（a）96h；（b）240h；（c）480h；（d）720h；（e）1008h

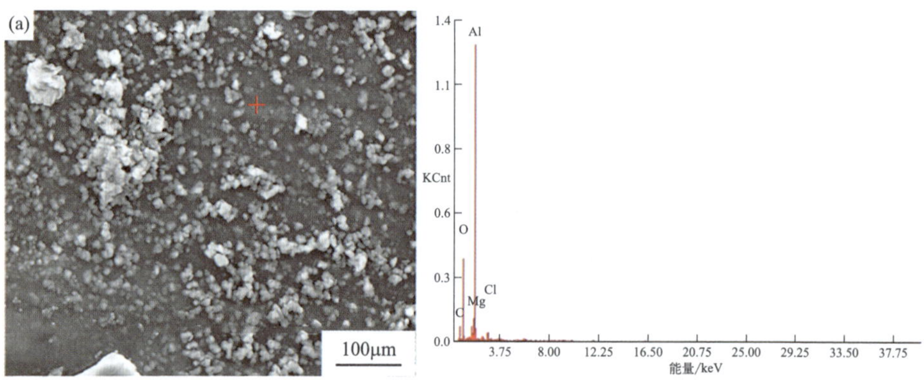

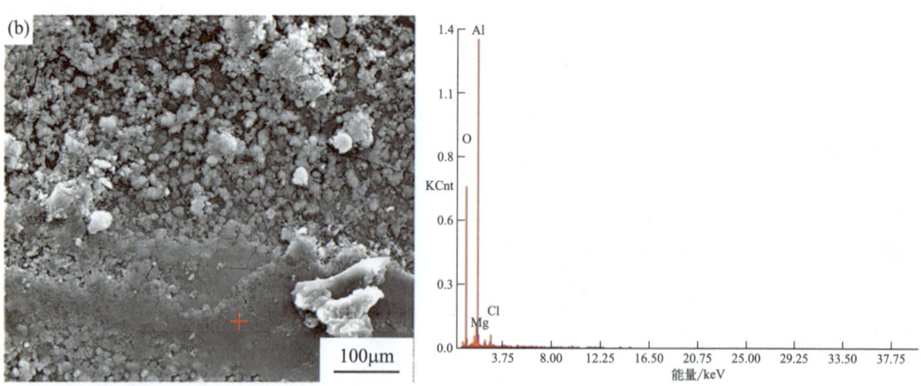

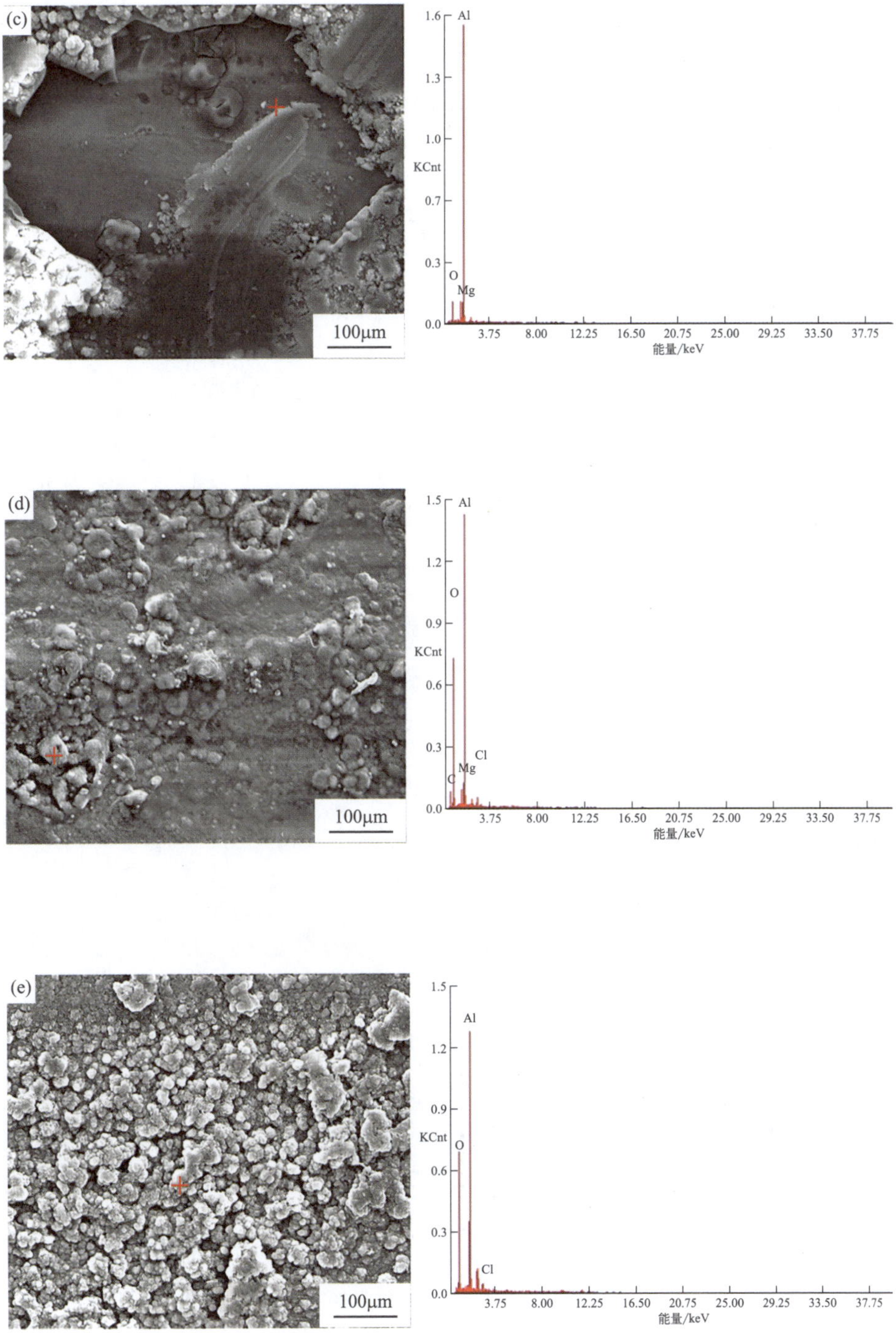

图 7-22　暴露不同时间后 5A06-O 铝合金腐蚀产物的微观形貌及能谱结果

（a）96h；（b）240h；（c）480h；（d）720h；（e）1008h

为进一步确定5A02-O、5083-O、5754-O、5A05-O和5A06-O五种5XXX系铝合金的腐蚀产物，图7-23是五种铝合金在中性盐雾环境中暴露1008h后表面腐蚀产物的XRD分析结果。从峰的位置可以看出，五种5XXX系铝合金的腐蚀产物大致相同，主要为$Al(OH)_3$和Al_2O_3。但5A06-O的衍射峰显示除了这两种腐蚀产物以外，经过1008h的中性盐雾环境中的腐蚀，合金表面还产生了AlO(OH)。

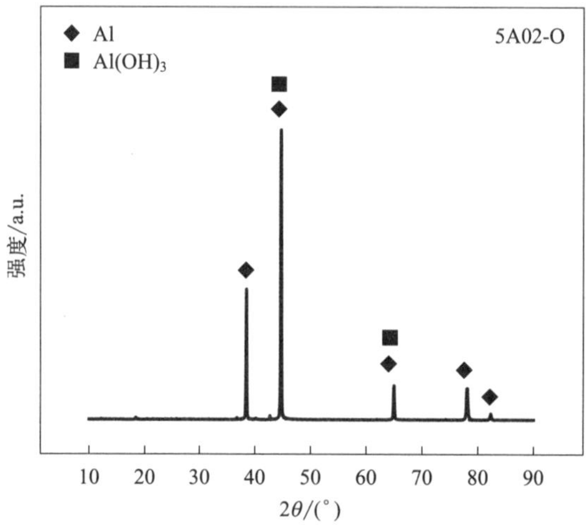

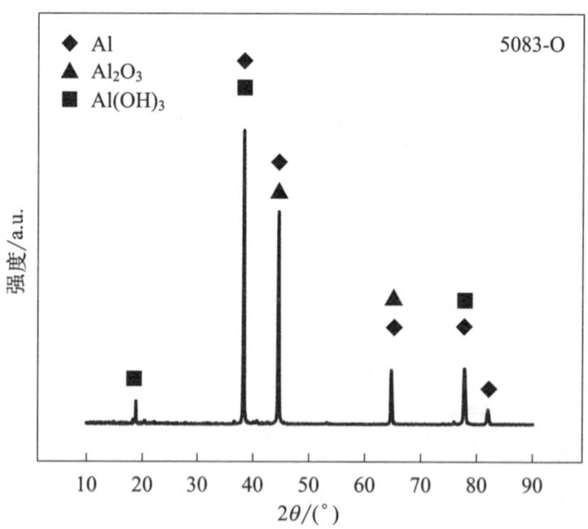

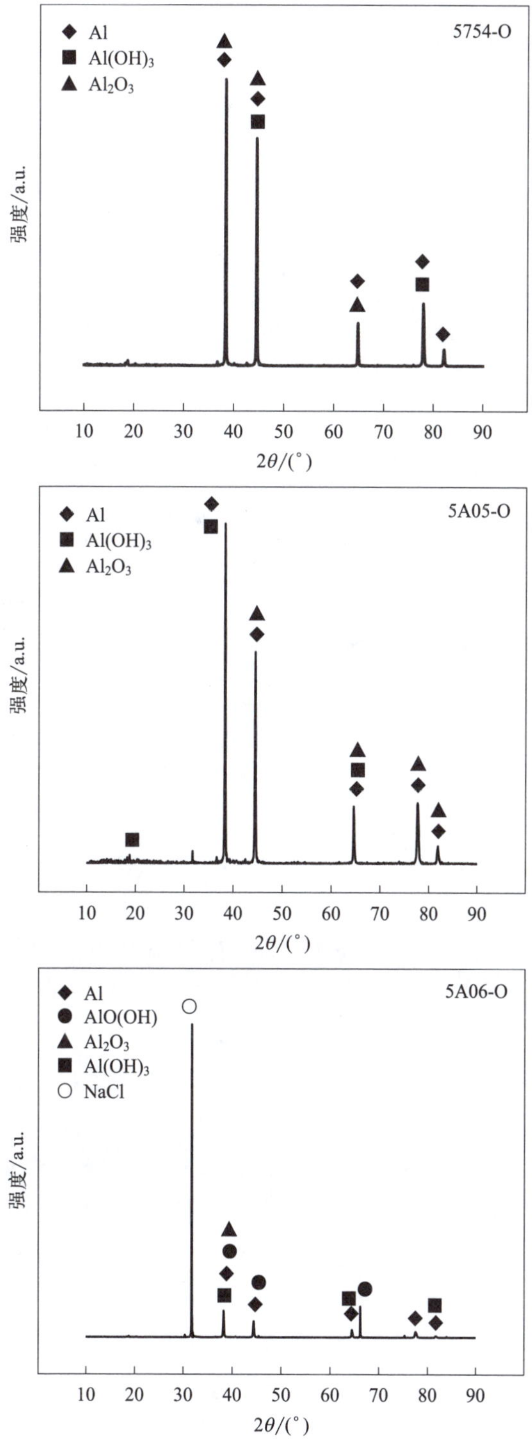

图 7-23　5A02-O、5083-O、5754-O、5A05-O 和 5A06-O 铝合金腐蚀产物 XRD 图谱（1008h）

本章小结

本章主要对5A02-O、5083-O、5754-O、5A05-O和5A06-O五种5XXX系铝合金在中性盐雾环境中的腐蚀行为进行了研究，探讨了其腐蚀速率、腐蚀形貌和腐蚀产物的演变。尽管这些铝合金的成分存在差异，但它们在盐雾腐蚀过程中展现出了一些共同的特征。具体结论如下：

① 在盐雾试验的初期，除了5754-O外的四种铝合金的腐蚀速率均较为迅速，可能是由于此时铝合金表面尚未形成稳定的保护膜。随着腐蚀时间的延长，腐蚀速率逐渐趋于稳定，表明腐蚀产物膜逐渐发挥了保护作用。总体来看，5A02-O和5754-O的腐蚀速率相对较低，显示出较强的耐蚀能力；5A05-O和5A06-O的腐蚀速率则较高，表现出较为适中的耐蚀性；5083-O的腐蚀速率最高，其耐蚀性相对较差。

② 从宏观形貌上看，五种5XXX系铝合金虽然都出现了表面变暗、失去金属光泽的现象，但没有明显的凹凸不平，腐蚀产物层较薄。观察其除锈后的宏观形貌，均未发现明显蚀坑。观察微观形貌，在腐蚀过程中，五种铝合金的表面都出现了明显的点蚀现象，且腐蚀斑点随着时间的推移逐渐增多和扩大。但相较于其他系铝合金，5XXX系铝合金的腐蚀程度较轻微，证明5XXX系铝合金具有较强的耐蚀性。

③ 通过扫描电镜（SEM）和X射线衍射（XRD）分析，5XXX系铝合金的主要产物为铝的氧化物（Al_2O_3）和氢氧化物[$Al(OH)_3$]，5A06-O样品表面还形成了AlO(OH)。在观察腐蚀产物层时，发现其大多数腐蚀产物呈颗粒状或团簇状。具体来说，5A02-O表面未出现明显的裂纹和剥落现象；5754-O表面则出现了裂纹，但未见明显的剥落；其余三种铝合金均表现出腐蚀产物层的开裂和剥落现象，说明腐蚀产物的附着力较差。

本章研究表明，5A02-O、5083-O、5754-O、5A05-O和5A06-O五种5XXX系铝合金在中性盐雾环境中的腐蚀行为有着相似的表现。尽管它们的腐蚀速率有所不同，但大多数铝合金表面都形成了保护性腐蚀产物膜，有助于减缓腐蚀过程。5A02-O和5754-O表现出较强的耐腐蚀性，腐蚀速率较低，而5A05-O、5A06-O和5083-O的腐蚀速率相对较高，且腐蚀产物层的附着力较差。但由于合金元素差异小，所以整体上并没有太大的耐腐蚀性差异。

第8章

6XXX 系铝合金中性盐雾环境腐蚀行为

8.1 概述

6XXX 系铝合金属于热处理可强化铝合金，主要掺杂元素为镁、硅或镁、硅、铜。该系铝合金是重要的挤压合金，其耐腐蚀性、焊接性、成型性及工艺性能均优良，广泛应用于建筑型材。常见的 6XXX 系铝合金包括 6061、6082、6A02 等。

8.2 腐蚀速率

腐蚀速率计算按照标准 GB/T 19292.4—2018《金属和合金的腐蚀　大气腐蚀性　第 4 部分：用于评估腐蚀性的标准试样的腐蚀速率的测定》进行，通过失重法得到腐蚀失重，根据 ASTM G46-21 标准对点蚀深度进行测量（表 8-1 和图 8-1）。

表 8-1　6XXX 系铝合金在中性盐雾试验中的腐蚀失重和最大点蚀深度

牌号	试验方式	暴露时间 /h									
		96		240		480		720		1008	
		腐蚀失重 /(g/m^2)	点蚀深度 /μm	腐蚀失重 /(g/m^2)	点蚀深度 /μm	腐蚀失重 /(g/m^2)	点蚀深度 /μm	腐蚀失重 /(g/m^2)	点蚀深度 /μm	腐蚀失重 /(g/m^2)	点蚀深度 /μm
6061-T6	中性盐雾	0.83	9.965	1.22	9.268	1.85	11.508	3.03	14.192	3.23	15.345
6063-T6	中性盐雾	0.56	6.467	1.07	6.567	1.52	7.626	2.04	8.007	2.98	7.645
6082-T6	中性盐雾	1.01	7.208	1.68	7.659	2.82	7.457	3.08	8.257	3.46	8.623

通过对试验数据进行分析，失重与时间的数据符合幂函数规则，见式 (3-1)。对其进行幂函数拟合（表 8-2），R^2 是幂函数拟合相关系数。

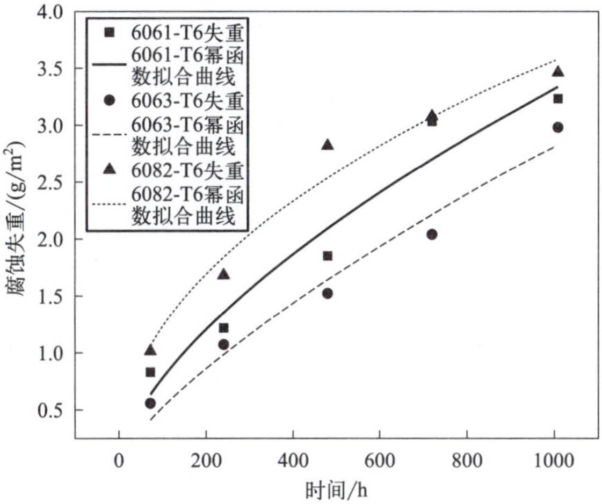

(a)

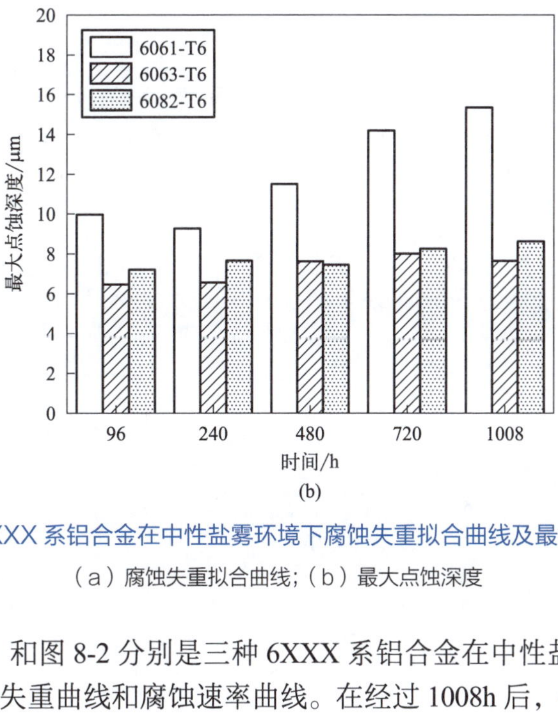

(b)

图 8-1　6XXX 系铝合金在中性盐雾环境下腐蚀失重拟合曲线及最大点蚀深度

（a）腐蚀失重拟合曲线；（b）最大点蚀深度

图 8-1（a）和图 8-2 分别是三种 6XXX 系铝合金在中性盐雾环境下暴露 1008h 内的腐蚀失重曲线和腐蚀速率曲线。在经过 1008h 后，6061-T6、6063-T6、6082-T6 的失重分别达到 $3.23g/m^2$、$2.98g/m^2$ 和 $3.46g/m^2$，腐蚀速率分别是 $0.0032g/(m^2 \cdot h)$、$0.0030g/(m^2 \cdot h)$ 以及 $0.0034g/(m^2 \cdot h)$（表 8-3），最大点蚀深度分别达到 15.345μm、7.645μm 以及 8.623μm。从三种铝合金在中性

盐雾环境暴露过程中的腐蚀速率随时间的变化曲线可以看出，三者的腐蚀速率均在腐蚀初期达到了最大值，且随着时间的推移，整体呈现下降趋势。利用幂函数拟合 6061-T6 的失重数据，得到拟合函数方程 $D=0.04314t^{0.62874}$，拟合方程相关系数为 0.9484；对 6063-T6 在中性盐雾环境中的失重数据进行幂函数拟合，得到的拟合函数方程为 $D=0.01812t^{0.73022}$，拟合方程相关系数为 0.97233；对于 6082-T6，其拟合函数方程为 $D=0.14654t^{0.462}$，拟合方程相关系数为 0.97133。三者的 R^2 均接近 1，为高度相关；得到的 n 值均小于 1，表明锈层对材料具有一定的保护作用。其中 6082-T6 相比于其他两种铝合金的 n 值更小，证明其锈层保护作用最强，6061-T6 次之，6063-T6 略弱。

表 8-2　幂函数拟合曲线相关参数

铝合金种类	A	n	R^2
6061-T6	0.04314	0.62874	0.9484
6063-T6	0.01812	0.73022	0.97233
6082-T6	0.14654	0.462	0.97133

表 8-3　6XXX 系铝合金在中性盐雾试验中暴露不同时间的腐蚀速率

牌号	试验方式	失重速率 /[g/(m^2 · h)]				
		96h	240h	480h	720h	1008h
6061-T6	中性盐雾	0.0086	0.0051	0.0039	0.0042	0.0032
6063-T6	中性盐雾	0.0058	0.0045	0.0032	0.0028	0.0030
6082-T6	中性盐雾	0.011	0.0070	0.0059	0.0043	0.0034

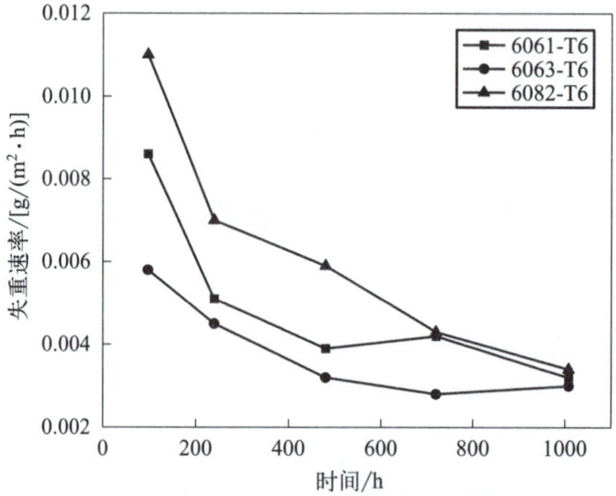

图 8-2　6XXX 系铝合金在中性盐雾环境下暴露 1008h 内腐蚀速率曲线

8.3 腐蚀形貌

图 8-3 到图 8-5 分别是 6061-T6、6063-T6 和 6082-T6 三种 6XXX 系铝合金在中性盐雾环境中暴露不同时间后的宏观腐蚀形貌。从整体上看，三种以镁为主要合金元素的铝合金腐蚀产物的颜色略有不同。6061-T6 和 6063-T6 两种铝合金暴露 96h 后，失去金属光泽，表面颜色变暗，白色腐蚀产物几乎将合金表面完全覆盖，有零星的棕褐色产物随机分布在样品表面。随着暴露时间的增加，棕褐色腐蚀产物减少。而 6082-T6 表面则始终被棕褐色腐蚀产物覆盖，随着暴露时间的增加无太大变化。

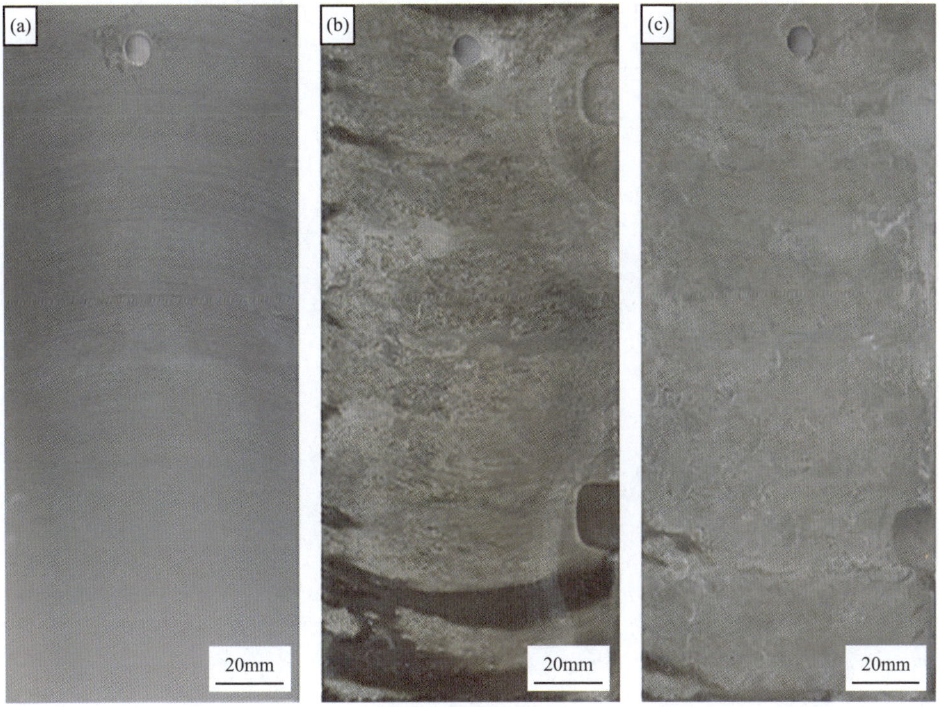

图 8-3

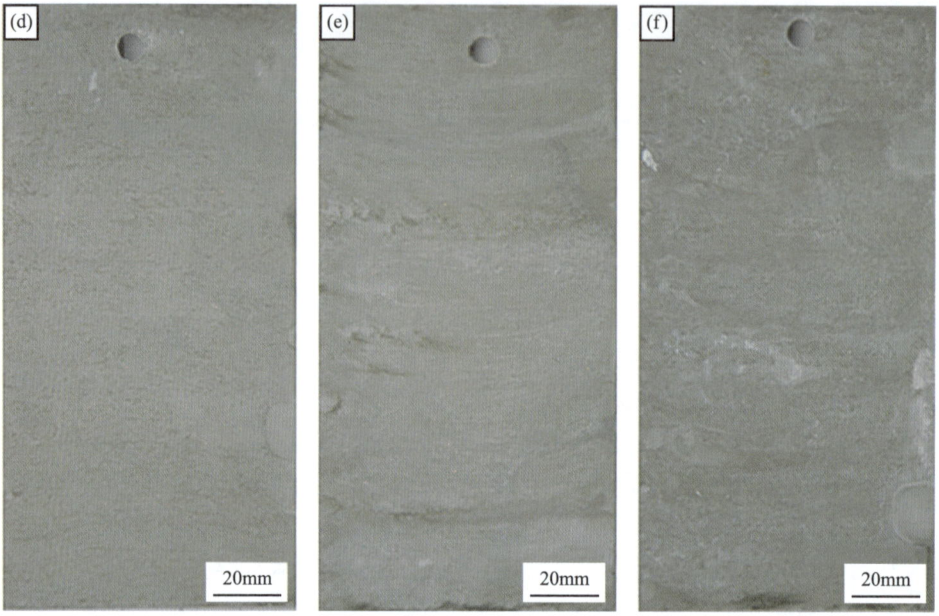

图 8-3　6061-T6 铝合金在中性盐雾试验中暴露不同时间后的宏观腐蚀形貌（除锈前）

（a）原样；（b）96h；（c）240h；（d）480h；（e）720h；（f）1008h

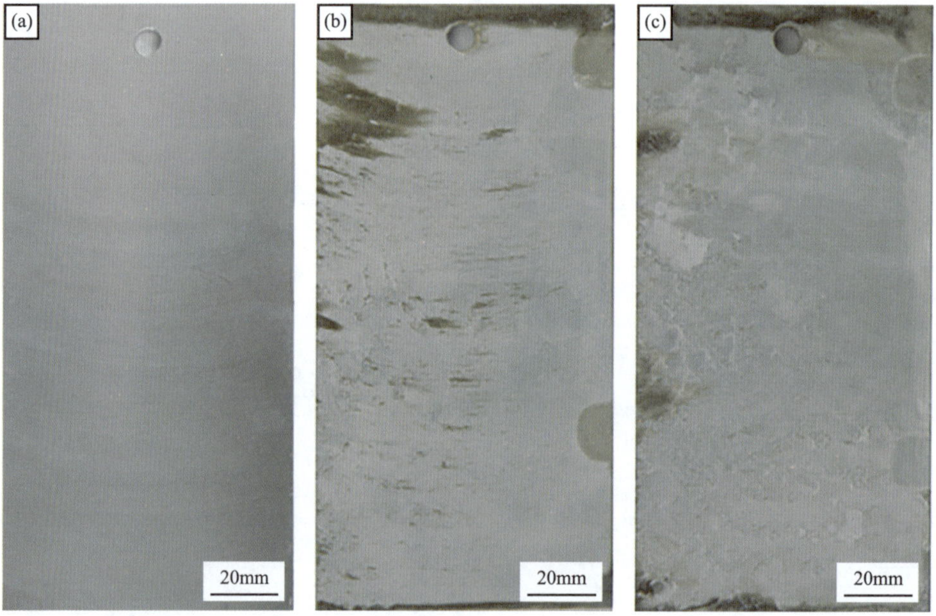

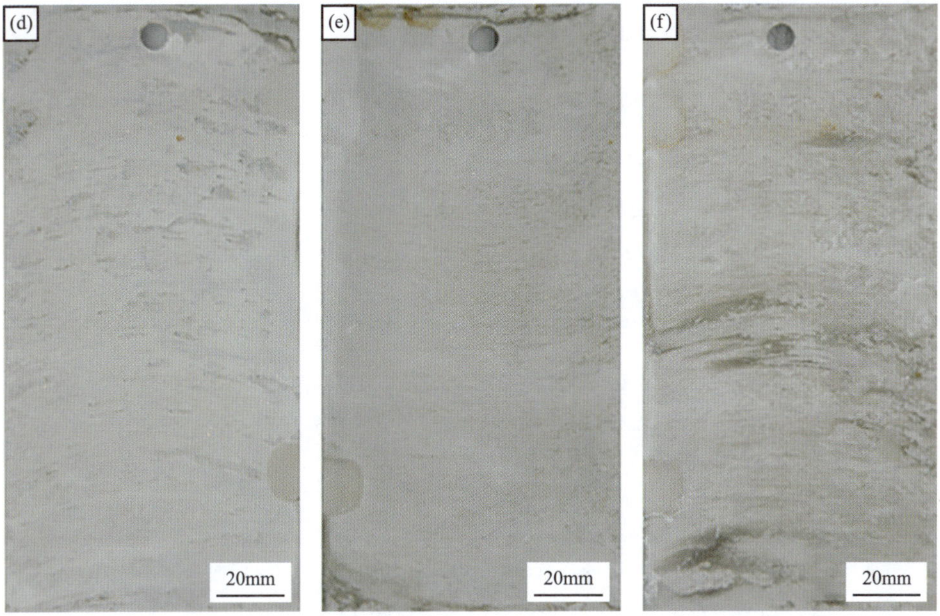

图 8-4　6063-T6 铝合金在中性盐雾试验中暴露不同时间后的宏观腐蚀形貌（除锈前）

（a）原样；（b）96h；（c）240h；（d）480h；（e）720h；（f）1008h

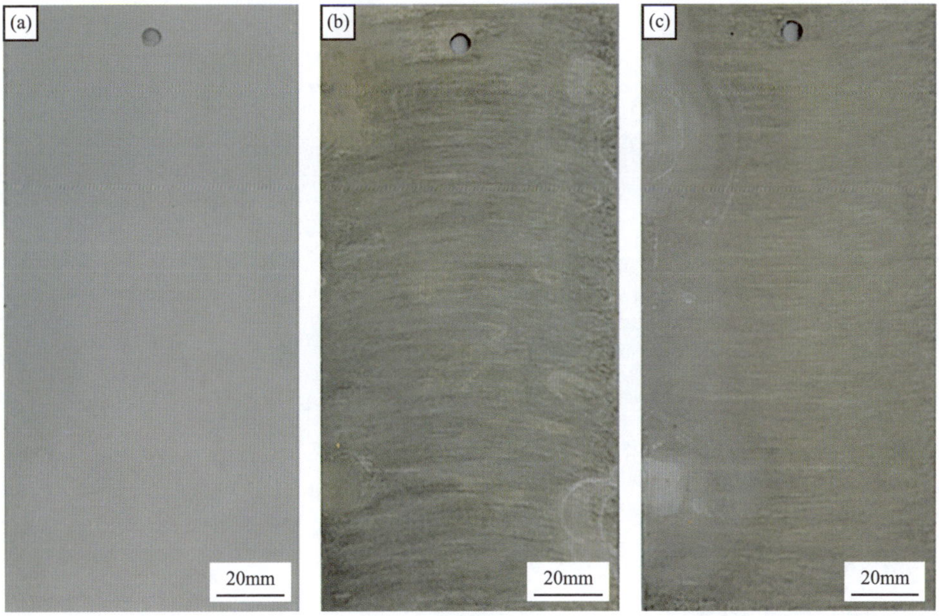

图 8-5

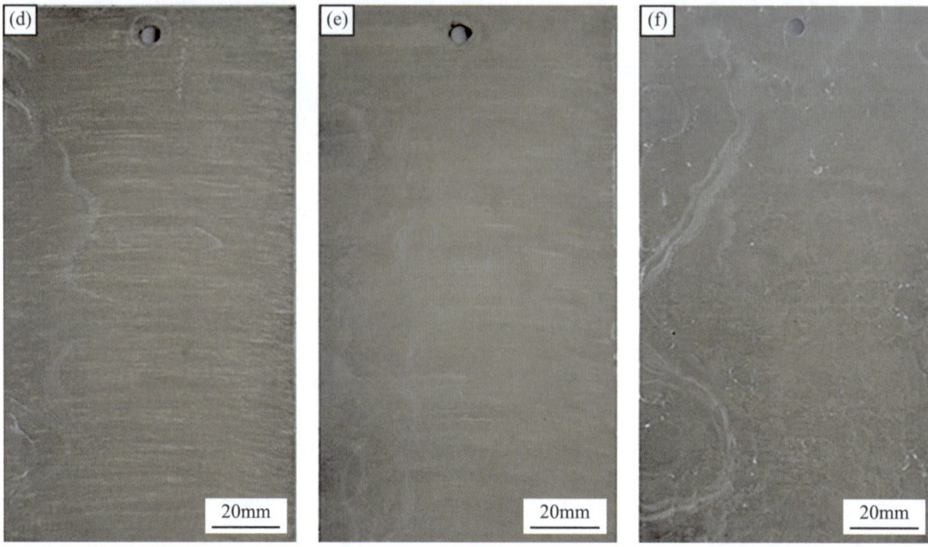

图 8-5 6082-T6 铝合金在中性盐雾试验中暴露不同时间后的宏观腐蚀形貌（除锈前）

（a）原样；（b）96h；（c）240h；（d）480h；（e）720h；（f）1008h

6061-T6、6063-T6 和 6082-T6 三种 6XXX 系铝合金在中性盐雾环境中暴露不同时间后除过锈的宏观腐蚀形貌如图 8-6 到图 8-8 所示。除锈后，三种铝合金的表面均较平整，且随着暴露时间的增加，三种铝合金表面并没有太大变化，说明腐蚀产物的致密性和保护性较好。

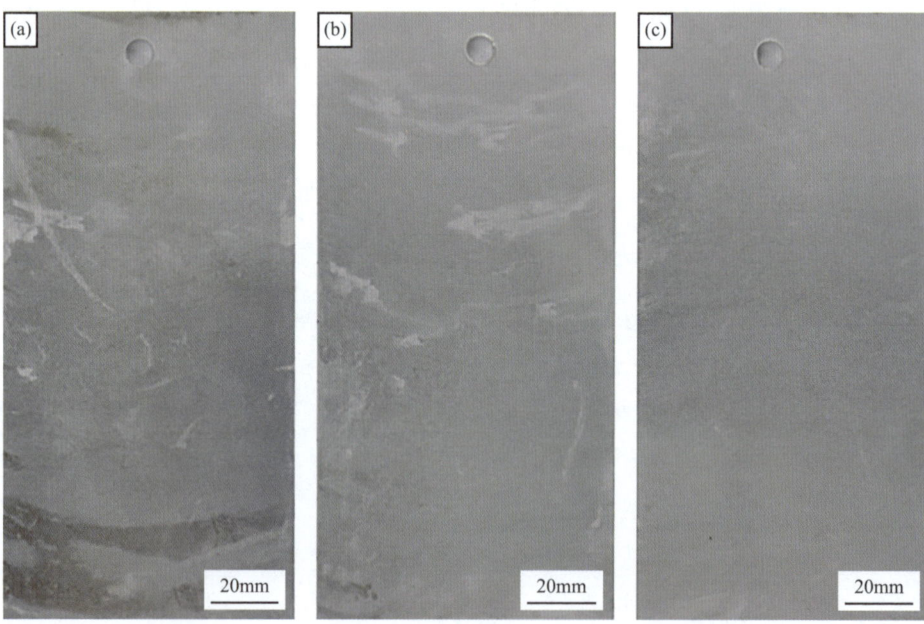

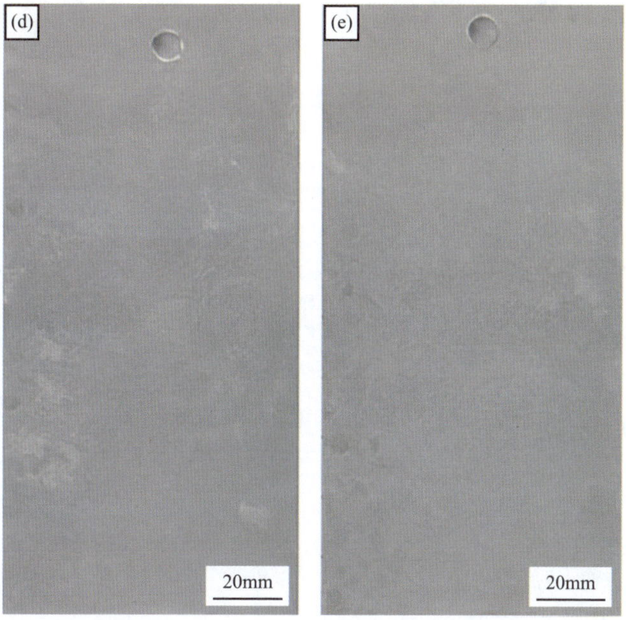

图 8-6　6061-T6 铝合金在中性盐雾试验中暴露不同时间后的宏观腐蚀形貌（除锈后）

（a）96h；（b）240h；（c）480h；（d）720h；（e）1008h

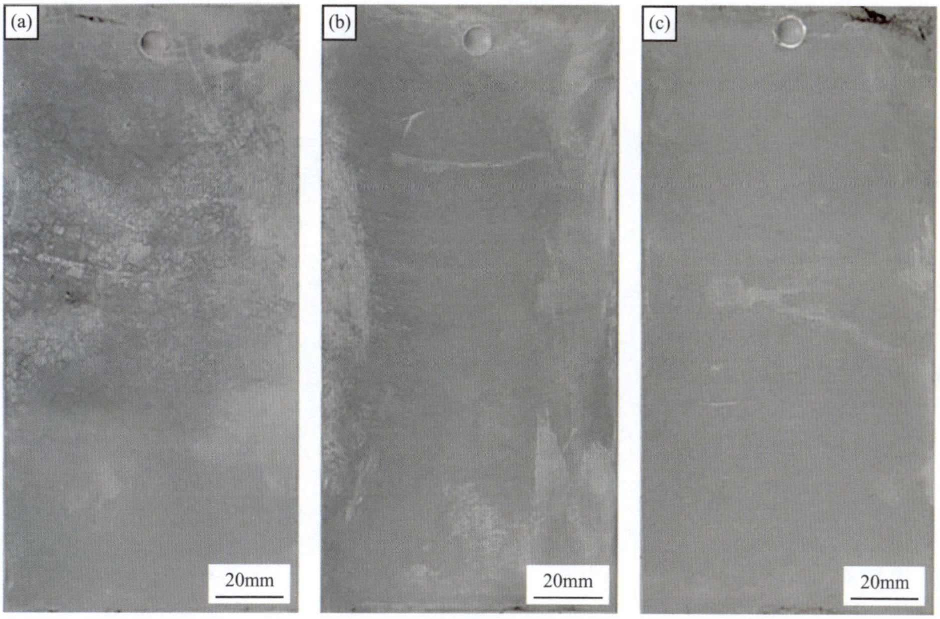

图 8-7

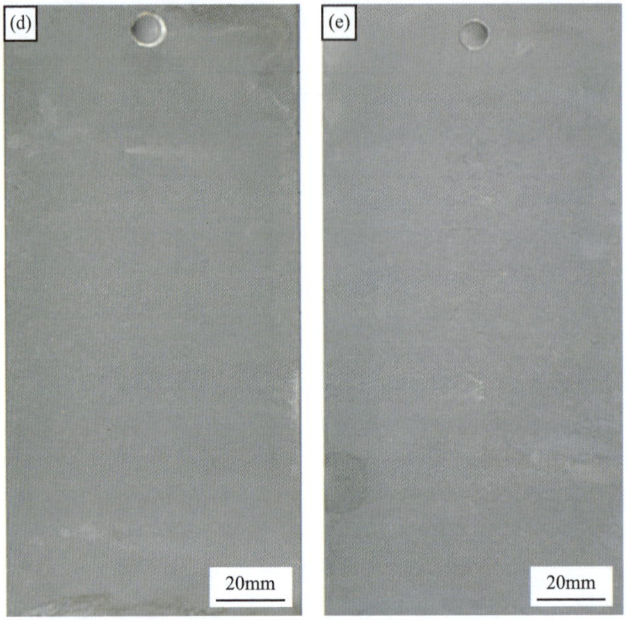

图 8-7　6063-T6 铝合金在中性盐雾试验中暴露不同时间后的宏观腐蚀形貌（除锈后）

（a）96h；（b）240h；（c）480h；（d）720h；（e）1008h

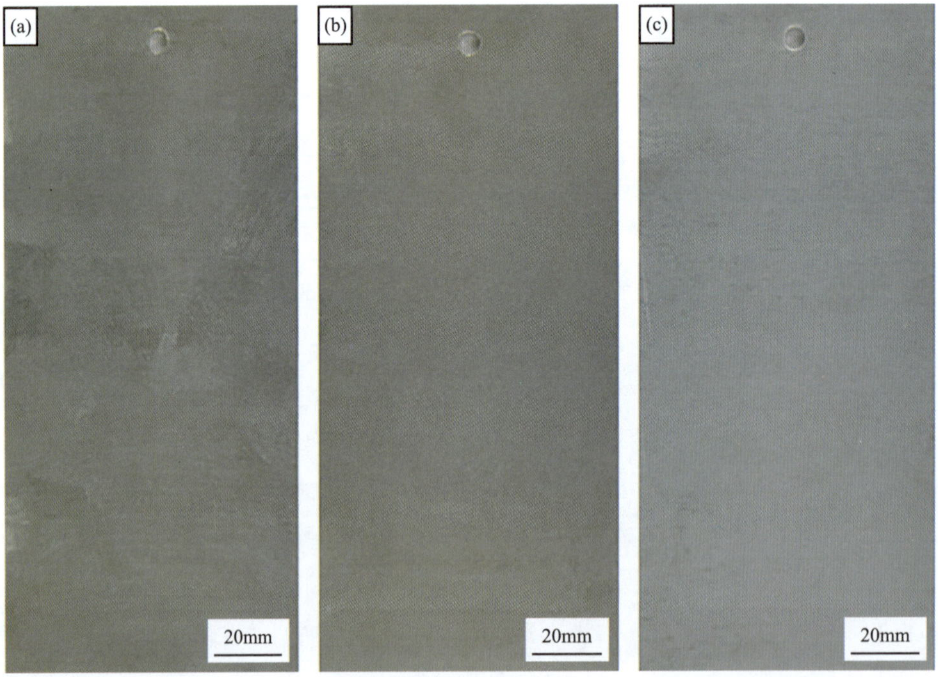

图 8-8　6082-T6 铝合金在中性盐雾试验中暴露不同时间后的宏观腐蚀形貌（除锈后）

（a）96h；（b）240h；（c）480h；（d）720h；（e）1008h

图 8-9 ～图 8-11 分别为 6061-T6、6063-T6 和 6082-T6 三种 6XXX 系铝合金在暴露 96h、240h、480h、720h 和 1008h 后去除了腐蚀产物的腐蚀形貌图。总体上看，6XXX 系铝合金在中性盐雾试验中暴露 1008h 内的腐蚀类型主要是点蚀，后期出现均匀腐蚀的痕迹，且内部腐蚀较为轻微。对 6061-T6 而言，在 96h 时合金表面出现均匀分布的点蚀坑，至 480h 时腐蚀坑的直径开始变大，到 720h 时点蚀坑的最深处超过 10μm，1008h 时点蚀坑出现相互连接的形态。6063-T6 在 96h 时合金表面相对光滑，仅有个别点蚀坑，随着时间的增加，到 720h 时点蚀坑的数目增加并且出现了轻微的均匀腐蚀痕迹。6082-T6 在盐雾试验进行到 96h 时合金表面出现了比较明显的点蚀坑，此时的点蚀坑直径较小，数目众多。到 480h 时细小、密集的点蚀坑合并成直径较大的点蚀坑，720h 时合金表面受侵蚀严重，点蚀坑进一步扩大。

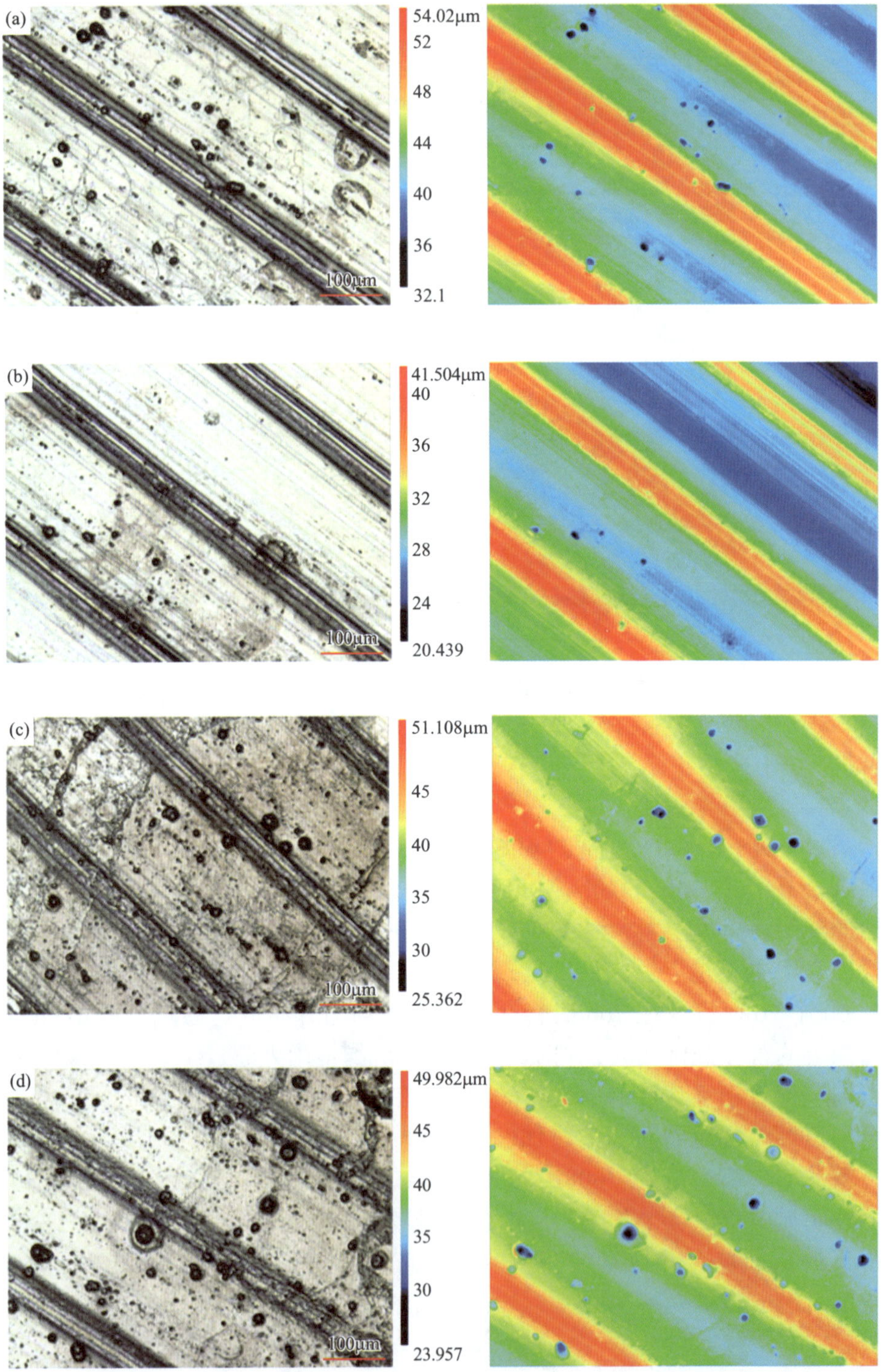
(a)
100μm
54.02μm
52
48
44
40
36
32.1
(b)
100μm
41.504μm
40
36
32
28
24
20.439
(c)
100μm
51.108μm
45
40
35
30
25.362
(d)
100μm
49.982μm
45
40
35
30
23.957

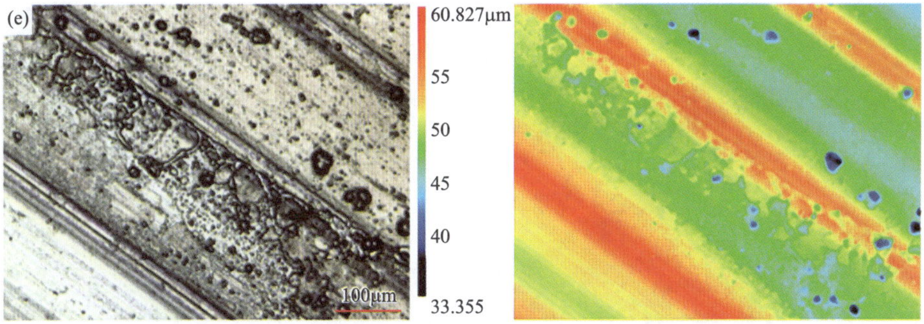

图 8-9　6061-T6 铝合金清除腐蚀产物后蚀坑深度的腐蚀形貌

（a）96h;（b）240h;（c）480h;（d）720h;（e）1008h

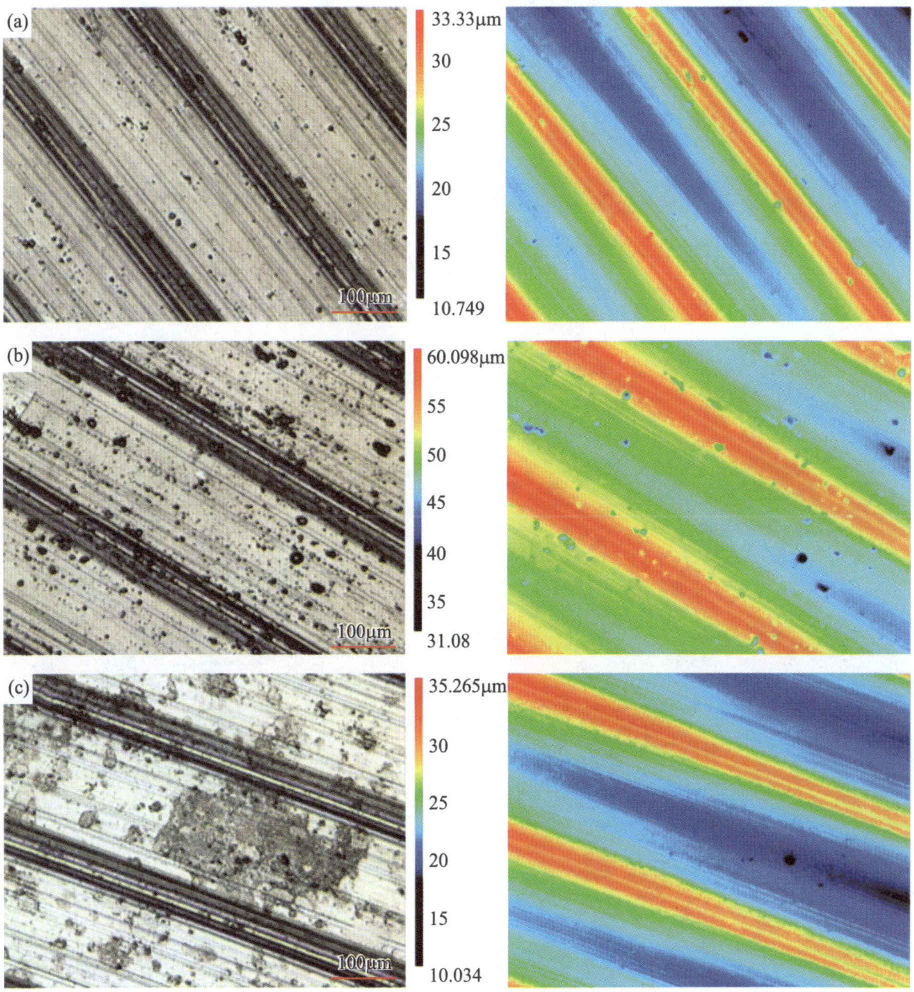

图 8-10

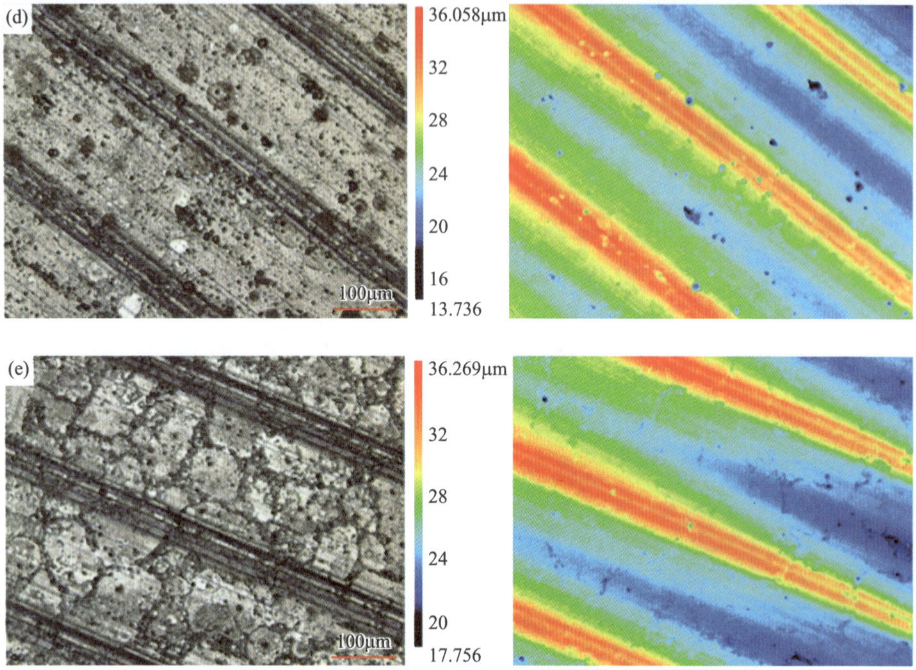

图 8-10　6063-T6 铝合金清除腐蚀产物后蚀坑深度的腐蚀形貌

（a）96h；（b）240h；（c）480h；（d）720h；（e）1008h

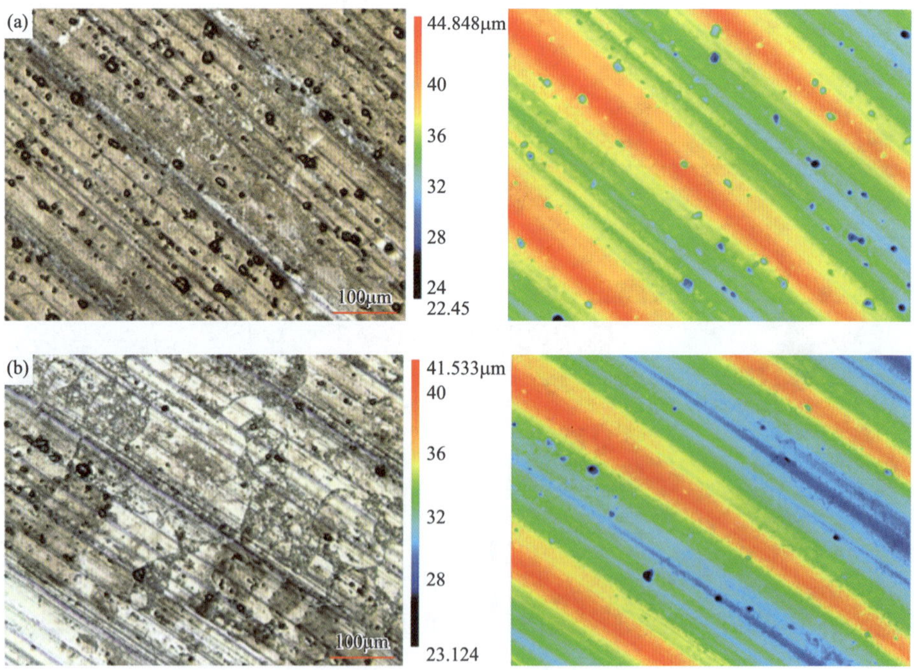

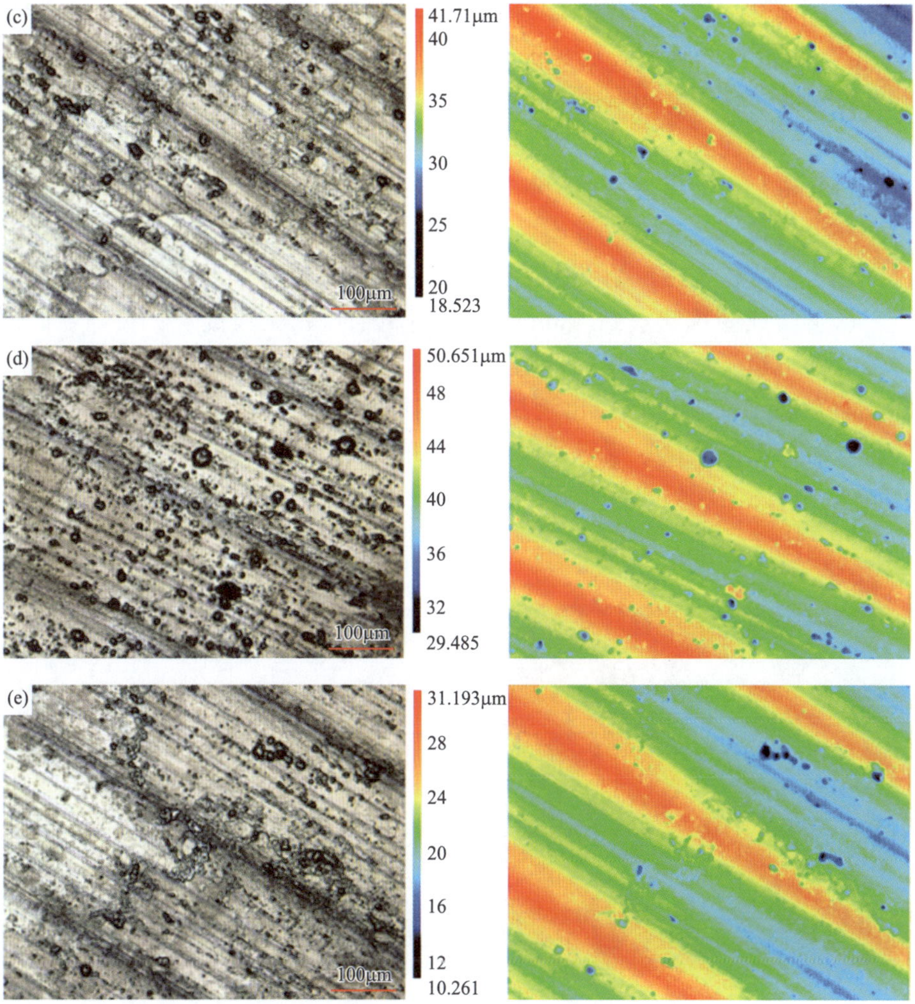

图 8-11　6082-T6 铝合金清除腐蚀产物后蚀坑深度的腐蚀形貌

（a）96h；（b）240h；（c）480h；（d）720h；（e）1008h

8.4 腐蚀产物

图 8-12、图 8-13 以及图 8-14 分别是 6061-T6、6063-T6 和 6082-T6 三

种 6XXX 系铝合金在中性盐雾环境中暴露 96h、240h、480h、720h 和 1008h 后腐蚀产物的微观形貌以及能谱结果。可以看出，6XXX 系铝合金表面的腐蚀产物同样以 Al 和 O 元素为主。对于 6061-T6，试验进行初期，合金表面只出现极少腐蚀产物，合金表面的加工痕迹清晰可见。随着腐蚀时间的增长，合金表面被均匀分布的颗粒状腐蚀产物覆盖，并且随着时间的进一步增长逐渐变多、变大。6063-T6 在试验刚开始时，表面形成了均匀分布的颗粒状腐蚀产物。腐蚀时间增长，表面逐渐被腐蚀产物覆盖，腐蚀产物聚集成团簇状。到 480h 时，表面腐蚀产物聚集成块，且随着时间增长，分布趋于均匀。根据能谱可以看出，氧含量不断增加。6082-T6 合金表面在腐蚀初期就已经出现腐蚀产物脱落的现象。随着试验时间的增加，表面开始再次富集成球状和颗粒状的腐蚀产物。试验进行后期，平滑的腐蚀产物完全均匀地分布在合金表面。

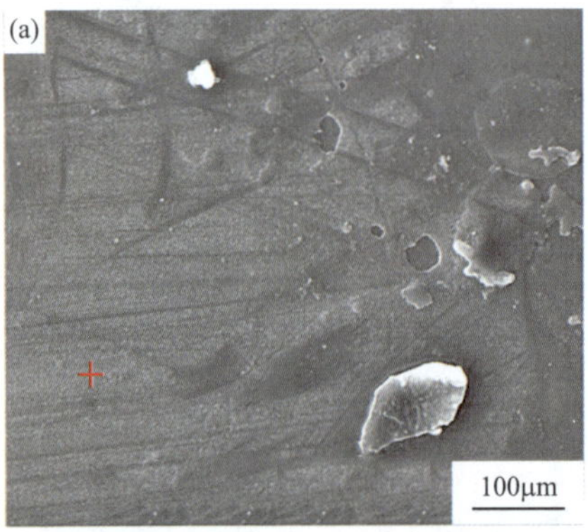

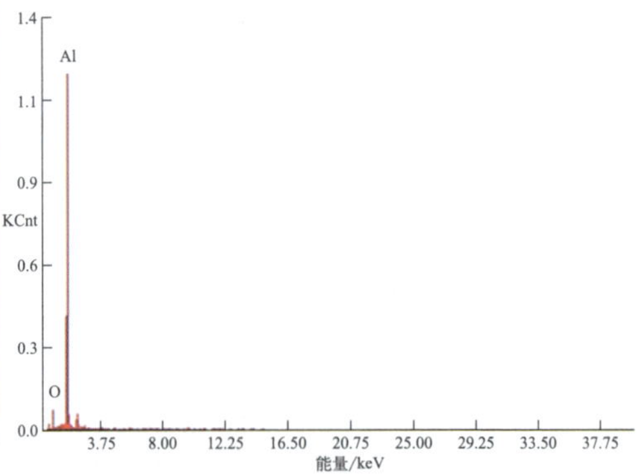

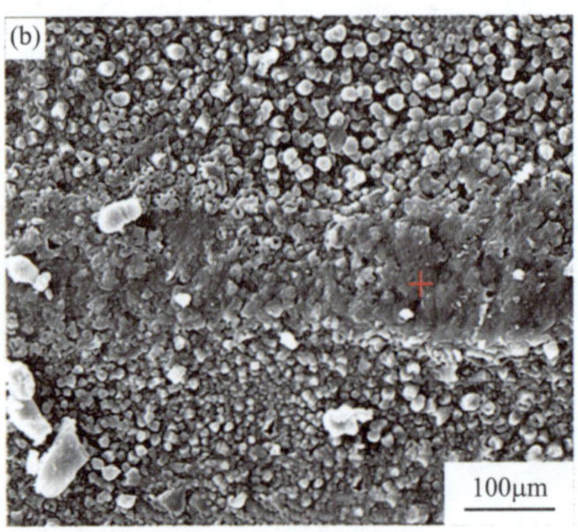

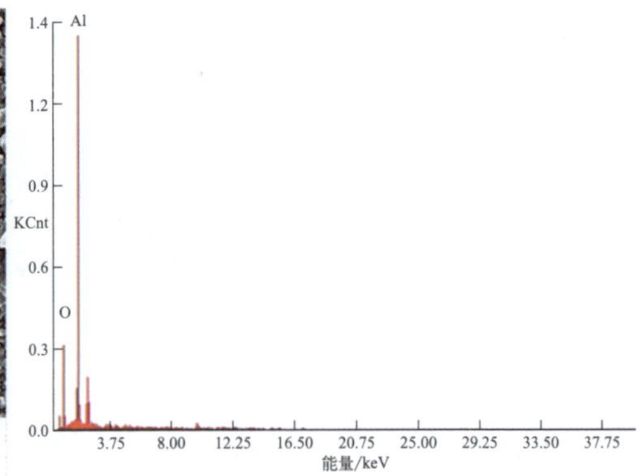

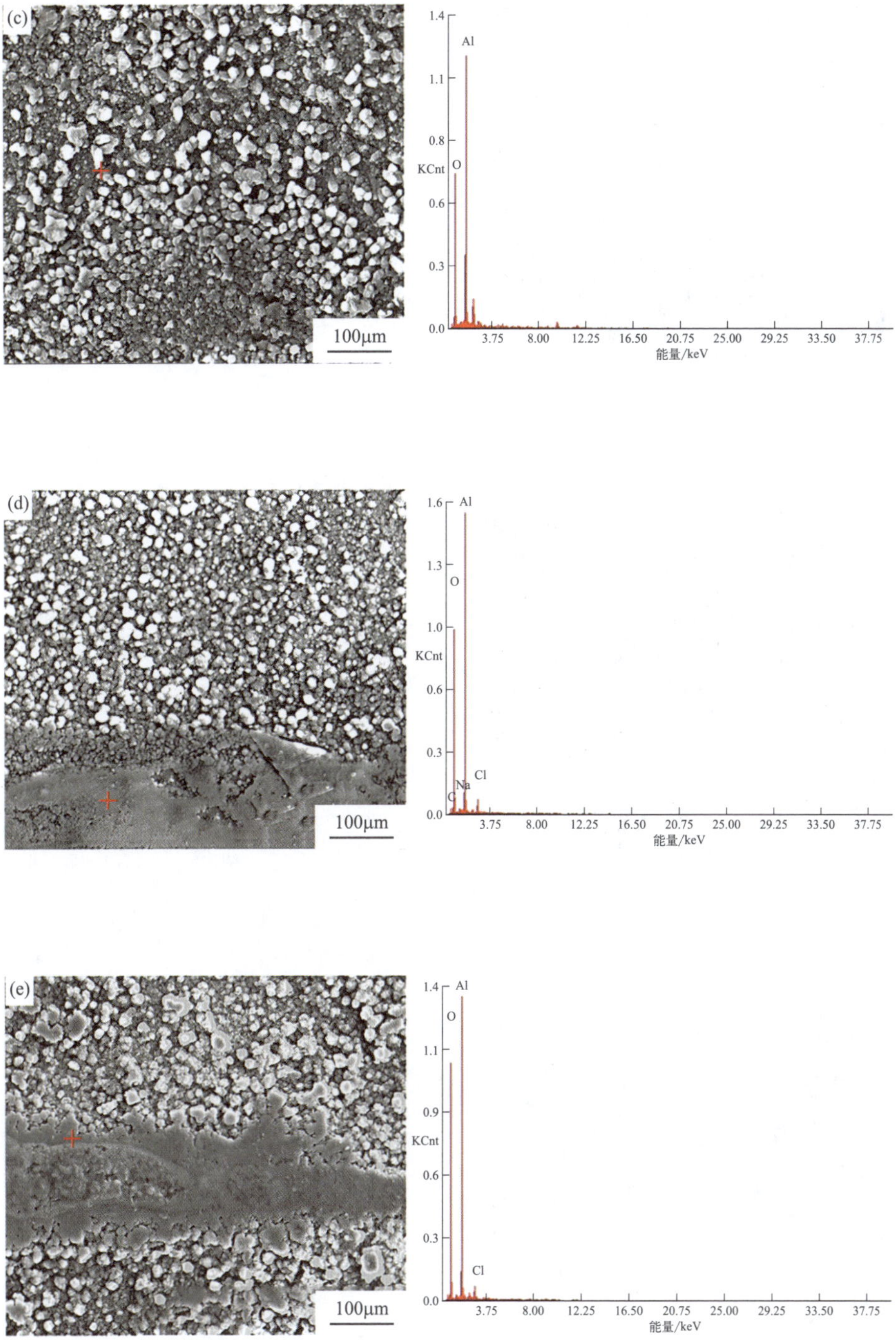

图 8-12　暴露不同时间后 6061-T6 铝合金腐蚀产物的微观形貌及能谱结果

（a）96h；（b）240h；（c）480h；（d）720h；（e）1008h

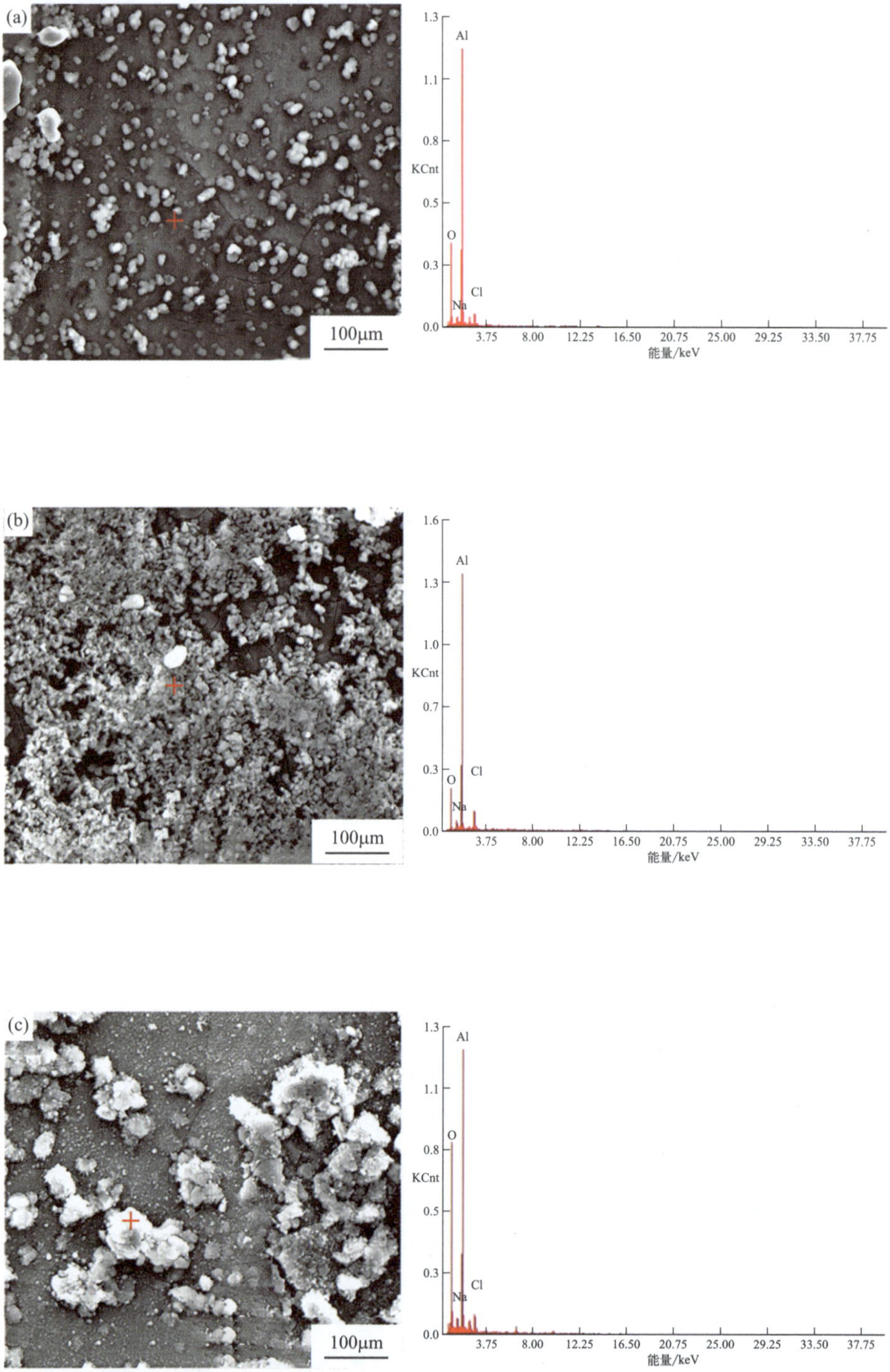
(a)
100μm
Al
O
Cl
Na
KCnt
1.3
1.1
0.8
0.5
0.3
0.0
3.75
8.00
12.25
16.50
20.75
25.00
29.25
33.50
37.75
能量/keV
(b)
100μm
Al
O
Cl
Na
KCnt
1.6
1.3
1.0
0.7
0.3
0.0
3.75
8.00
12.25
16.50
20.75
25.00
29.25
33.50
37.75
能量/keV
(c)
100μm
Al
O
Cl
Na
KCnt
1.3
1.1
0.8
0.5
0.3
0.0
3.75
8.00
12.25
16.50
20.75
25.00
29.25
33.50
37.75
能量/keV

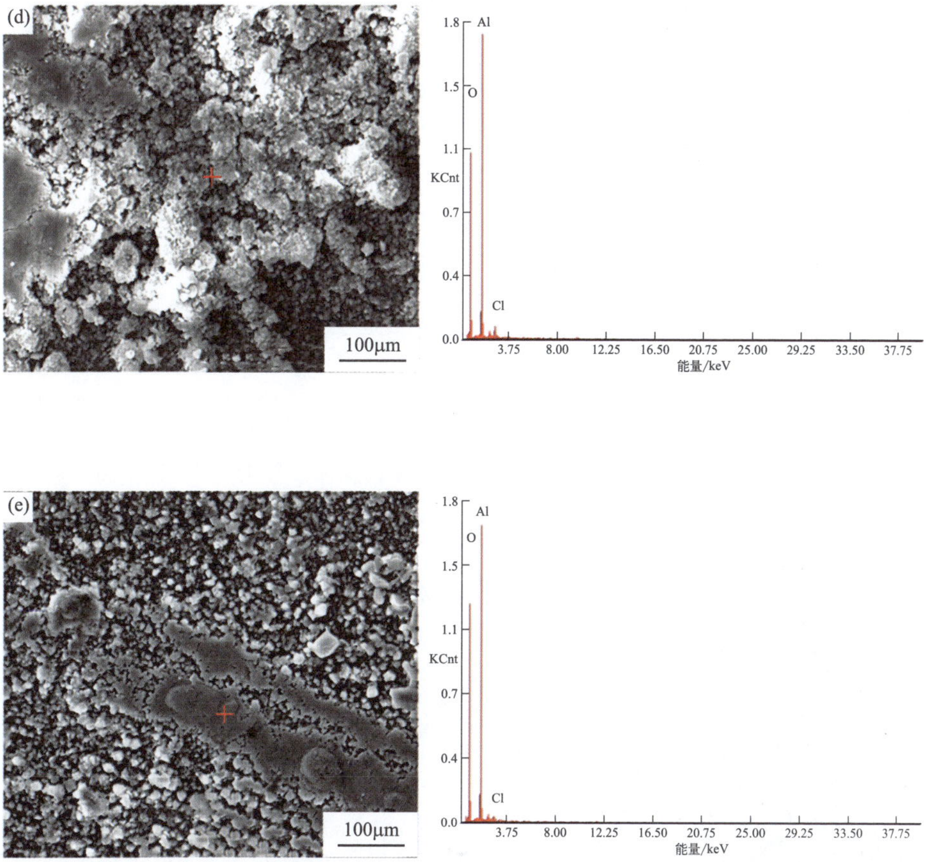

图 8-13　暴露不同时间后 6063-T6 铝合金腐蚀产物的微观形貌及能谱结果

（a）96h；（b）240h；（c）480h；（d）720h；（e）1008h

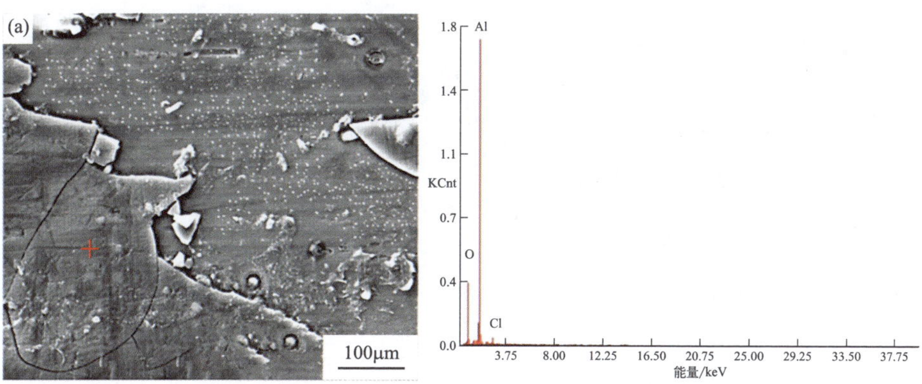

图 8-14

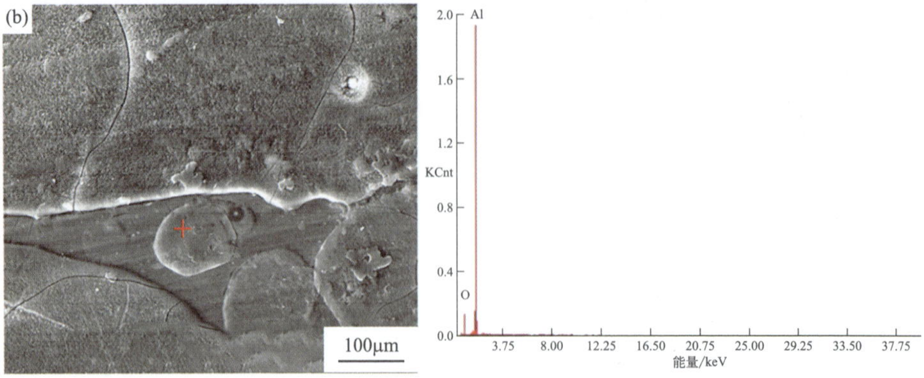
(b)
100μm
Al
O
KCnt
能量/keV

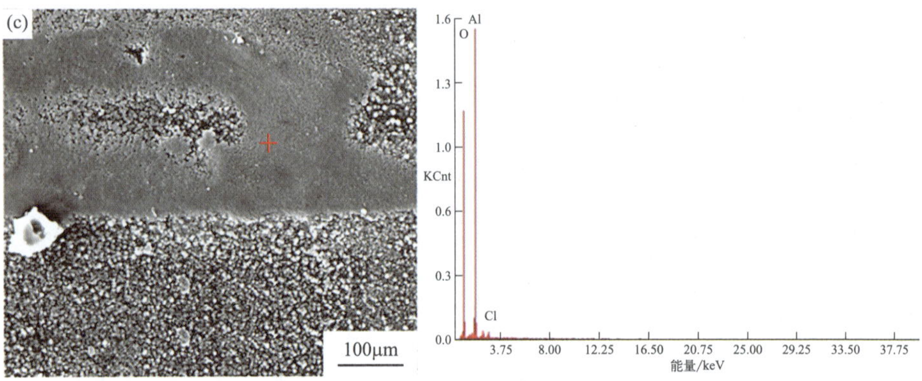
(c)
100μm
Al
O
Cl
KCnt
能量/keV

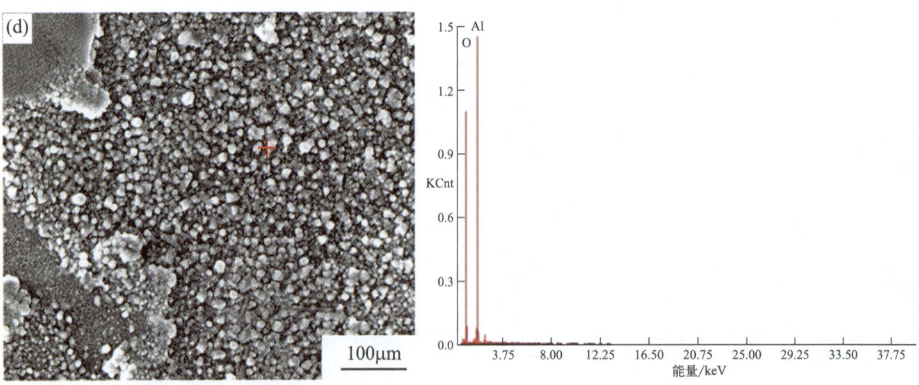
(d)
100μm
Al
O
KCnt
能量/keV

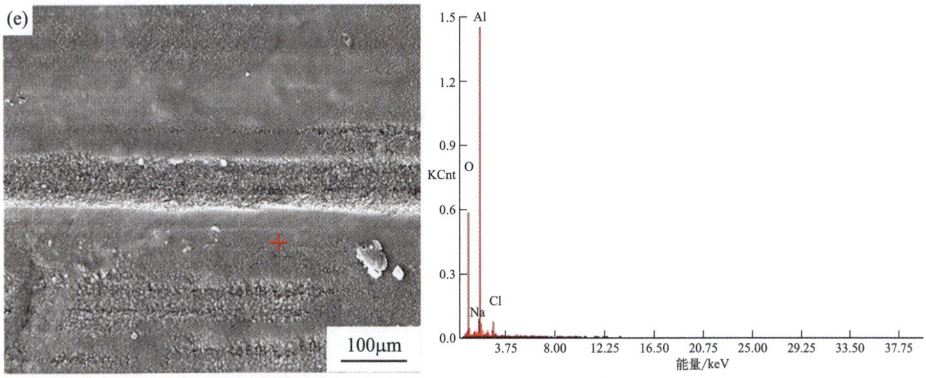

图 8-14　暴露不同时间后 6082-T6 铝合金腐蚀产物的微观形貌及能谱结果

（a）96h；（b）240h；（c）480h；（d）720h；（e）1008h

为进一步确定 6061-T6、6063-T6 和 6082-T6 三种 6XXX 系铝合金的腐蚀产物，图 8-15 是三种铝合金在中性盐雾环境中暴露 1008h 后表面腐蚀产物的 XRD 分析结果。根据衍射峰的位置，6061-T6、6063-T6 以及 6082-T6 的腐蚀产物主要为 $Al(OH)_3$、AlO(OH) 以及 Al_2O_3， XRD 结果中出现的 NaCl 可能是由于沉积在表面的 NaCl 的残留。

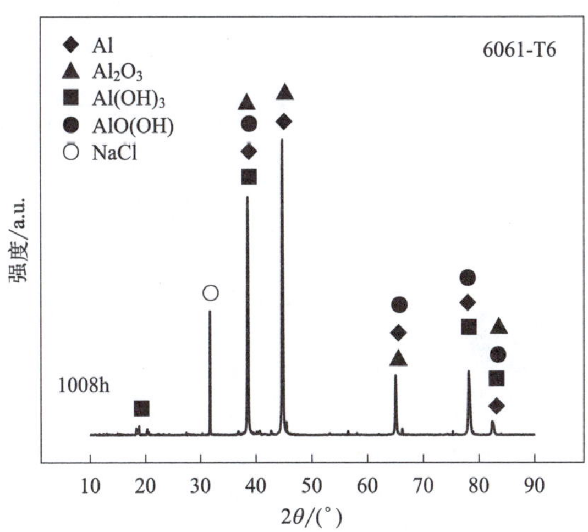

图 8-15

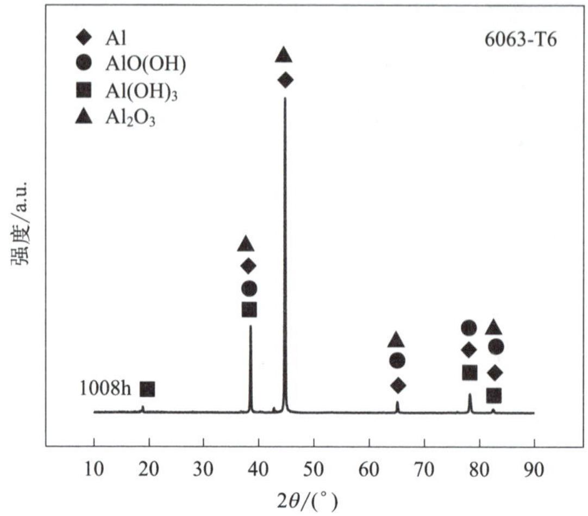

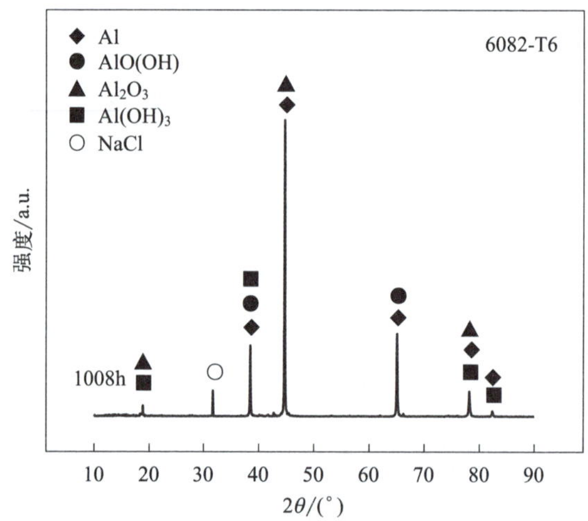

图 8-15　6061-T6、6063-T6 以及 6082-T6 铝合金腐蚀产物 XRD 图谱（1008h）

本章小结

本章主要研究了 6061-T6、6063-T6 和 6082-T6 三种 6XXX 系铝合金在中性盐雾环境中的腐蚀行为，并对其腐蚀速率、腐蚀形貌和腐蚀产物的演变进行了详细分析。尽管这些铝合金的成分有所不同，但它们在盐雾腐蚀过程中的表现具有一定的共性。具体结论如下：

① 在盐雾试验的初期，三种 6XXX 系铝合金的腐蚀速率均较高，

可能是由于表面形成的氧化膜尚不稳定，且暴露初期腐蚀产物膜的保护作用有限。随着腐蚀时间的延长，腐蚀速率逐渐下降，表明腐蚀产物膜逐步增强了对铝合金表面的保护作用。在腐蚀初期，6082-T6 的腐蚀速率较高，表现出相对较差的耐腐蚀性，6061-T6 次之，6063-T6 腐蚀速率最低。经过长期盐雾试验，三者的耐腐蚀速率逐渐下降且趋于接近，但整体排序不变，证明 6063-T6 显示出较强的耐腐蚀性，主要得益于其良好的合金成分和稳定的氧化膜。而根据拟合方程的相关系数可以看出，三者系数 n 值均小于 1，表明锈层具有一定的保护作用。其中 6082-T6 的 n 值最小，证明其锈层保护作用最强，其腐蚀速率下降最多也可以佐证这一点；6061-T6 次之，6063-T6 略弱。

② 三种铝合金在盐雾试验中普遍表现为表面变暗、金属光泽消失，且腐蚀产物逐渐覆盖表面。但整体上看，经过 1008h 的腐蚀后，三者均无肉眼可见的凸起，证明 6XXX 系铝合金具有较好的耐腐蚀性。观察除锈后的宏观形貌，三种铝合金表面仍相对平整，无明显蚀坑，且随着时间变化，其表面状况差异不大，说明腐蚀产物膜保护性较好。观察微观形貌，三种铝合金表面均表现出均匀的腐蚀斑点，腐蚀随着时间逐渐增大、增多。

③ 通过扫描电镜（SEM）和 X 射线衍射（XRD）分析，三种铝合金表面的腐蚀产物主要为铝的氧化物（Al_2O_3）和氢氧化物 [$Al(OH)_3$]，此外还出现了 AlO(OH)。观察到三种铝合金的腐蚀产物均呈颗粒状或块状，6061-T6 和 6063-T6 表面腐蚀产物层较为稳定，未发现明显的剥落现象。而 6082-T6 则表现出明显的剥落现象，说明其表面腐蚀产物的附着力较差，腐蚀产物层更松散。

本章通过对 6061-T6、6063-T6 和 6082-T6 三种 6XXX 系铝合金在中性盐雾环境中的腐蚀行为进行系统研究，揭示了在腐蚀速率、形貌变化及腐蚀产物层特征等方面的差异性。总体而言，6063-T6 显示出最强的耐蚀性，而 6082-T6 的耐蚀性较差，这主要与其合金成分、氧化膜的稳定性以及腐蚀产物的附着力密切相关。然而，尽管 6082-T6 的腐蚀产物层较为松散，但其腐蚀产物的保护性依然表现出一定的优势，证明了其在某些条件下的保护潜力。

铝及铝合金的环境腐蚀

——盐雾环境

第 9 章

7XXX 系铝合金中性盐雾环境腐蚀行为

9.1 概述

7XXX 系铝合金属于热处理可强化铝合金，主要掺杂元素为锌，一般由 Al-Zn-Mg 和 Al-Zn-Mg-Cu 合金组成。该系铝合金可以分为焊接构造材料和高强度合金两种，前者热处理性能好，常用于飞机船舶、车辆装甲等；后者比强度高，常用作航空航天的结构材料。常见的 7XXX 系铝合金包括 7005、7075 等。

9.2 腐蚀速率

腐蚀速率计算按照标准 GB/T 19292.4—2018《金属和合金的腐蚀　大气腐蚀性　第 4 部分：用于评估腐蚀性的标准试样的腐蚀速率的测定》进行，通过失重法得到腐蚀失重，根据 ASTM G46-21 标准对点蚀深度进行测量（表 9-1 和图 9-1）。

表 9-1　7XXX 系铝合金在中性盐雾试验中的腐蚀失重和最大点蚀深度

牌号	试验方式	暴露时间 /h									
		96		240		480		720		1008	
		腐蚀失重 /(g/m²)	点蚀深度 /μm	腐蚀失重 /(g/m²)	点蚀深度 /μm	腐蚀失重 /(g/m²)	点蚀深度 /μm	腐蚀失重 /(g/m²)	点蚀深度 /μm	腐蚀失重 /(g/m²)	点蚀深度 /μm
7075-T6	中性盐雾	9.61	9.931	15.98	14.259	22.21	15.352	25.45	16.254	30.23	21.790
7085-T6	中性盐雾	9.93	5.878	15.38	7.537	24.05	13.988	28.48	16.410	31.22	21.014

续表

牌号	试验方式	暴露时间 /h									
		96		240		480		720		1008	
		腐蚀失重 /(g/m²)	点蚀深度 /μm	腐蚀失重 /(g/m²)	点蚀深度 /μm	腐蚀失重 /(g/m²)	点蚀深度 /μm	腐蚀失重 /(g/m²)	点蚀深度 /μm	腐蚀失重 /(g/m²)	点蚀深度 /μm
7A04-T6	中性盐雾	10.51	6.982	16.58	7.609	23.01	9.648	27.63	12.072	30.39	21.815

通过对试验数据进行分析，失重与时间的数据符合幂函数规则，见式(3-1)。对其进行幂函数拟合（表 9-2），R^2 是幂函数拟合相关系数。

表 9-2 幂函数拟合曲线相关参数

铝合金种类	A	n	R^2
7075-T6	1.50091	0.43325	0.99802
7085-T6	1.39336	0.45377	0.98505
7A04-T6	1.78698	0.41223	0.99567

表 9-3 7XXX 系铝合金在中性盐雾试验中暴露不同时间的腐蚀速率

牌号	试验方式	失重速率 /[g/(m² · h)]				
		96h	240h	480h	720h	1008h
7075-T6	中性盐雾	0.10	0.067	0.046	0.035	0.030
7085-T6	中性盐雾	0.10	0.067	0.049	0.039	0.031
7A04-T6	中性盐雾	0.11	0.069	0.048	0.038	0.030

图 9-1（a）和图 9-2 分别是三种 7XXX 系铝合金在中性盐雾环境下暴露 1008h 内的腐蚀失重曲线和腐蚀速率曲线。暴露 1008h 时，7075-T6、7085-T6 以及 7A04-T6 铝合金的失重分别达到了 30.23g/m²、31.22g/m² 和 30.39g/m²，腐蚀速率分别为 0.030g/(m² • h)、0.31g/(m² • h) 以及 0.030g/(m² • h)（表 9-3），最大点蚀深度分别为 21.790μm、21.014μm 以及 21.815μm。从三种铝合金在中性盐雾环境下暴露 1008h 内的腐蚀速率随时间变化的曲线可以看出，三种铝合金在暴露初期的腐蚀速率最大，随着时间推移，腐蚀速率逐渐下降，且在 240h 之前下降较快，之后趋于平缓。

240h 后，三种铝合金的腐蚀速率高度重合。对 7075-T6 铝合金的腐蚀失重进行幂函数拟合，其方程为 $D=1.50091t^{0.43325}$，拟合方程相关系数为 0.99802；而 7085-T6 铝合金的幂函数拟合函数方程为 $D=1.39336t^{0.45377}$，拟合方程相关系数为 0.98505；7A04-T6 铝合金的拟合函数方程为 $D=1.78698t^{0.41223}$，拟合方程相关系数为 0.99567。三者相关系数均接近 1，证明高度相关。n 值均小于 1，证明锈层能够对材料起到保护作用。

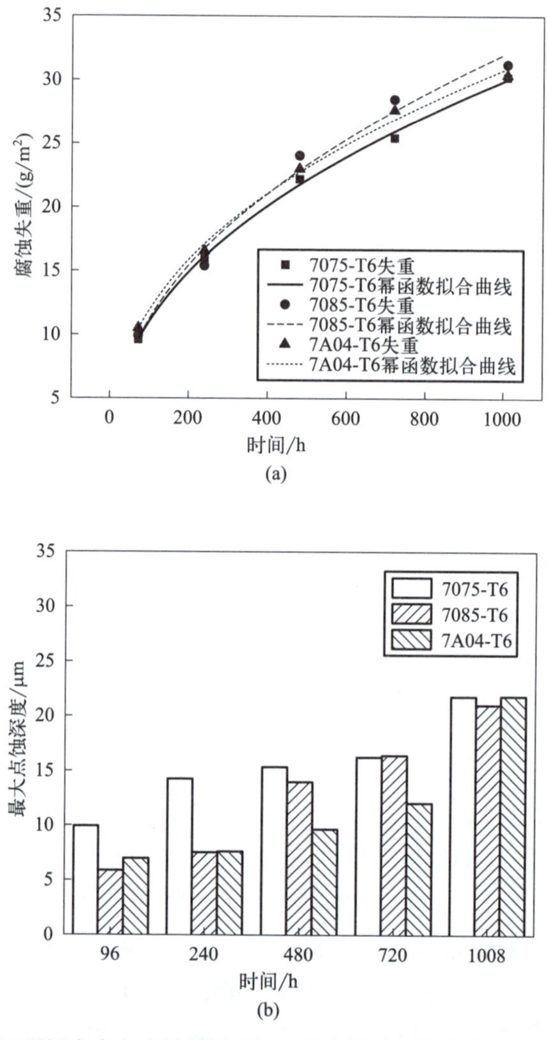

图 9-1　7XXX 系铝合金在中性盐雾环境下的腐蚀失重拟合曲线及最大点蚀深度

（a）腐蚀失重拟合曲线；（b）最大点蚀深度

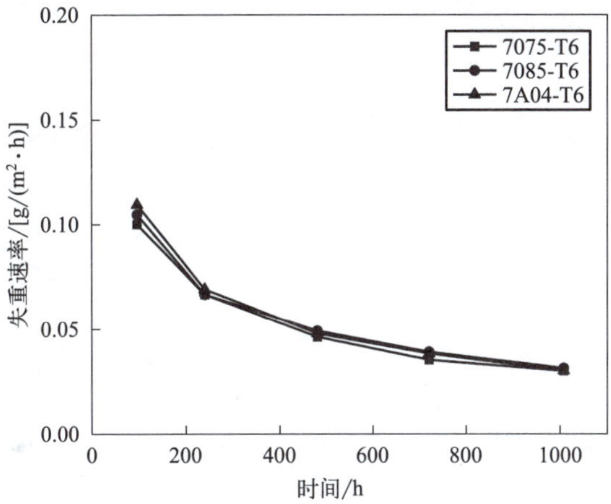

图 9-2　7XXX 系铝合金在中性盐雾环境下暴露 1008h 内的腐蚀速率曲线

9.3 腐蚀形貌

图 9-3、图 9-4 和图 9-5 分别是 7075-T6、7085-T6 和 7A04-T6 三种 7XXX 系铝合金在中性盐雾环境中暴露不同时间后的宏观腐蚀形貌。整体上看，以镁、硅为主要合金元素的 7XXX 系铝合金在试验过程中发生了较为严重的腐蚀。试验进行 96h 后，合金表面已经出现大量腐蚀产物，几乎将合金表面完全覆盖，失去金属光泽。腐蚀产物主要为白色和棕色，呈雪花状，均匀分布在表面。随着试验时间的增加，表面腐蚀产物逐渐累积，在腐蚀进行到 240 ~ 1008h 的过程中，两种颜色的腐蚀产物比例没有太大变化，肉眼可见的合金表面被腐蚀产物逐步覆盖，棕色的腐蚀产物逐渐连接成片，表明 7XXX 系铝合金的耐蚀性较差。

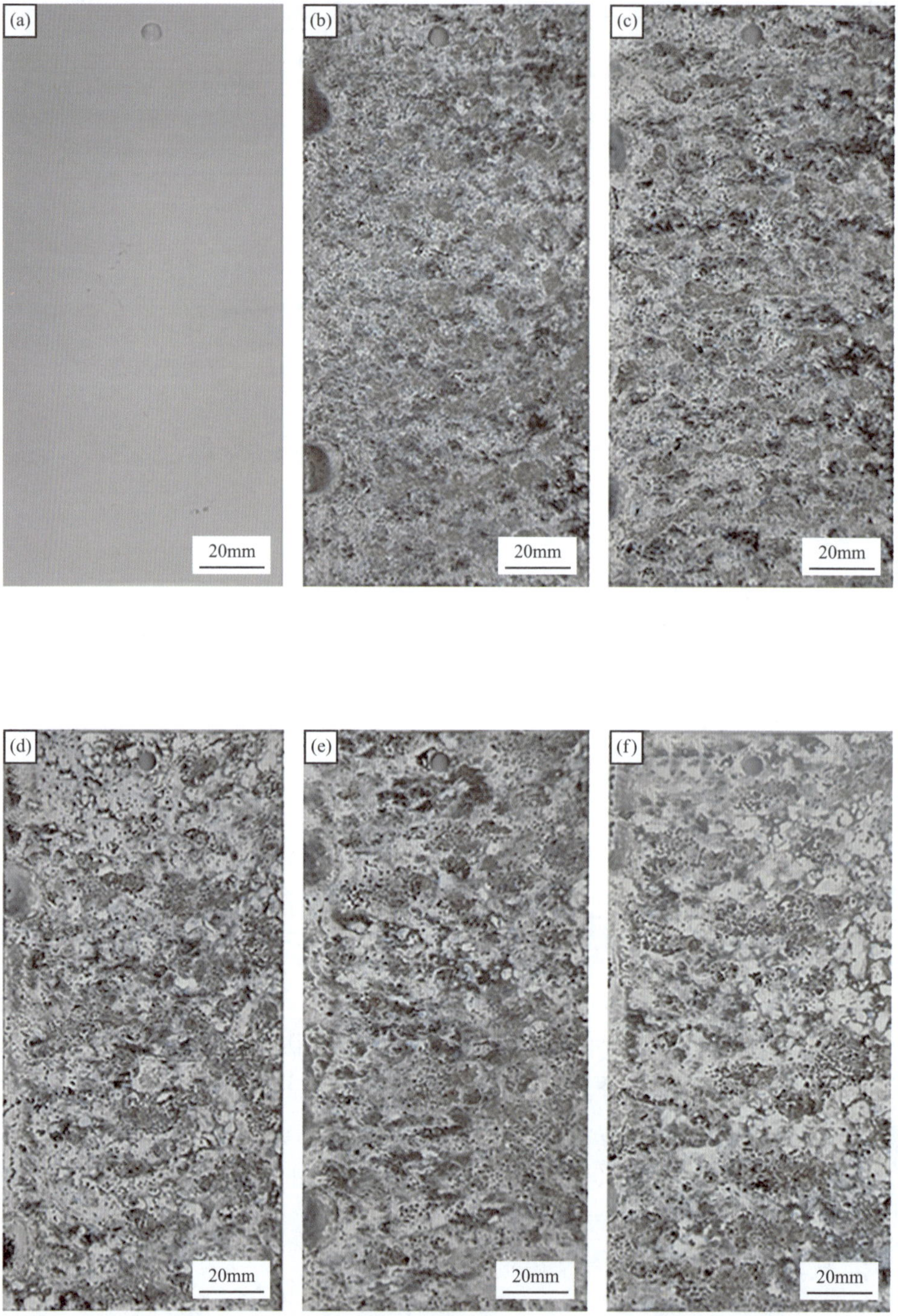

图 9-3　7075-T6 铝合金在中性盐雾试验中暴露不同时间后的宏观腐蚀形貌（除锈前）

（a）原样；（b）96h；（c）240h；（d）480h；（e）720h；（f）1008h

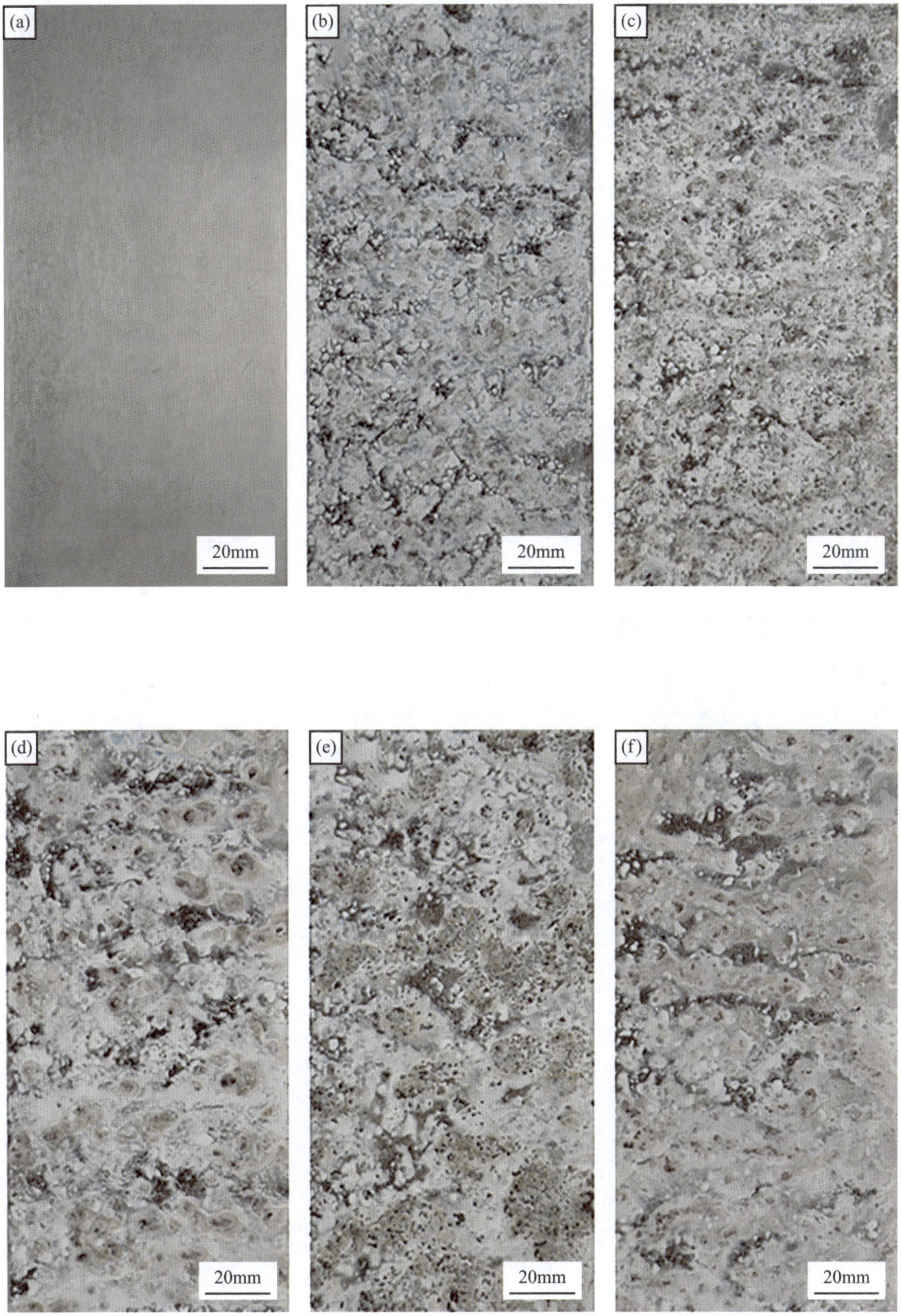

图 9-4　7085-T6 铝合金在中性盐雾试验中暴露不同时间后的宏观腐蚀形貌（除锈前）

（a）原样；（b）96h；（c）240h；（d）480h；（e）720h；（f）1008h

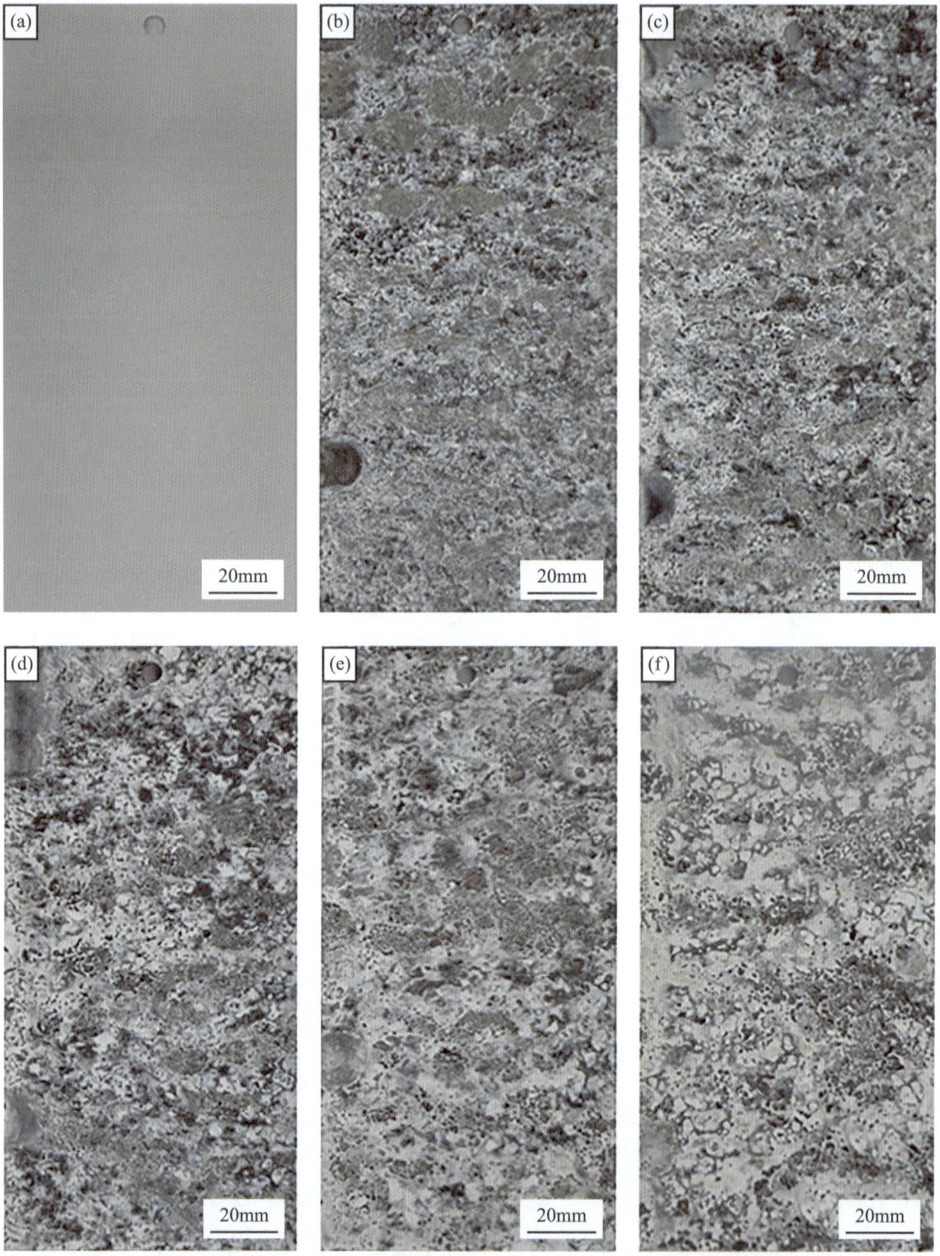

图 9-5 7A04-T6 铝合金在中性盐雾试验中暴露不同时间后的宏观腐蚀形貌（除锈前）
（a）原样；（b）96h；（c）240h；（d）480h；（e）720h；（f）1008h

图 9-6、图 9-7 及图 9-8 分别为 7075-T6、7085-T6 和 7A04-T6 三种 7XXX 系铝合金在中性盐雾环境中暴露不同时间后除过锈的宏观腐蚀形貌。

在合金表面能够明显看到不均匀的局部痕迹，且随着暴露时间的增加，合金表面的腐蚀形态没有发生较大变化。除锈后的合金表面发黑，说明腐蚀产物的致密保护性较差，腐蚀介质易于渗透到合金内部并发生腐蚀。

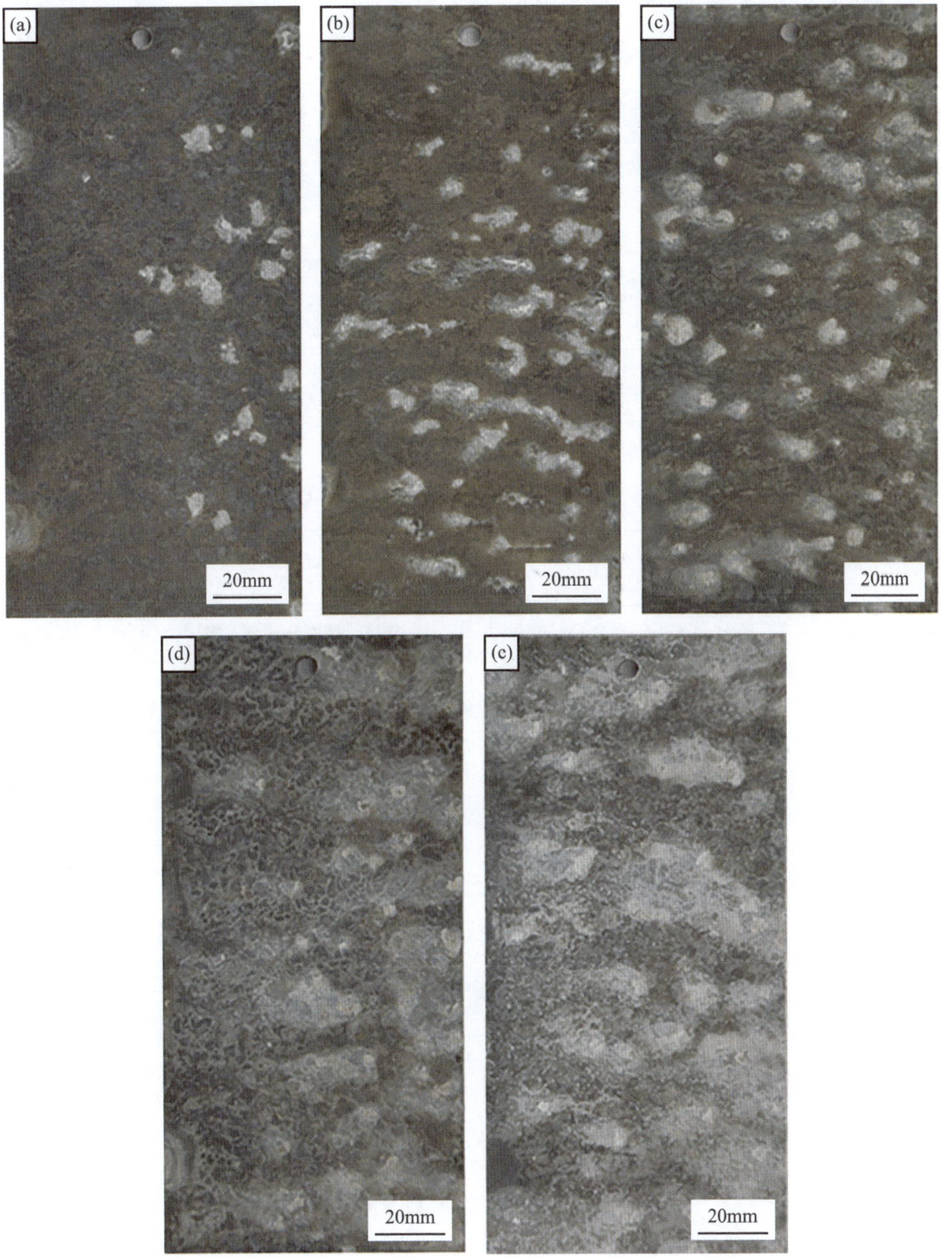

图 9-6　7075-T6 铝合金在中性盐雾试验中暴露不同时间后的宏观腐蚀形貌（除锈后）

（a）96h；（b）240h；（c）480h；（d）720h；（e）1008h

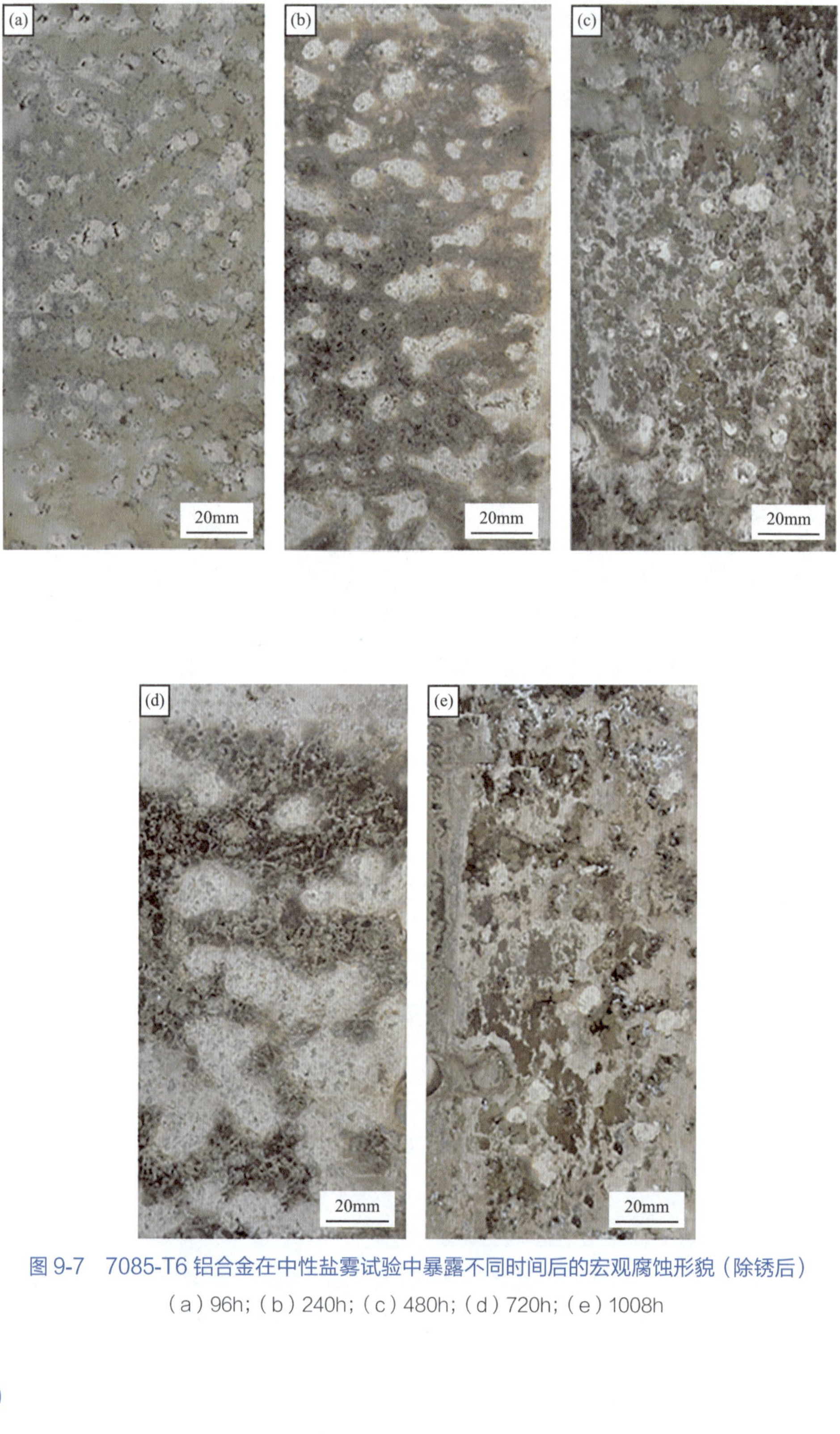

图 9-7　7085-T6 铝合金在中性盐雾试验中暴露不同时间后的宏观腐蚀形貌（除锈后）

（a）96h；（b）240h；（c）480h；（d）720h；（e）1008h

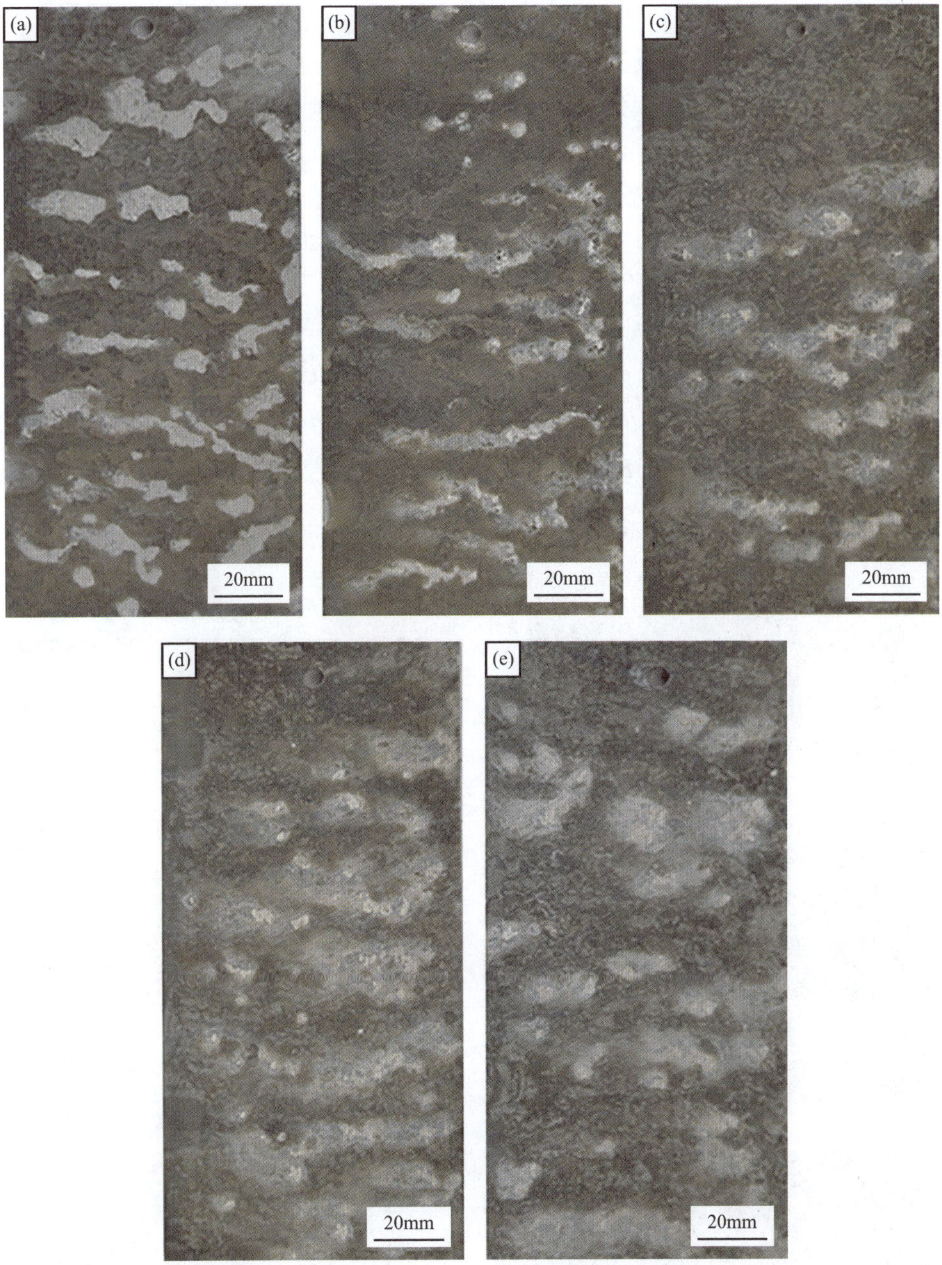

图 9-8　7A04-T6 铝合金在中性盐雾试验中暴露不同时间后的宏观腐蚀形貌（除锈后）

（a）96h；（b）240h；（c）480h；（d）720h；（e）1008h

图 9-9 到图 9-11 分别为 7075-T6、7085-T6 以及 7A04-T6 三种 7XXX 系铝合金在暴露 96h、240h、480h、720h 和 1008h 后去除了腐蚀产物的腐蚀形貌图。总

体上看，7XXX系铝合金在中性盐雾试验中暴露1008h内的腐蚀类型以点蚀为主，后期出现均匀腐蚀，整体腐蚀较严重。7075-T6在96h时就出现了密集的点蚀坑，到240h时点蚀连成均匀腐蚀，480h时在均匀腐蚀的基础上生成了锈层，使得蚀坑的深度降低，720h以后锈层的尺寸逐渐变大且致密，将整个表面覆盖。7085-T6在96h时就形成了浅薄的局部腐蚀，240h时腐蚀的面积扩大形成不规则的全面腐蚀，480h时又产生了密集的凹坑，1008h时凹坑的深度和直径显著增加，形成大尺寸缺陷。7A04-T6在96h时就出现了轻微的点蚀坑，此时的合金表面基本完好，到240h时点蚀坑在原有的基础上直径变大，480h时扩大的点蚀坑连成线形成10μm左右深的蚀坑，720h时蚀坑的宽度进一步扩大成裂纹状，随后进一步扩展为1008h时的均匀腐蚀以及少量深度较大的点蚀。

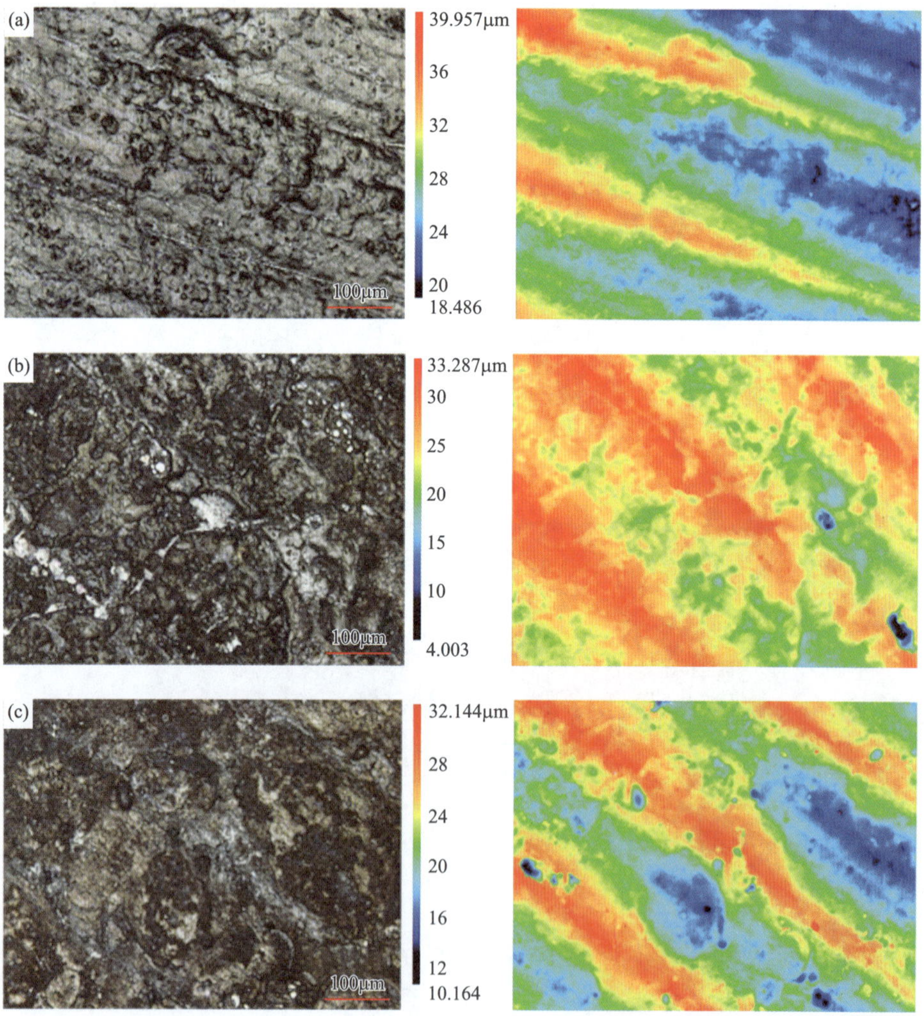

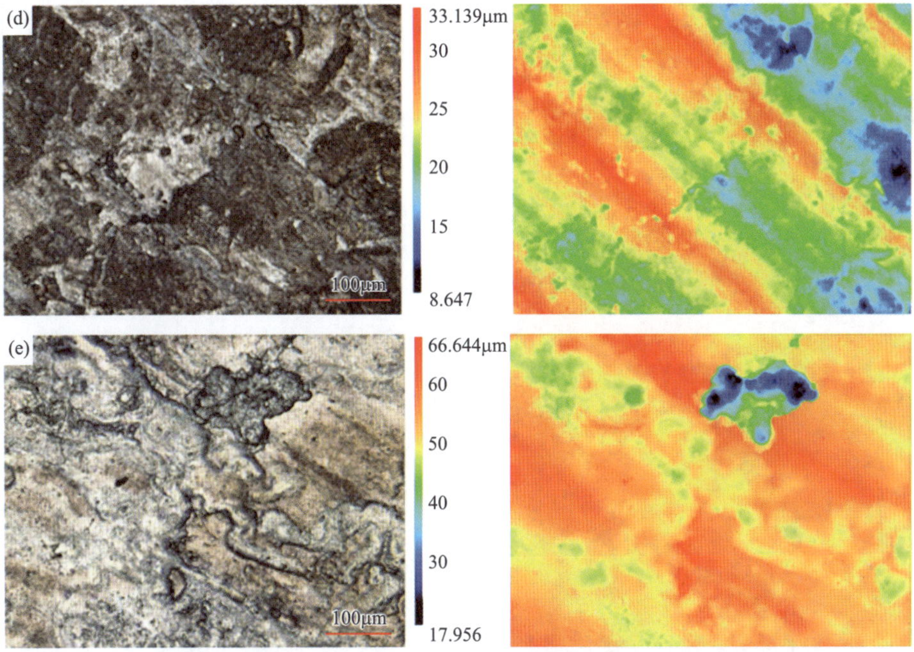

图 9-9　7075-T6 铝合金清除腐蚀产物后蚀坑深度的腐蚀形貌

（a）96h；（b）240h；（c）480h；（d）720h；（e）1008h

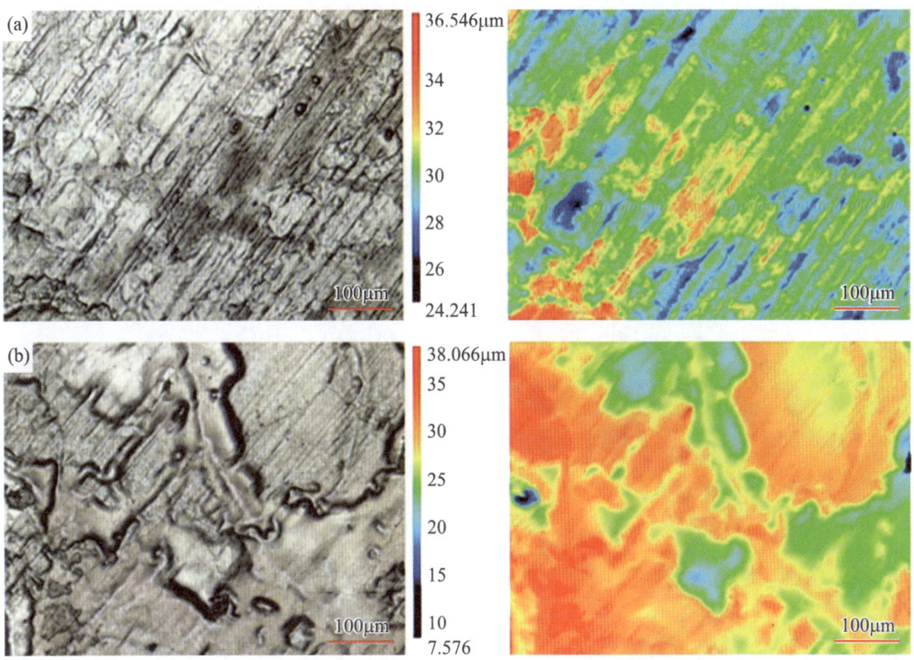

图 9-10

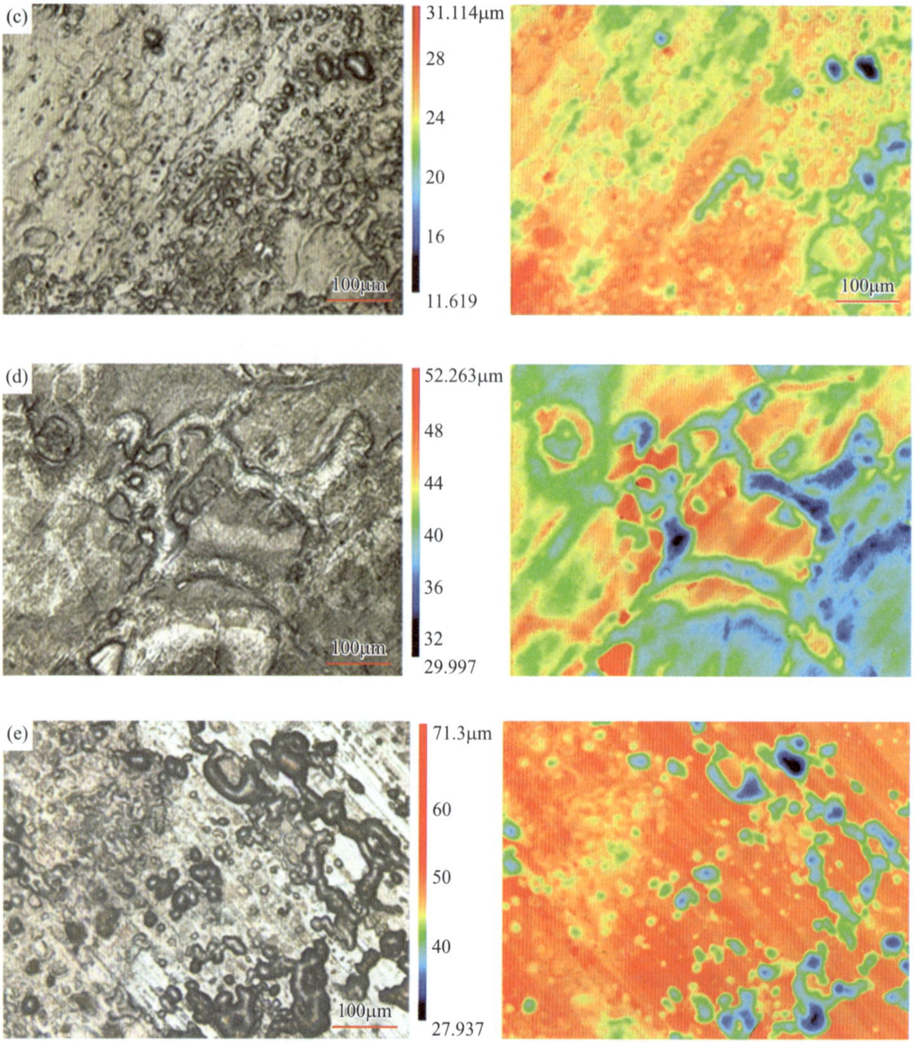

图 9-10 7085-T6 铝合金清除腐蚀产物后蚀坑深度的腐蚀形貌

（a）96h；（b）240h；（c）480h；（d）720h；（e）1008h

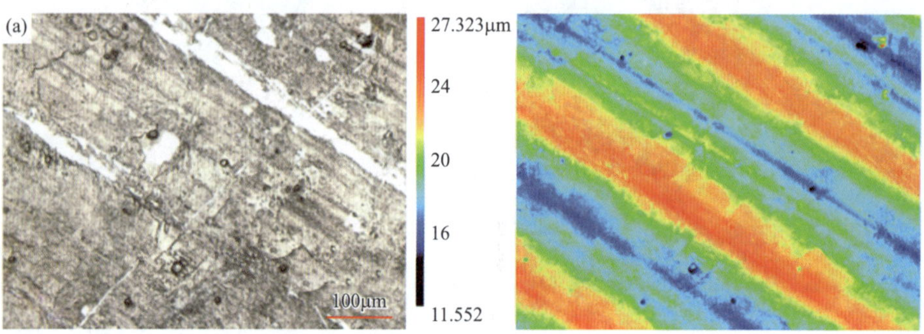

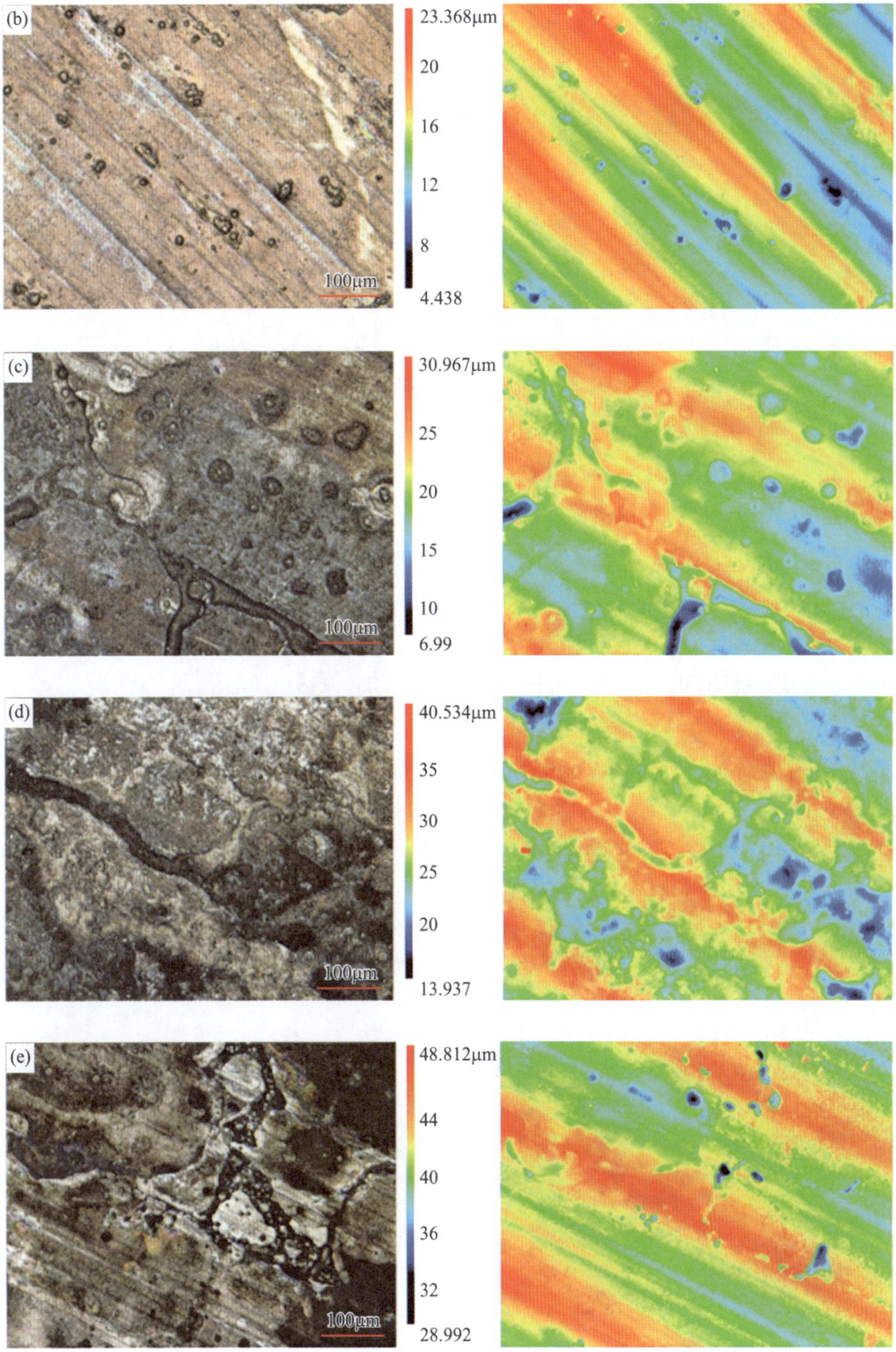

图 9-11　7A04-T6 铝合金清除腐蚀产物后蚀坑深度的腐蚀形貌

（a）96h;（b）240h;（c）480h;（d）720h;（e）1008h

9.4 腐蚀产物

图 9-12、图 9-13 以及图 9-14 分别是 7075-T6、7085-T6 和 7A04-T6 三种 7XXX 系铝合金在中性盐雾环境中暴露 96h、240h、480h、720h 和 1008h 后腐蚀产物的微观形貌以及能谱结果。可以看出，7XXX 系铝合金表面的腐蚀产物同样以 Al 和 O 元素为主。对 7075-T6 而言，试验进行初期，合金表面的腐蚀产物主要呈颗粒状，试验 240h 时，腐蚀产物呈大块状，并出现裂痕。试验进行中期，合金表面腐蚀产物逐渐增加并出现脱落现象。试验进行后期，表面的腐蚀产物逐渐呈层状并出现裂痕，仍然有少量颗粒状腐蚀产物存在。7085-T6 的情况大致相同，但整体腐蚀情况要更加严重。腐蚀初期，合金表面就出现了腐蚀产物开裂和脱落的情况，整个腐蚀过程中腐蚀产物均呈团簇状或块状，较为松散地附着在基体表面，常有开裂的情况发生。7A04-T6 的微观形貌也显示出该系铝合金耐腐蚀性较差，产物层较松散。腐蚀初期，合金表面就出现了大量的腐蚀产物，呈颗粒状和片状，几乎布满了合金表面。240h 时，合金表面已经发生开裂和脱落，证明产物层疏松。从 480h 起，表面产物层不断增多、脱落、再次增多，规律地发生增长和脱落。

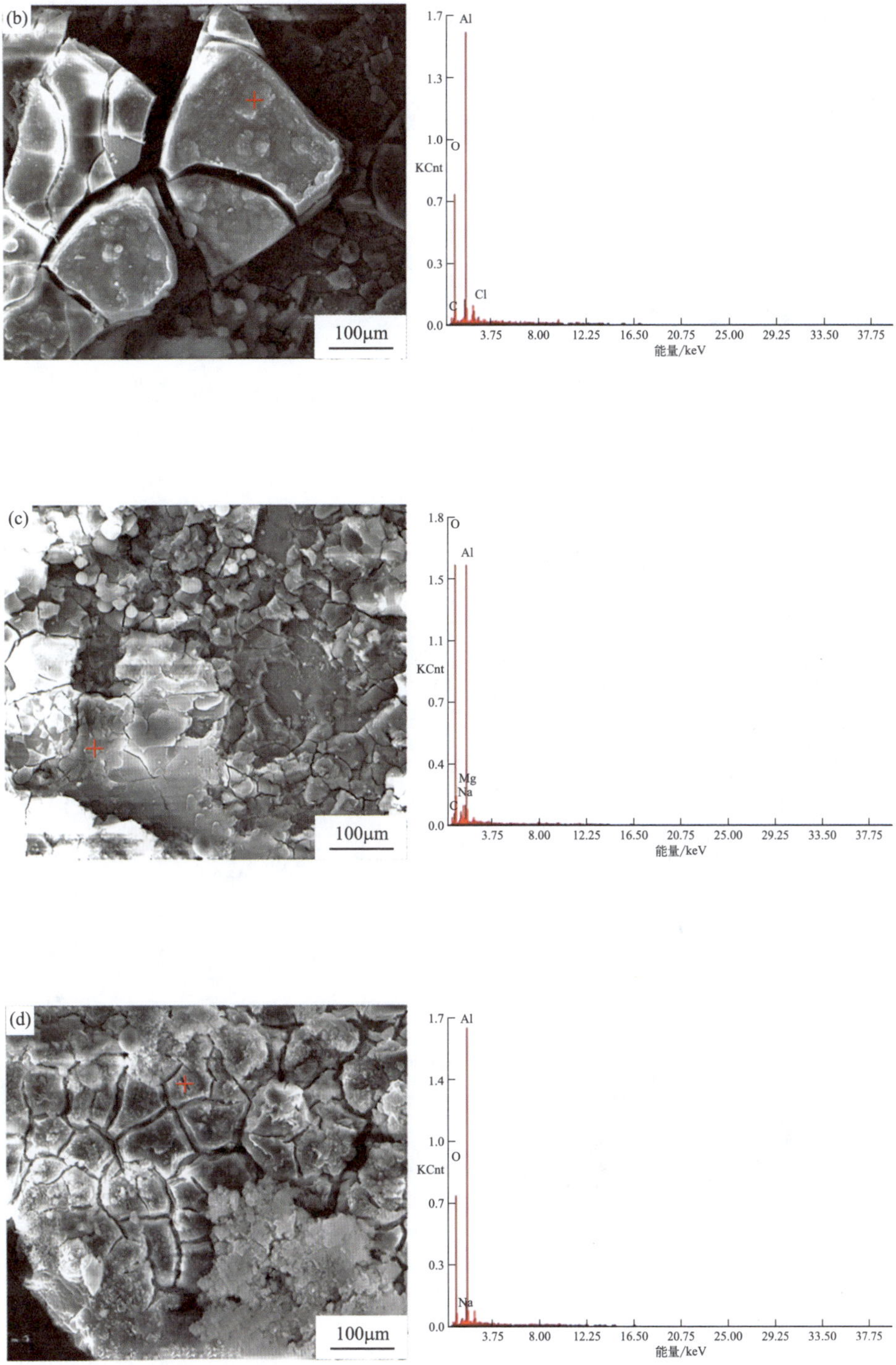
(b)
100μm
Al
O
C
Cl
KCnt
1.7
1.3
1.0
0.7
0.3
0.0
3.75 8.00 12.25 16.50 20.75 25.00 29.25 33.50 37.75
能量/keV
(c)
100μm
O
Al
Mg
Na
C
KCnt
1.8
1.5
1.1
0.7
0.4
0.0
3.75 8.00 12.25 16.50 20.75 25.00 29.25 33.50 37.75
能量/keV
(d)
100μm
Al
O
Na
KCnt
1.7
1.4
1.0
0.7
0.3
0.0
3.75 8.00 12.25 16.50 20.75 25.00 29.25 33.50 37.75
能量/keV

图 9-12

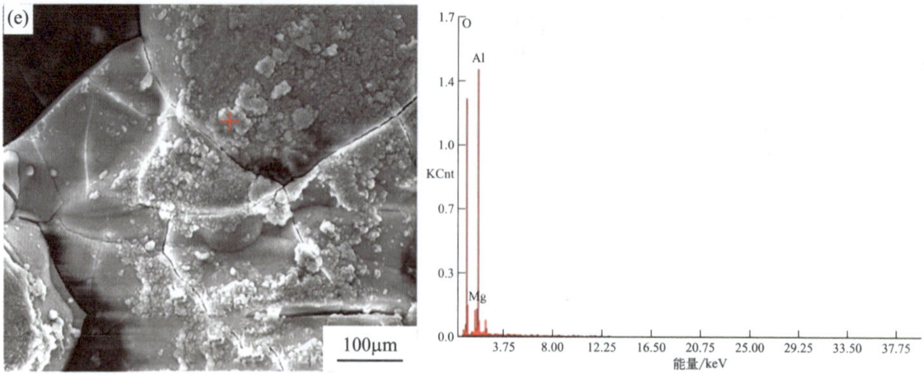

图 9-12 暴露不同时间后 7075-T6 铝合金腐蚀产物的微观形貌及能谱结果

（a）96h；（b）240h；（c）480h；（d）720h；（e）1008h

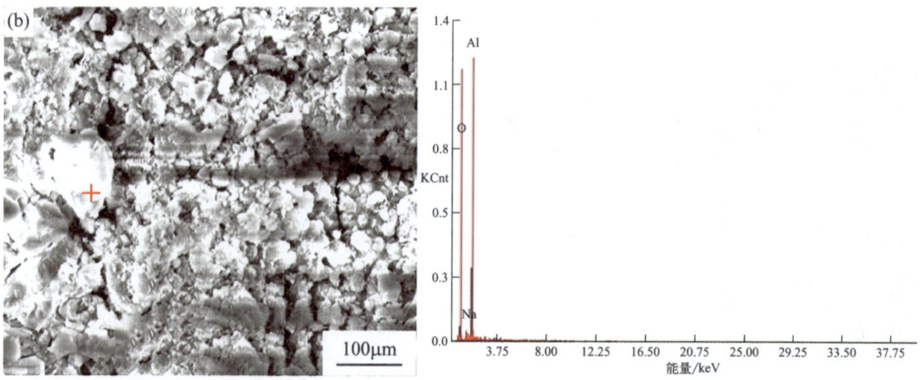

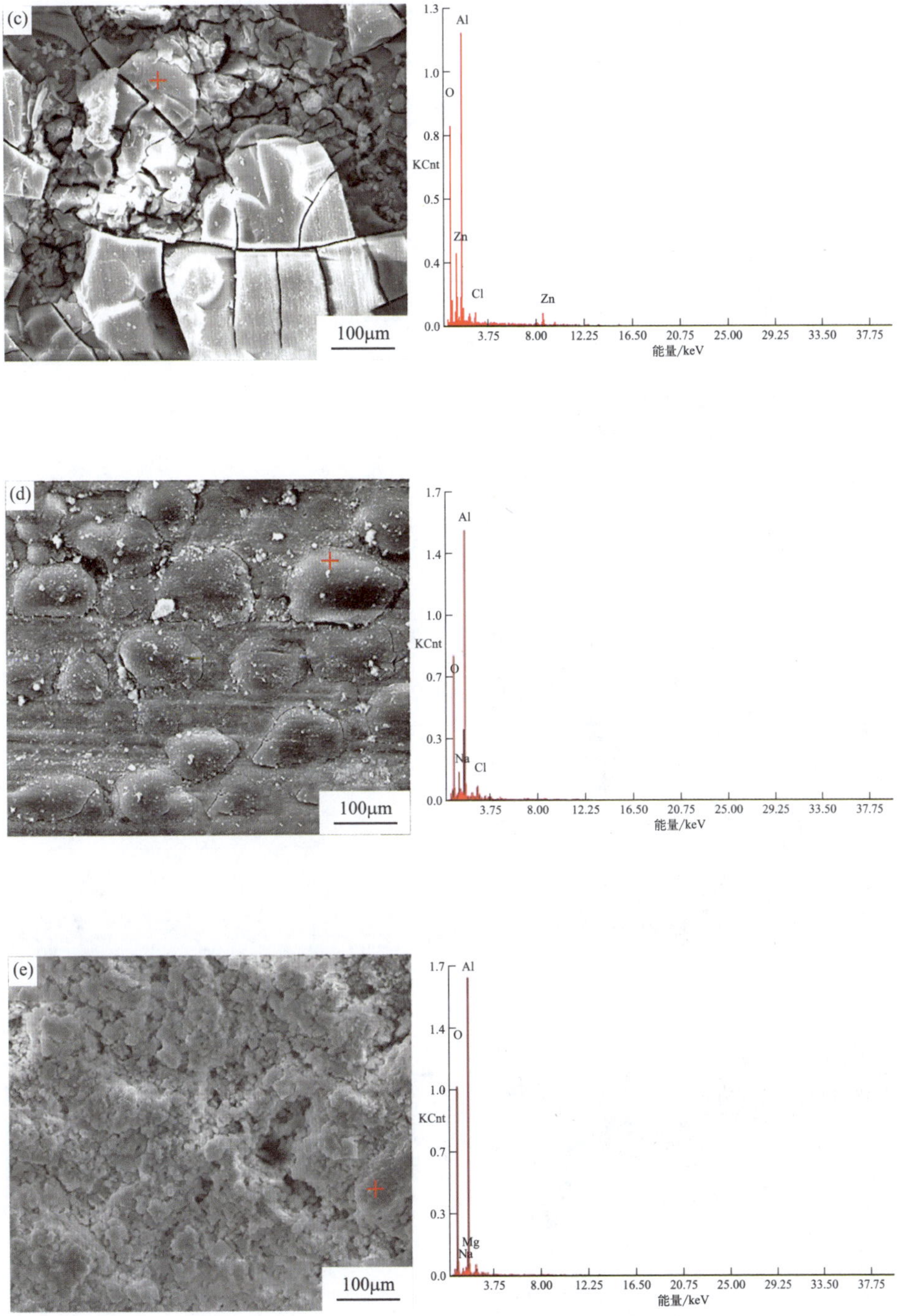

图 9-13　暴露不同时间后 7085-T6 铝合金腐蚀产物的微观形貌及能谱结果

（a）96h；（b）240h；（c）480h；（d）720h；（e）1008h

为进一步确定 7075-T6、7085-T6 和 7A04-T6 三种 7XXX 系铝合金的腐蚀产物，图 9-15 是三种铝合金在中性盐雾环境中暴露 1008h 后表面腐蚀产物的 XRD 分析结果。根据衍射峰的位置，7075-T6、7085-T6 和 7A04-T6 的腐蚀产物主要为 $Al(OH)_3$。

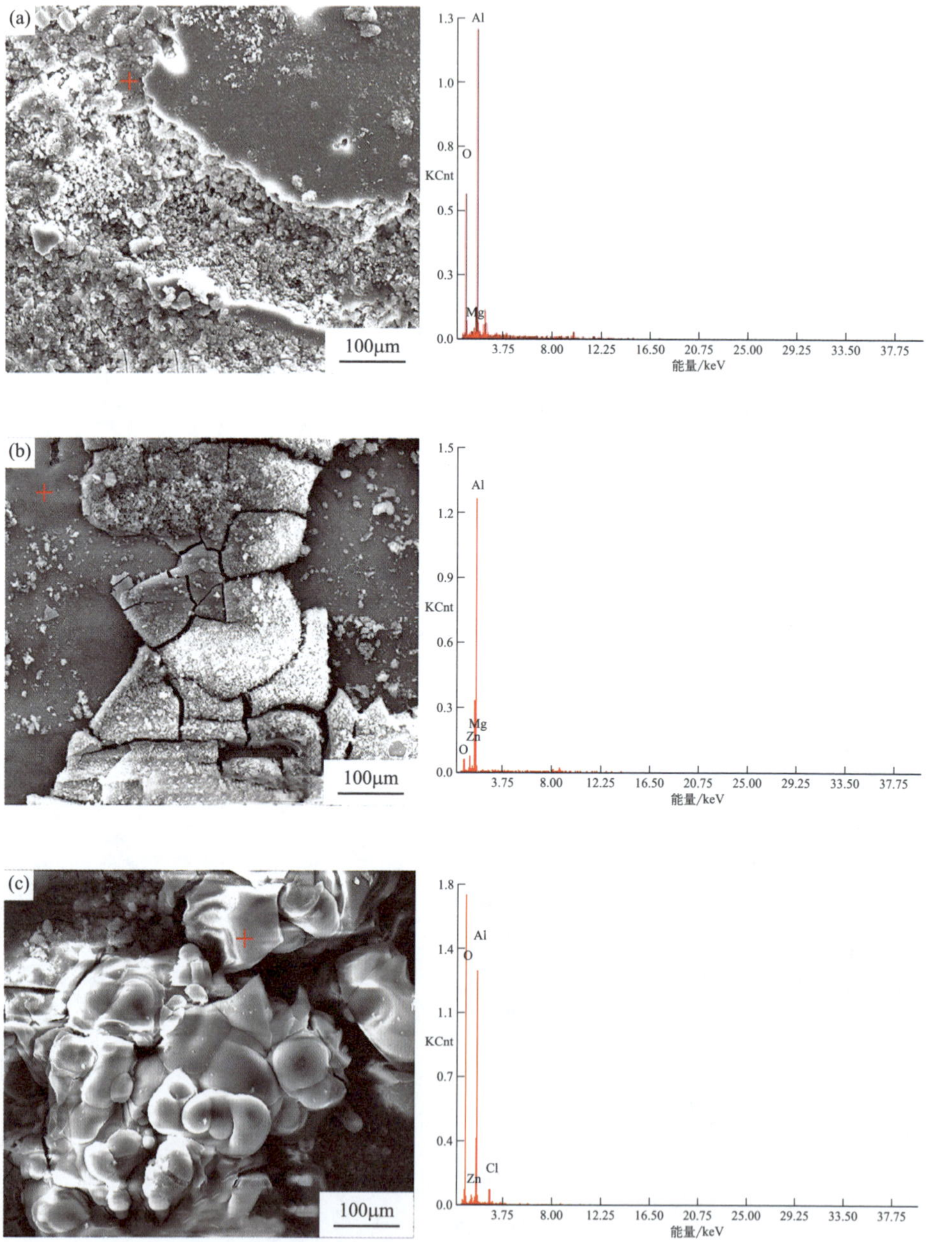

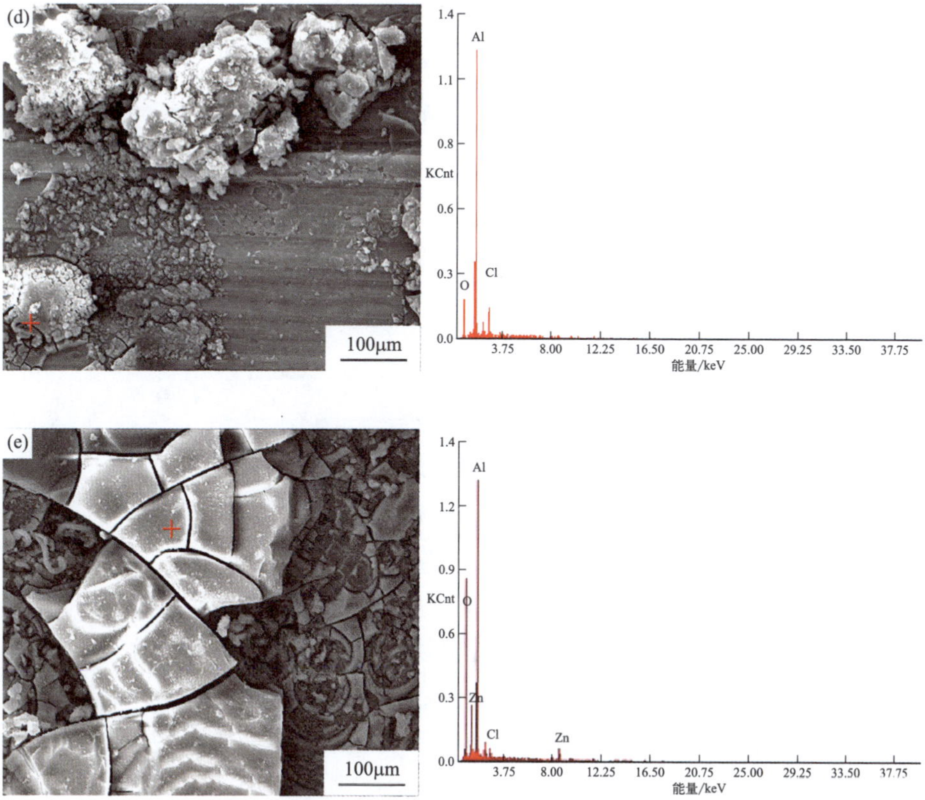

图 9-14　暴露不同时间后 7A04-T6 铝合金腐蚀产物的微观形貌及能谱结果

(a) 96h; (b) 240h; (c) 480h; (d) 720h; (e) 1008h

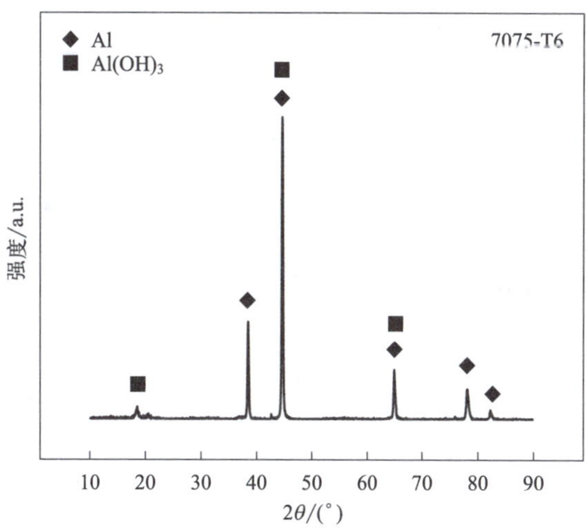

图 9-15

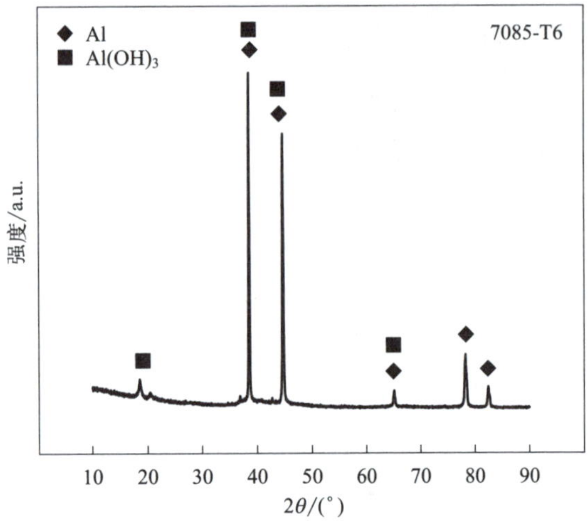

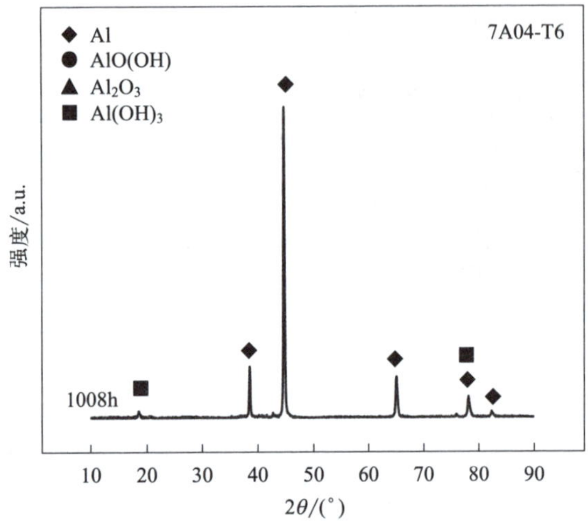

图 9-15　7075-T6、7085-T6 和 7A04-T6 铝合金腐蚀产物 XRD 图谱（1008h）

本章小结

本章重点研究了 7075-T6、7085-T6 和 7A04-T6 三种 7XXX 系铝合金在中性盐雾环境下的腐蚀行为，详细分析了它们的腐蚀速率、腐蚀形貌以及腐蚀产物的变化过程。虽然这些铝合金的化学成分存在差异，但作为同一系列的铝合金它们在盐雾腐蚀过程中表现出一些相似的特征。具体的研究结论如下：

① 在盐雾试验的初期，三种铝合金的腐蚀速率均较高，可能是由于铝合金表面氧化膜的形成尚不稳定，且腐蚀产物膜的保护作用有限。随着腐蚀时间的延长，腐蚀速率逐渐下降，表明腐蚀产物膜对铝合金表面的保护作用逐渐增强。三者的腐蚀速率变化曲线几乎完全重合，说明三者的耐腐蚀性差别不大。根据拟合方程的相关系数，三者的 n 值均小于 1 且非常接近，证明锈层能够对材料起到保护作用。

② 观察其宏观形貌，自盐雾试验 96h 起，铝合金表面出现肉眼可见的锈蚀，白色的腐蚀产物容易脱落，表面凹凸不平。除锈后，表面仍然呈暗沉状态，能观察到表面的斑点状凹坑。结合微观形貌，三种 7XXX 系铝合金在腐蚀初期就出现较其他系铝合金更大、更深的腐蚀坑，且表面凹凸不平。随着试验时间的增加，铝合金表面的腐蚀状态更加复杂，表面更加崎岖。

③ 通过扫描电镜（SEM）和 X 射线衍射（XRD）分析，三种 7XXX 系铝合金的腐蚀产物主要为铝的氢氧化物［$Al(OH)_3$］，在 7A04-T6 的 XRD 中还出现了 AlO(OH) 和 Al_2O_3，腐蚀产物较为复杂。观察到三种铝合金的腐蚀产物均呈颗粒状或块状，且随着腐蚀时间的增加，表现出较严重的剥落现象，说明其表面腐蚀产物的附着力较差，腐蚀产物层更松散。

7075-T6、7085-T6 和 7A04-T6 三种铝合金的腐蚀性能存在一定规律，即在初期均表现出较高的腐蚀速率，但随着时间的延长，腐蚀速率逐渐趋于稳定，且腐蚀产物膜在一定程度上提供了保护作用。整体上看，7XXX 系铝合金的耐腐蚀性相较于其他铝合金较差，且三种 7XXX 系铝合金的耐蚀性差异不大。

参考文献

[1] Jones K，Shinde R S，Clark N P，et al.Effect of prior corrosion on short crack behavior in 2024-T3 aluminum alloy[J].Corrosion Science，2008，50（9）：2588-2595.

[2] Yang X，Li R，Yuan T，et al.A comprehensive overview of additive manufacturing aluminum alloys：Classifications，structures，properties and defects elimination[J].Materials Science and Engineering A，2024，919（7928）：147464.

[3] 易鹏．铝合金在汽车轻量化生产中的应用［J］．汽车测试报告，2023（13）：101-103.

[4] Vijayakumar M，Dhinakaran V，Sathish T，et al.Experimental study of chemical composition of aluminium alloys[J].Materialstoday：Proceedings on Science Direct，2021：1790-1793.

[5] 杜明．正式注册的美国变形铝合金的名称（编号）及化学成分 1978 年 3 月 1 日修订代替 1976 年 9 月 1 日版本［J］．轻合金加工技术，1980（04）：57-78.

[6] Babu K A，Venkataramaiah P，Yerrathota S. Material selection for preparation of aluminium hybrid Mmcs [J]. Materialstoday：Proceedings on Science Direct，2018，5（5）：12209-12222.

[7] Zhang Y B，Zhang P，Li J H，et al.Machine-learning assisted compositional optimization of 2XXX series aluminum alloys towards tensile strength[J].Materials Research Express，2023，10（1）：016518.

[8] Tariq F，Naz N，Baloch A R，et al.Characterization of Material Properties of 2XXX Series Al-Alloys by Non Destructive Testing Techniques[J].Journal of Nondestructive Evaluation，2012，31（1）：17-33.

[9] Fan X Y，Li Y，Xu C，et al.Improved mechanical anisotropy and texture optimization of a 3XXX aluminum alloy by differential temperature rolling[J].Materials Science and Engineering A，2021，799（1）：140278.

[10] Malcioglu U A，İpek M .Investigation of texture and process optimization for 3XXX alloys with different magnesium ratios[J].Arabian Journal for Science and Engineering，2021，46（12）：1-12.

[11] Mishra R S，Ma Z Y. Friction stir welding and processing[J].Materials Science and Engineering：R：Reports，2005，50（1/2）：1-78.

[12] Zhang R F，Li J F，Li Q，et al.Analysing the degree of sensitisation in 5XXX series aluminium alloys using artificial neural networks：A tool for alloy design[J].Corrosion Science，2019，150:268-278.

[13] Zhang Y，Zhang L，Zong L，et al.Evading the strength-corrosion trade-off dilemma of 5XXX aluminum alloys by cyclic plasticity[J].Corrosion Science，2024，237:112290.

[14] Ringdalen I G，Jensen I J T，Marioara C D，et al. The role of grain boundary precipitates during intergranular fracture in 6XXX series aluminium alloys[J].Metals，2021，11（6）：894-894.

[15] Xu X，Liu Z，Zhang B，et al.Effect of Mn content on microstructure and properties of 6000 series aluminum alloy[J].Applied Physics A，2019，125（8）：1-9.

[16] Xiong X L，Zhang N，Yang J J，et al.Machine learning-assisted prediction of corrosion behavior of 7XXX aluminum alloys[J].Metals，2024，14（4）：401.

[17] Bo Z，Bo L，Shengen Z .The advancement of 7XXX series aluminum alloys for aircraft structures：A review[J].Metals，2021，11（5）：718-718.

[18] Corvo F，Perez T，Dzib L R，et al.Outdoor-indoor corrosion of metals in tropical coastal atmospheres[J]. Corrosion Science，2008，50（1）：220-230.

[19] 胡晓黎，韩方运，牛林，等 . 海洋和沿海环境铝大气腐蚀特征及影响因素 [J]. 腐蚀与防护，2011，32（11）：849-853.

[20] 李钊，祁庆琚，马朝晖，等 . 湿热海洋大气环境下的钢铁腐蚀影响因素 [J]. 宝钢技术，2015（01）：77-80.

[21] Morcillo M，Chico B，Mariaca L，et al.Salinity in marine atmospheric corrosion：Its dependence on the wind regime existing in the site[J].Corrosion Science，2000，42（1）.91-104.

[22] 吴亚平，宗立君，樊志彬，等 .1050A 铝合金导体材料在模拟典型大气环境中的腐蚀行为与导电性能 [J/OL]. 材料工程，1-11[2024-12-11].http：//kns.cnki.net/kcms/detail/11.1800.TB.20230914.1935.012.html.

[23] Hunter M J，Fowels P.Natural and thermally formed oxide films on aluminum[J]. Journal of the Electrochemical Society，1956，103：482-485.

[24] Friel J J.Atmospheric corrosion products on aluminum，zinc and AlZn metallic coatings[J]. Corrosion，1986，42（7）：422-426.

[25] Fuente L D D，Otero-Huerta E，Morcillo M .Studies of long-term weathering of aluminium in the atmosphere[J].Corrosion Science，2007，49（7）：3134-3148.

[26] Hitzig J，Juttner K，Lorenz W J，et al.AC-impedance measurements on porous aluminium oxide films[J]. Corrosion Science，1984，24（11/12）：945-952.

[27] Zhou J，Wang B，Liu C M，et al.Effect of static elastic stress on the corrosion behavior of 7A04 aluminum alloy exposed to real marine atmospheric environment[J].Journal of Materials Research and Technology，2023，26：8197-8212.

[28] Han D S，Li D，Zheng T L. Influence of Cl-deposition content on Corrosion of LY12[J]. International Journal of Modern Physics B，2006，20（25n27）：3722-3726.

[29] Graedel T E.Corrosion mechanisms for aluminum exposed to the atmosphere[J].J Electrochem Soc，1989，136（4）：C204-C212.

[30] 苏艳 .7B04 高强铝合金与防护涂层在海洋大气环境中的腐蚀行为 [D]. 重庆大学，2011.

[31] 杨德钧，沈卓身 . 金属腐蚀学 [M]. 北京：冶金工业出版社，1999.

[32] 屈祖玉，董玉兰，李长荣，等 . 大气环境腐蚀性因素的相关性 [J]. 北京科技大学学报，

1999，21（6）：552-555.

［33］王彬，苏艳．铝合金大气腐蚀行为及其防腐措施研究进展［J］．装备环境工程，2012，9（2）：64-68.

［34］张海永，孟宪林，孙东明，等．pH 值对 5083 铝合金腐蚀行为的影响［J］．山东化工，2015，44（15）：37-41.

［35］Dan Z H，Muto I，Hara N.Role of corrosion products in the suppression of atmospheric corrosion of aluminum and its alloys［J］.ECS Transactions，2010，25（37）：23-33.

［36］Gong W S，Zhang Z J，Hou J P，et al.Effect of aging state on corrosion fatigue properties of 7075 aluminum alloy［J］.International Journal of Fatigue，2022，161：106916.

［37］Chen J F，Zhang X F，Zou L B，et al.Effect of precipitate state on the stress corrosion behavior of 7050 aluminum alloy［J］.Materials Characterization，2016，114:1-8.

［38］Wang S，Yang F，Frankel S G .Effect of altered surface layer on localized corrosion of aluminum alloy 2024［J］.Journal of the Electrochemical Society，2017，164（6）：C317-C323.

［39］Verdalet-Guardiola X，Bonino J，Duluard S，et al.Influence of the alloy microstructure and surface state on the protective properties of trivalent chromium coatings grown on a 2024 aluminium alloy［J］.Surface & Coatings Technology，2018，344:276-287.

［40］Suraratchai M，Limido J，Mabru C，et al.Modelling the influence of machined surface roughness on the fatigue life of aluminium alloy［J］.International Journal of Fatigue，2008，30（12）：2119-2126.

［41］Reddy U，Dubey D，Panda S S，et al.Effect of surface roughness induced by milling operation on the corrosion behavior of magnesium alloys［J］.Journal of Materials Engineering and Performance，2021，30（10）：1-11.

［42］Sun B，Yang Z，Li Z X.A multi-scale corrosion fatigue damage model of aluminum alloy considering multiple pits and cracks［J］.Acta Mechanica Solida Sinica，2018，31（6）：731-743.

［43］Sun J，Zhao W X，Pei Y，et al.Effect of corrosive medium and surface defect-energy on corrosion behavior of rolled ZK61M alloy［J］.Materials，2022，15（12）：4091-4091.

［44］Sun Q，Han Q，Liu X，et al.The effect of surface contamination on corrosion performance of ultrasonic shot peened 7150 Al alloy［J］.Surface & Coatings Technology，2017，328:469-479.

［45］Cao M，Liu L，Fan L，et al.Influence of temperature on corrosion behavior of 2A02 Al alloy in marine atmospheric environments［J］.Materials，2018，11（2）：235-235.

［46］Zhao J，Zhao T J，Zhang Y Z，et al.Corrosion behavior of the 2024 aluminum alloy in the atmospheric environment of the south china sea islands［J］.Coatings，2024，14（3）：331.

［47］Yang K X，Zhang W L，Zhang Y S，et al.Properties degradation and atmospheric corrosion mechanism of 6061 aluminum alloy in industrial and marine atmosphere environments［J］.Materials and Corrosion，2017，68（5）：529-535.

[48] Li N，Zhang W，Yan X，et al.Effect of tropical marine atmospheric environment on corrosion behaviour of the 7B04-T74 aluminium alloy[J].Metals，2023，13（5）：995.

[49] Usman B，Scenini F，Curioni M .The effect of exposure conditions on performance evaluation of post-treated anodic oxides on an aerospace aluminium alloy：Comparison between salt spray and immersion testing[J].Surface & Coatings Technology，2020，399：126157.

[50] Peng C，Cao G W，Gu T Z，et al.The effect of dry/wet ratios on the corrosion process of the 6061 Al alloy in simulated Nansha marine atmosphere[J].Corrosion Science，2023，210（P1）：110840.

[51] 尹程辉，潘吉林，陈俊航，等 . 热带海洋大气环境下不锈钢的腐蚀寿命评估 [J]. 表面技术，2022，51（04）：183-193，246.DOI：10.16490/j.cnki.issn.1001-3660.2022.04.018.

[52] 缪浩，尹程辉，王洪伦，等 . 污染海洋大气环境下不锈钢加速腐蚀试验环境谱评价及相关性 [J]. 中国腐蚀与防护学报，2025，45（02）：449-459.